名师名校新形态
通识教育系列教材

山东大学数学学院
1930 School of Mathematics * Shandong University
新形态系列教材

线性代数（慕课版）

张天德 王玮 主编
陈兆英 程涛 副主编

U0196340

人民邮电出版社
北京

图书在版编目（CIP）数据

线性代数 : 慕课版 / 张天德 , 王玮主编. -- 北京:
人民邮电出版社, 2020.7 (2023.9重印)
名师名校新形态通识教育系列教材
ISBN 978-7-115-53666-2

Ⅰ. ①线… Ⅱ. ①张… ②王… Ⅲ. ①线性代数－高等学校－教材 Ⅳ. ①O151.2

中国版本图书馆CIP数据核字(2020)第050375号

内 容 提 要

本书是根据高等学校非数学类专业“线性代数”课程的教学要求和教学大纲，将新工科理念与国际化深度融合，借鉴国内外优秀教材的特点，并结合山东大学数学团队多年的教学经验编写完成的. 全书共 6 章，主要内容包括行列式、矩阵、向量与向量空间、线性方程组、矩阵的特征值与特征向量、二次型. 每章最后有对应知识的 MATLAB 实例和核心知识点的思维导图. 本书秉承“新工科”建设理念，侧重数学实用性，每节题型采用分层模式，每章总复习题均选编自历年考研真题，并配套完备的数字化教学资源.

本书可供高等学校非数学类专业的学生使用，也可作为报考硕士研究生的人员和科技工作者学习线性代数的参考书.

◆ 主　　编　张天德　王　玮
　副 主 编　陈兆英　程　涛
　责任编辑　刘海溧
　责任印制　王　郁　陈　犇
◆ 人民邮电出版社出版发行　　北京市丰台区成寿寺路 11 号
　邮编　100164　　电子邮件　315@ptpress.com.cn
　网址　https://www.ptpress.com.cn
　三河市君旺印务有限公司印刷
◆ 开本：787×1092　1/16
　印张：14　　　　2020 年 7 月第 1 版
　字数：348 千字　　2023 年 9 月河北第13次印刷

定价：45.00 元

读者服务热线：(010)81055256　印装质量热线：(010)81055316
反盗版热线：(010)81055315
广告经营许可证：京东市监广登字 20170147 号

丛书顾问委员会

总顾问

刘建亚　山东大学

顾　问

王光辉　山东大学

冯荣权　北京大学

冯滨鲁　潍坊学院

曲明军　山东大学

朱士信　合肥工业大学

李辉来　吉林大学

时　宝　海军航空大学

吴　臻　山东大学

陈光亭　台州学院

林亚南　厦门大学

郝志峰　汕头大学

胡金焱　青岛大学

高世臣　中国地质大学（北京）

蒋晓芸　山东大学

楼红卫　复旦大学

樊启斌　武汉大学

（以上按姓氏笔画排序）

推 荐 序

数学是自然科学的基础，也是重大技术创新发展的基础，数学实力影响着国家实力．大学数学系列课程作为高等院校众多课程的重要基础，对高等院校人才培养质量有非常重要的影响．2019 年，科技部、教育部等四部委更是首次针对一门学科联合发文，要求加强对数学学科的重视．

作为一名数学科学工作者，我在致力于科学研究、教书育人的同时，也在一直关注大学数学的教学改革、课程建设和教材建设．“国立根本，在乎教育，教育根本，实在教科书”，我认为做好大学数学教材建设，是进行大学数学教学改革和课程建设的基础．2019 年 12 月，教育部出台了《普通高等学校教材管理办法》（以下简称《教材管理办法》），对高等学校教材建设提出了明确要求，也将教材建设提升到事关未来的战略工程和基础工程的重要位置．由人民邮电出版社和山东大学数学学院联合打造的大学数学系列教材，正是这样一套符合《教材管理办法》要求的精品教材．这套书不仅是适应教学改革要求的积极探索，更是对大学数学教材开发的创新尝试，有 4 个突出的创新点．

立足新工科：适应新工科建设本科人才应具备的数学知识结构和数学应用能力，这套教材在内容上弱化了不必要的证明或推导过程，更加注重大学数学知识在行业中的应用，突出数学的实用性和易用性，着重培养学生利用大学数学知识解决实际问题的能力．

采用新形态：数学知识难以具体化，这套书采用新的教材形态，全系列配套慕课和微课视频，不仅包含对核心知识点的讲解，还将现代化的科学计算工具融入其中，让数学知识变得更加生动鲜明．

融入新要求：在落实国家课程思政要求上，这套书也做了创新尝试，将我国数学家的事迹以多媒体形式呈现并融入数学知识讲解中，强化教材对学生的思想引领作用，突出教育的“育人目的”．

提供新服务：在资源建设上，这套书采用了“线上线下 双轨并进”的模式，不仅配套了丰富的辅助线下教学的资源，还同步开展线上直播教学演示，在在线教学越来越受到关注的今天，这一创新模式具有现实意义．

高教大计，本科为本，教育部启动“六卓越一拔尖”计划 2.0，实施“双万计划”和“四新”建设以来，建设高水平教学体系、全面提升教学质量成为振兴本科教育的必由之路，而优质教材建设则是铺就这条道路的基石．希望更多的高校教育工作者将教材研究和教材编写作为落实立德树人的根本任务，勇于破旧立新，为我国大学数学教学和教材建设注入“活水”，带来新的活力．

徐宗本

中国科学院院士

西安交通大学教授

西安数学与数学技术研究院院长

2020 年 6 月

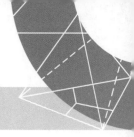

丛书序

山东大学数学学院成立于1930年，是山东大学历史最悠久的学院之一．经过90年的努力，山东大学数学学院汇聚了一批进取心强、基础扎实、知识面宽、具有创新意识的人才，数学家黄际遇、潘承洞、彭实戈、王小云等先后在此执教，夏道行、郭雷、文兰、张继平等院士先后从这里攀上科学的高峰，成为各自领域的杰出人才，是山东大学数学学院杰出校友的代表．

经过几代人的辛勤耕耘，山东大学数学学院已发展成为在国内外有重要影响力的数学科学研究中心和人才培养中心，在全国第四轮学科评估中，山东大学数学学科荣获A+（3所学校并列）．数学学院将牢牢把握国家“双一流”建设的重大机遇，秉承山东大学“为天下储人才、为国家图富强”的办学宗旨，践行“学无止境，气有浩然”的校训，认真落实国家的人才培养方针，努力打造优秀的教学团队与精品教材．

张天德教授多年来一直从事偏微分方程数值解的研究，以及高等学校数学基础课程的教学与研究工作，主讲高等数学（微积分）、线性代数、概率论与数理统计、复变函数、积分变换等课程，是国家精品在线开放课程负责人．经过30多年的教学实践，他在教书育人方面形成了独到的理论，多次荣获表彰和奖励，如“国家级教学成果奖二等奖”“泰山学堂卓越教师”“泰山学堂毕业生最喜欢的老师”等．他还是中学生“英才计划”导师，并负责全国大学生数学竞赛工作10余年，在人才培养方面积累了丰富的、立体化的经验．

由人民邮电出版社出版的这套大学数学系列教材，凝聚了山东大学数学学院的优秀教学师资和人民邮电出版社的优质出版资源，是在教育部“六卓越一拔尖”计划2.0全面落实“四新”建设，着力实施“双万计划”的背景下，打造的大学数学精品教材（第一批面向新工科），本套教材的核心理念是保持大学数学教学的严谨性，体现课程思政的具体要求，在编写过程中结合了新工科的新型案例，录制了精心打磨的在线课程，有效地践行了教育部在新时期对大学数学教学的期望和要求．

新工科元素和各种形式的新形态资源，极大地丰富了知识的呈现形式，在提升课程效果的同时，为高等学校数学老师的教学工作提供了便利，为教学改革提供了参考样本，也为有效激发学生的自主学习模式提供了探索的空间．

陈增敬

教育部高等学校统计学类专业教学指导委员会副主任委员

山东大学数学学院院长

2020年6月

前 言

一、山东大学数学系列教材

1. 系列教材的定位

2019 年，教育部启动实施“六卓越一拔尖”计划 2.0，全面实施“双万计划”，推进“四新”建设，这对高等院校的教学改革提出了更加迫切、更高标准的要求．课程思政与教学的有机融合、在线教学的形式创新与效果考核等，成为高校教育工作者必须思考和解决的问题．在此背景下，编者策划了山东大学数学系列教材．

本系列教材面向工科类高等院校，能够适应国家对高等教育的新要求，并且有效结合了课程思政，充分体现了大学数学的通识属性及与其他学科的交叉性，突出了数学的实用性和易用性，能满足线上与线下教学的需求．在内容方面，高等数学、线性代数、概率论与数理统计等教材参考了国际院校的优秀教学思路，进行了重新设计，对传统的例题模式进行优化，无论是内容结构、概念表述，还是例题、习题，都力求与新工科典型专业紧密结合．

2. 系列教材的结构特色

（1）认真落实课程思政

育人的根本在于立德．全面贯彻党的教育方针，落实立德树人根本任务，培养德智体美劳全面发展的社会主义建设者和接班人，是党的二十大报告对办好人民满意的教育提出的要求．为此，教材在每章最后会介绍中国古代的卓越数学成就或当代数学家，体现数学家的爱国情怀、学术贡献及人格魅力，充分激发学生的民族荣誉感，有效落实国家课程思政要求．相应内容专门制作了 PPT，并录制了微课，以丰富的形式帮助高等学校开展课程思政教学．

中国数学学者

个人成就

数学家，中国科学院院士，曾任中国科学院数学研究所研究员、所长．华罗庚是中国解析数论、典型群、矩阵几何学、自守函数论与多复变函数论等方面研究的创始人与开拓者．

华罗庚

（2）用思维导图呈现知识脉络

每章知识点的总结通过思维导图的形式呈现，并在导图中将逻辑相关的知识之间进行了关联标记，有助于学生理解、掌握知识脉络．

（3）紧密结合 MATLAB 应用

本系列教材引入 MATLAB 应用，高等数学、线性代数附于每章之后，概率论与数理统计在最后单独设置一章．MATLAB 内容自成体系，既有利于教师辅导学生理解数学的实用价值，培养其应用数学解决实际问题的能力，也方便学生自学，让有志于参加数学建模竞赛的学生打下坚实基础.

3. 支持线上教学，提供直播演示

2020 年年初，线上教学被提到了前所未有的需求高度．党的二十大报告也要求推进教育数字化．为此，编者借鉴国内外优秀慕课形式，精心录制了全系列教材的配套慕课，并在每章的定义、定理、例题、习题等内容中选取重点、难点，单独录制微课，同时每章还设置了章首导学微课、章末总结微课、思政微课、MATLAB 微课，学生扫描书中相应位置的二维码即可观看.

慕课演示　　　　微课演示

配套慕课可以有效地支撑各院校开展线上教学，帮助学生提高自学效果，微课视频能帮助数学教师实现翻转课堂的教学模式，帮助学生更好地开展课前预习、课下复习、考研练习，甚至对参加数学建模竞赛也能提供一定的帮助 .

编者还将在实际教学中同步开展线上直播课教学演示，既能让更多的学生受益，又能给广大一线数学教师提供示范参考，充分实现线上课程与校内课程同步开展，跨区域线上教学和同步交流的效果 .

4. 提供优质的教师服务

为便于更好地发挥本系列教材的教学价值，编者精心准备了电子教案、PPT 课件、教学大纲、习题答案、试卷等资源，便于教师组织教学和学生自学，提升课程教学效果．编者还将在山东及全国其他地区组织教学研讨会，有针对性地进行区域数学教学研讨和经验交流，与更多的大学数学教师共同进步，尽快达到国家对新工科教学改革的高标准要求.

二、本书特色

1. 优化知识结构

党的二十大报告要求加强基础学科建设．数学作为自然科学的基础，也是重大技术创新发展的基础．在编写本书的过程中，编者对国内外近年来出版的同类教材的特点进行了比较和分析，在教材体系、内容安排和例题配置上广泛调研，对线性代数知识结构进行了适当的优化，定义、定理的表述既兼顾传统标准定义的严谨性，又考虑了正文阐述的通俗易懂性，尽量使数学知识简单化、形象化，保证教材难易适中，培养学生的数学素养与应用能力.

例如，矩阵的定义通过现实生活和自然科学领域的两个例子引入，既让工科学生感到亲切，又增加了教材的实用性和趣味性，辅以 MATLAB 计算简单例题，学生可以扎实地理解、掌握知识点，做到学以致用.

2. 侧重知识应用

本书结合新工科的特点，在内容安排上更加注重线性代数知识在行业中的应用，弱化了不必要的证明或推导过程，更新了“老旧”的例题背景，基本知识点均设计了与新工科专业背景相关的介绍和应用性例题，培养学生利用线性代数知识解决实际问题的能力，以期从育人角度为提升基础研究培育源头创新力，为科技创新培育基础动力.

例如，特征值和特征向量的知识以经济发展和环境污染的增长模型为例，介绍了理论在建模中的应用. 通过在引例和例题方面挖掘与工科相关的应用性例题，学生可以感受到数学就在自己身边，并在学习中体验到数学的魅力 .

3. 兼顾考研需求

知识分层，本书内容紧贴教学大纲的同时，兼顾了学生的考研需求，书中超出教学大纲范畴的内容、难度较大的知识点和证明过程均以星号标记，每节之后配套“提高题”，其内容均选编自考研真题，每章后面的总复习题收集了近几年与本章内容相关的部分考研真题，且标注考试年份、分值及类别，既方便老师因地制宜，开展分层教学，又可让学有余力的学生通过考研真题的演练，深入了解各个知识点的内容和命题方向，为以后考研打好基础.

4. 习题丰富且分层次

本书的习题按难度进行了分层，每节之后的习题分为“基础题”和“提高题”两个层次,“基础题”与该节知识点紧密呼应，“提高题”则选取了与该节知识相关的考研真题，每章设有综合性较强的“总复习题”，且按正规考试设置了题型比例和分值. 全书习题题量较大，且层次分明，方便教师授课和测验，也可以满足各类学生的不同需求.

三、致谢

本书由山东大学张天德教授设计整体框架和编写思路，由张天德、王玮担任主编，由陈兆英、程涛担任副主编.

本书是山东大学创新创业育人项目群“创新引领，交叉驱动，课程、项目、平台和竞赛协同推进，探索新工科创新创业能力培养新模式”(项目编号: E-CXCYYR20200935) 的组成部分，该项目已入选教育部第二批新工科研究与实践项目 . 本书也是 2021 年度山东省本科教学改革研究项目重点项目“大学数学一流课程与新形态系列教材建设研究”(项目编号: Z2021049) 的重要成果 . 本书在编写过程中得到了山东大学本科生院、山东大学数学学院的大力支持与帮助，获得山东大学“双一流”人才培养专项建设支持 . 北京邮电大学的单文锐、丁金扣、胡细宝 3 位教授对书稿进行了全面审读，并给出了宝贵的修改建议，西安交通大学、哈尔滨工业大学、青岛大学等 26 所高校的数学老师从实际教学角度对本书提出了中肯的修改建议，在此表示衷心的感谢.

目 录

01

第 1 章 行列式

行列式的基本概念及相关理论是线性代数课程的主要内容之一，同时也是研究线性代数其他内容的重要工具．行列式的研究开始于 18 世纪中叶之前，大约比形成独立体系的矩阵理论早 160 年．其理论起源于解线性方程组，它在自然科学、社会科学、工程技术及生产实际中都有广泛应用．从形式上看，行列式由一些数字、已知量或未知量按一定方式排成的数表所确定，对这个数表按照一定规则做进一步的计算，最终得到一个实数、复数、多项式或者函数．本章首先根据递归的思想引入行列式的基本概念，并给出行列式的基本性质；然后介绍行列式的计算方法，并给出经典算例；最后介绍利用行列式求解 n 元线性方程组的方法，即克莱姆（Cramer）法则，以及如何使用 MATLAB 软件计算行列式．

本章导学

1.1 行列式的基本概念

本节从线性方程组出发，介绍二阶、三阶行列式的定义，为便于记忆，引入对角线法则；再用递归的方法引入 n 阶行列式的定义及行列式的按行（列）展开定理，并利用定义计算简单的 n 阶行列式．

1.1.1 排列及其逆序数

作为定义行列式的准备，我们先来介绍排列及其逆序数．

定义 1.1 将 $1,2,\cdots,n$ 这 n 个不同的数排成一列，称为 n 阶全排列，也简称为全排列．

例如，2431 和 1243 均是全排列．

n 阶全排列的总数为 $n!=n\cdot(n-1)\cdot(n-2)\cdots2\cdot1$，读为“$n$ 阶乘”．例如，$4!=4\times3\times2\times1=24$，$5!=5\times4\times3\times2\times1=120$．

显然，$12\cdots n$ 也是 n 个数的全排列，并且元素是按从小到大的自然顺序排列的，这样的全排列称为标准排列．而其他的 n 阶全排列都或多或少地破坏了自然顺序，如全排列 2431 中，2 和 1、4 和 3、4 和 1、3 和 1 的顺序都与自然顺序相反．

定义 1.2 在一个排列中，如果一对数的排列顺序与自然顺序相反，即排在左边的数比排在它右边的数大，那么它们就称为一个逆序，一个排列中逆序的总数就称为这个排列的逆序数．排列 $i_1i_2\cdots i_n$ 的逆序数记为 $\tau(i_1i_2\cdots i_n)$．

例如，全排列 2431 中，21, 43, 41, 31 都是逆序，则 2431 的逆序数为 $\tau(2431)=4$，而 42153

的逆序数为 $\tau(42153)=5$.

定义 1.3 逆序数为偶数的排列称为偶排列，逆序数为奇数的排列称为奇排列.

例如，2431 是偶排列，42153 是奇排列.

【即时提问 1.1】有 1 至 n 共 n 个自然数，这 n 个自然数由小到大按标准次序排列. 设 $p_1p_2\cdots p_n$ 为这 n 个自然数的一个排列，若比 p_i（$i=1,2,\cdots,n$）大的且排在 p_i 前面的元素有 t_i 个，则 $\sum_{i=1}^{n}t_i$ 为这个排列的逆序数. 这个说法是否正确？说明理由.

1.1.2 二阶、三阶行列式

解方程是代数中的一个基本问题，特别是在中学所学代数中，解方程占有重要的地位.

引例 中学时代，我们求解含有 2 个未知量的线性方程组

$$\begin{cases} a_{11}x_1+a_{12}x_2=b_1, & (1.1)\\ a_{21}x_1+a_{22}x_2=b_2, & (1.2)\end{cases}$$

使用消元法，式 (1.1)$\times a_{22}-$式(1.2)$\times a_{12}$，消去 x_2 得

$$(a_{11}a_{22}-a_{12}a_{21})x_1=b_1a_{22}-b_2a_{12}.$$

式 (1.2)$\times a_{11}-$式(1.1)$\times a_{21}$，消去 x_1 得

$$(a_{11}a_{22}-a_{12}a_{21})x_2=b_2a_{11}-b_1a_{21}.$$

当 $a_{11}a_{22}-a_{12}a_{21}\neq 0$ 时，有

$$x_1=\frac{b_1a_{22}-b_2a_{12}}{a_{11}a_{22}-a_{12}a_{21}},$$

$$x_2=\frac{b_2a_{11}-b_1a_{21}}{a_{11}a_{22}-a_{12}a_{21}}.$$

但这个公式很烦琐，为了便于记忆，引入行列式符号

$$D=\begin{vmatrix} a_{11} & a_{12}\\ a_{21} & a_{22}\end{vmatrix}=a_{11}a_{22}-a_{12}a_{21}.$$

定义 1.4 由 4 个数 a_{ij}（$i,j=1,2$）排成两行两列的式子 $\begin{vmatrix} a_{11} & a_{12}\\ a_{21} & a_{22}\end{vmatrix}$ 叫作二阶行列式，它表示数 $a_{11}a_{22}-a_{12}a_{21}$，即

$$\begin{vmatrix} a_{11} & a_{12}\\ a_{21} & a_{22}\end{vmatrix}=a_{11}a_{22}-a_{12}a_{21}.$$

在二阶行列式 $\begin{vmatrix} a_{11} & a_{12}\\ a_{21} & a_{22}\end{vmatrix}$ 中，数 a_{ij} 称为第 i 行、第 j 列元素，i 称为行标，j 称为列标.

显然，二阶行列式的值为主对角线（从左上角到右下角这条对角线）两元素之积减副对角线（从右上角到左下角这条对角线）两元素之积，我们称之为对角线法则.

若记

$$D_1=\begin{vmatrix} b_1 & a_{12}\\ b_2 & a_{22}\end{vmatrix}=b_1a_{22}-b_2a_{12},$$

$$D_2=\begin{vmatrix}a_{11} & b_1\\ a_{21} & b_2\end{vmatrix}=b_2a_{11}-b_1a_{21},$$

这样上述方程组的解可表示为

$$x_1=\frac{D_1}{D},\ \ x_2=\frac{D_2}{D}.$$

这里的分母D是由方程（1.1）、方程（1.2）的系数所确定的二阶行列式（称为系数行列式），x_1的分子D_1是用常数项b_1,b_2替换D中第1列元素a_{11},a_{21}所得的二阶行列式，x_2的分子D_2是用常数项b_1,b_2替换D中第2列元素a_{12},a_{22}所得的二阶行列式.

例 1.1 求解二元线性方程组

$$\begin{cases}3x_1-2x_2=12,\\ 2x_1+x_2=1.\end{cases}$$

解 由于

$$D=\begin{vmatrix}3 & -2\\ 2 & 1\end{vmatrix}=3\times1-(-2)\times2=7\neq0,$$

$$D_1=\begin{vmatrix}12 & -2\\ 1 & 1\end{vmatrix}=12-(-2)=14,$$

$$D_2=\begin{vmatrix}3 & 12\\ 2 & 1\end{vmatrix}=3-24=-21,$$

因此

$$x_1=\frac{D_1}{D}=\frac{14}{7}=2,\ \ x_2=\frac{D_2}{D}=\frac{-21}{7}=-3.$$

解二元线性方程组产生了二阶行列式的概念，类似地，解三元线性方程组可定义三阶行列式.

定义 1.5 由9个数a_{ij}（$i,j=1,2,3$）排成3行3列的式子$\begin{vmatrix}a_{11} & a_{12} & a_{13}\\ a_{21} & a_{22} & a_{23}\\ a_{31} & a_{32} & a_{33}\end{vmatrix}$叫作三阶行列式，它表示数$a_{11}a_{22}a_{33}+a_{12}a_{23}a_{31}+a_{13}a_{21}a_{32}-a_{13}a_{22}a_{31}-a_{12}a_{21}a_{33}-a_{11}a_{23}a_{32}$. 即

$$\begin{vmatrix}a_{11} & a_{12} & a_{13}\\ a_{21} & a_{22} & a_{23}\\ a_{31} & a_{32} & a_{33}\end{vmatrix}=a_{11}a_{22}a_{33}+a_{12}a_{23}a_{31}+a_{13}a_{21}a_{32}-a_{13}a_{22}a_{31}-a_{12}a_{21}a_{33}-a_{11}a_{23}a_{32}.$$

三阶行列式的展开式为6项的代数和，其规律遵循图1.1所示的对角线法则，每一项均为位于不同行不同列的3个元素之积，实线相连的3个元素之积带“+”号，虚线相连的3个元素之积带“–”号.

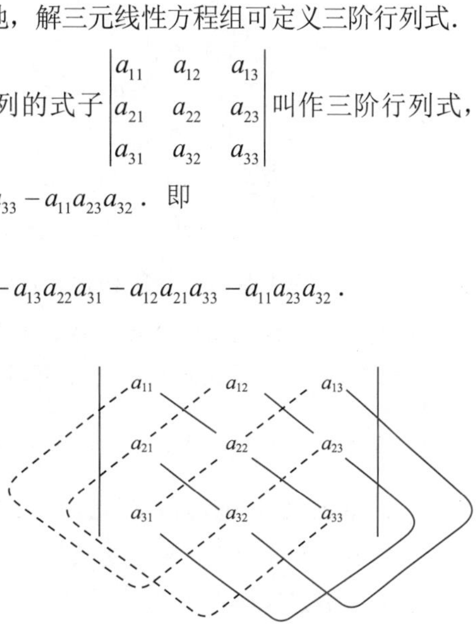

图 1.1

例 1.2 计算三阶行列式$D=\begin{vmatrix}1 & 2 & 3\\ 3 & 1 & 2\\ 2 & 3 & 1\end{vmatrix}$.

解 由三阶行列式的定义得

$$\begin{aligned}D&=1\times1\times1+2\times2\times2+3\times3\times3-3\times1\times2-2\times3\times1-1\times3\times2\\&=1+8+27-6-6-6\\&=18.\end{aligned}$$

实际问题 1.1 平面上 3 个点共线的条件.

已知平面上互异的 3 点$A(x_1,y_1)$,$B(x_2,y_2)$, $C(x_3,y_3)$共线，推导其应满足的条件.

解 过A,B两点的直线方程用两点式表示为

$$\frac{y-y_1}{y_2-y_1}=\frac{x-x_1}{x_2-x_1},$$

因C点在该直线上，所以C点坐标满足此方程，代入(x_3,y_3)得

$$\frac{y_3-y_1}{y_2-y_1}=\frac{x_3-x_1}{x_2-x_1},$$

化简得$x_1y_2+x_2y_3+x_3y_1-x_1y_3-x_2y_1-x_3y_2=0$，写成行列式即为

$$\begin{vmatrix}x_1&y_1&1\\x_2&y_2&1\\x_3&y_3&1\end{vmatrix}=0.$$

需要指出的是，对角线法则有助于理解并记忆二阶、三阶行列式的展开式，但这个法则只对二阶、三阶行列式适用．读者可自行验证，对四元线性方程组，如果将对角线法则用到对应的系数上，结果为 8 项的代数和，但事实上，四元线性方程组有唯一解时，解为分式，且分子、分母均为 24 项的代数和.

三阶行列式可以表示为

$$\begin{aligned}D=\begin{vmatrix}a_{11}&a_{12}&a_{13}\\a_{21}&a_{22}&a_{23}\\a_{31}&a_{32}&a_{33}\end{vmatrix}&=a_{11}(a_{22}a_{33}-a_{23}a_{32})-a_{12}(a_{21}a_{33}-a_{23}a_{31})+a_{13}(a_{21}a_{32}-a_{22}a_{31})\\&=a_{11}\begin{vmatrix}a_{22}&a_{23}\\a_{32}&a_{33}\end{vmatrix}-a_{12}\begin{vmatrix}a_{21}&a_{23}\\a_{31}&a_{33}\end{vmatrix}+a_{13}\begin{vmatrix}a_{21}&a_{22}\\a_{31}&a_{32}\end{vmatrix},\end{aligned}$$

从而，三阶行列式可用二阶行列式表示，且规律如下.

（1）每一项都是三阶行列式第 1 行中的某个元素与一个二阶行列式的乘积.

（2）每个二阶行列式恰好是由三阶行列式在划去前面相乘的元素所在行和所在列的元素之后，剩余的元素按照原来的顺序组成的，即$\begin{vmatrix}a_{22}&a_{23}\\a_{32}&a_{33}\end{vmatrix}$, $\begin{vmatrix}a_{21}&a_{23}\\a_{31}&a_{33}\end{vmatrix}$, $\begin{vmatrix}a_{21}&a_{22}\\a_{31}&a_{32}\end{vmatrix}$是三阶行列式分别划去$a_{11},a_{12},a_{13}$所在的行和列后剩下元素组成的二阶行列式.

（3）每一项前面取正号还是负号，恰好分别与元素a_{11},a_{12},a_{13}的下标之和相对应，即每一项前面的符号恰好为$(-1)^{i+j}$.

同理，二阶行列式也有类似的表示：

$$D=\begin{vmatrix} a_{11} & a_{12} \\ a_{21} & a_{22} \end{vmatrix}=a_{11}a_{22}-a_{12}a_{21}=a_{11}|a_{22}|-a_{12}|a_{21}|,$$

其中$|a_{22}|$，$|a_{21}|$是一阶行列式，值为元素本身.

一般地，我们可以用这种递归的方法来定义 n 阶行列式.

1.1.3 n 阶行列式

定义 1.6 由 n^2 个数 a_{ij}（$i,j=1,2,3,\cdots,n$）排成 n 行 n 列的式子

$$D=\begin{vmatrix} a_{11} & a_{12} & a_{13} & \cdots & a_{1n} \\ a_{21} & a_{22} & a_{23} & \cdots & a_{2n} \\ a_{31} & a_{32} & a_{33} & \cdots & a_{3n} \\ \vdots & \vdots & \vdots & & \vdots \\ a_{n1} & a_{n2} & a_{n3} & \cdots & a_{nn} \end{vmatrix}=a_{11}(-1)^{1+1}\begin{vmatrix} a_{22} & a_{23} & \cdots & a_{2n} \\ a_{32} & a_{33} & \cdots & a_{3n} \\ \vdots & \vdots & & \vdots \\ a_{n2} & a_{n3} & \cdots & a_{nn} \end{vmatrix}+$$

$$a_{12}(-1)^{1+2}\begin{vmatrix} a_{21} & a_{23} & \cdots & a_{2n} \\ a_{31} & a_{33} & \cdots & a_{3n} \\ \vdots & \vdots & & \vdots \\ a_{n1} & a_{n3} & \cdots & a_{nn} \end{vmatrix}+\cdots+a_{1n}(-1)^{1+n}\begin{vmatrix} a_{21} & a_{22} & \cdots & a_{2,n-1} \\ a_{31} & a_{32} & \cdots & a_{3,n-1} \\ \vdots & \vdots & & \vdots \\ a_{n1} & a_{n2} & \cdots & a_{n,n-1} \end{vmatrix}$$

计算得到的一个数，称为 n 阶行列式.

注 上述定义称为递归定义.

这样 n 阶行列式就可由 $n-1$ 阶行列式表示，我们引入元素 a_{ij} 的余子式：由行列式 D 中划去 a_{ij} 所在的第 i 行和第 j 列后，余下的元素按照原来的顺序构成的 $n-1$ 阶行列式，记为 M_{ij}，而式子 $A_{ij}=(-1)^{i+j}M_{ij}$ 称为元素 a_{ij} 的代数余子式.

例如，四阶行列式$\begin{vmatrix} 1 & -1 & 2 & 0 \\ 1 & 1 & -1 & 2 \\ 0 & -1 & 1 & -1 \\ 1 & -1 & 1 & -1 \end{vmatrix}$中元素 a_{23} 的代数余子式为

$$A_{23}=(-1)^{2+3}\begin{vmatrix} 1 & -1 & 0 \\ 0 & -1 & -1 \\ 1 & -1 & -1 \end{vmatrix}.$$

因此，n 阶行列式的定义可以简记为

$$D=a_{11}A_{11}+a_{12}A_{12}+a_{13}A_{13}+\cdots+a_{1n}A_{1n}=\sum_{j=1}^{n}a_{1j}A_{1j}.$$

关于定义 1.6，需要注意以下 3 点.

（1）n 阶行列式的定义是按第 1 行展开的.

（2）当 $n=1$ 时，定义 $|a_{11}|=a_{11}$，此时不要与绝对值符号混淆，当 $n=2,3$ 时，按对角线法则展开的结果与该定义的结果是等价的.

（3）行列式的递归定义表明，n阶行列式可以由n个$n-1$阶行列式表示．进一步地，每一个$n-1$阶行列式又可由$n-1$个$n-2$阶行列式来表示，如此进行下去，n阶行列式便可用$n-1,\cdots,3,2,1$阶行列式表示．因此，n阶行列式最后可表示成$n!$项的代数和，且每一项都是不同行、不同列的n个元素的乘积．

微课：n阶行列式的定义

定义 1.7 由n^2个数a_{ij}（$i,j=1,2,3,\cdots,n$）组成的n阶行列式定义为

$$D=\begin{vmatrix} a_{11} & a_{12} & a_{13} & \cdots & a_{1n} \\ a_{21} & a_{22} & a_{23} & \cdots & a_{2n} \\ a_{31} & a_{32} & a_{33} & \cdots & a_{3n} \\ \vdots & \vdots & \vdots & & \vdots \\ a_{n1} & a_{n2} & a_{n3} & \cdots & a_{nn} \end{vmatrix}$$

$$=\sum_{j_1j_2\cdots j_n}(-1)^{\tau(j_1j_2\cdots j_n)}a_{1j_1}a_{2j_2}a_{3j_3}\cdots a_{nj_n},$$

其中$\sum\limits_{j_1j_2\cdots j_n}$表示对所有的列标排列$j_1j_2\cdots j_n$求和．

由此可知，行列式的展开式中每一项都是不同行、不同列的n个元素的乘积，再加上一个正、负号．当行标按自然顺序排列时，如果列标构成的排列是偶排列，则这一项前取“+”号；如果列标构成的排列是奇排列，则这一项前取“−”号．

显然，n阶行列式的展开式中有一半项前面取“+”号，另一半项前面取“−”号．

注 这里说的“+”“−”号，不包括各元素本身的符号．

因为行列式的任一项$(-1)^{\tau(j_1j_2\cdots j_n)}a_{1j_1}a_{2j_2}a_{3j_3}\cdots a_{nj_n}$都必须在每一行和每一列中各取一个元素，所以得到以下结论．

如果行列式有一行（列）所有元素为零，则行列式的值为零．

例 1.3 计算行列式

$$D=\begin{vmatrix} 1 & 1 & 0 & 2 \\ -1 & 0 & 1 & 0 \\ 1 & 0 & 3 & 1 \\ 0 & 1 & 0 & 0 \end{vmatrix}.$$

解 按行列式递归定义，有

$$D=\begin{vmatrix} 1 & 1 & 0 & 2 \\ -1 & 0 & 1 & 0 \\ 1 & 0 & 3 & 1 \\ 0 & 1 & 0 & 0 \end{vmatrix}$$

$$=1\times\begin{vmatrix} 0 & 1 & 0 \\ 0 & 3 & 1 \\ 1 & 0 & 0 \end{vmatrix}-1\times\begin{vmatrix} -1 & 1 & 0 \\ 1 & 3 & 1 \\ 0 & 0 & 0 \end{vmatrix}+0\times\begin{vmatrix} -1 & 0 & 0 \\ 1 & 0 & 1 \\ 0 & 1 & 0 \end{vmatrix}-2\times\begin{vmatrix} -1 & 0 & 1 \\ 1 & 0 & 3 \\ 0 & 1 & 0 \end{vmatrix}$$

$$=1-0+0-8=-7.$$

例 1.4 计算上三角形行列式

微课：例1.4

$$D=\begin{vmatrix} a_{11} & a_{12} & a_{13} & \cdots & a_{1n} \\ 0 & a_{22} & a_{23} & \cdots & a_{2n} \\ 0 & 0 & a_{33} & \cdots & a_{3n} \\ \vdots & \vdots & \vdots & & \vdots \\ 0 & 0 & 0 & \cdots & a_{nn} \end{vmatrix}.$$

解 由 n 阶行列式的定义，D 应为 $n!$ 项的代数和，其一般项为

$$(-1)^{\tau(j_1 j_2 \cdots j_n)} a_{1j_1} a_{2j_2} a_{3j_3} \cdots a_{nj_n}.$$

但由于 D 中有许多元素为 0，因此只需求出上述一般项中不为 0 的项即可.

在 D 中，第 n 行元素除 a_{nn} 外，其余均为 0，所以 $j_n=n$；在第 $n-1$ 行中，除去与 a_{nn} 同行及同列的元素后，不为 0 的元素只有 $a_{n-1,n-1}$. 同理逐步上推，可以看出，在展开式中只有 $a_{11}a_{22}a_{33}\cdots a_{nn}$ 一项不等于 0. 而这项的列标所组成的排列的逆序数是 0，所以取正号. 因此，由行列式的定义可推出

$$D=\begin{vmatrix} a_{11} & a_{12} & a_{13} & \cdots & a_{1n} \\ 0 & a_{22} & a_{23} & \cdots & a_{2n} \\ 0 & 0 & a_{33} & \cdots & a_{3n} \\ \vdots & \vdots & \vdots & & \vdots \\ 0 & 0 & 0 & \cdots & a_{nn} \end{vmatrix}=a_{11}a_{22}a_{33}\cdots a_{nn},$$

即上三角形行列式的值等于主对角线上各元素的乘积.

例 1.5 计算行列式

$$D=\begin{vmatrix} a_{11} & a_{12} & \cdots & a_{1,n-1} & a_{1n} \\ a_{21} & a_{22} & \cdots & a_{2,n-1} & 0 \\ \vdots & \vdots & & \vdots & \vdots \\ a_{n-1,1} & a_{n-1,2} & \cdots & 0 & 0 \\ a_{n1} & 0 & \cdots & 0 & 0 \end{vmatrix}.$$

解 方法同例 1.4，D 中只有 $a_{1n}a_{2,n-1}a_{3,n-2}\cdots a_{n1}$ 一项不等于 0，且这项的列标所组成的排列的逆序数为

$$\tau=1+2+\cdots+(n-1)=\frac{n(n-1)}{2},$$

故 $D=(-1)^{\tau}a_{1n}a_{2,n-1}a_{3,n-2}\cdots a_{n1}=(-1)^{\frac{n(n-1)}{2}}a_{1n}a_{2,n-1}a_{3,n-2}\cdots a_{n1}$.

类似地，可得 n 阶下三角形行列式

$$D=\begin{vmatrix} a_{11} & 0 & 0 & \cdots & 0 \\ a_{21} & a_{22} & 0 & \cdots & 0 \\ a_{31} & a_{32} & a_{33} & \cdots & 0 \\ \vdots & \vdots & \vdots & & \vdots \\ a_{n1} & a_{n2} & a_{n3} & \cdots & a_{nn} \end{vmatrix}=a_{11}a_{22}a_{33}\cdots a_{nn},$$

n阶对角行列式

$$D=\begin{vmatrix} a_{11} & 0 & 0 & \cdots & 0 \\ 0 & a_{22} & 0 & \cdots & 0 \\ 0 & 0 & a_{33} & \cdots & 0 \\ \vdots & \vdots & \vdots & & \vdots \\ 0 & 0 & 0 & \cdots & a_{nn} \end{vmatrix}=a_{11}a_{22}a_{33}\cdots a_{nn}.$$

上三角（下三角）形行列式是计算行列式的基础，在第 1.2 节讲完行列式的性质之后，我们会利用行列式的性质将行列式的计算归结为上三角（下三角）形行列式的计算.

同步习题 1.1

基础题

1．求下列全排列的逆序数.

（1）634521.　（2）53142.　（3）54321.　（4）$135\cdots(2n-1)246\cdots(2n)$.

2．填空题.

（1）若$n(n>1)$阶行列式D中所有元素都为 1，则$D=$______.

（2）在五阶行列式$|a_{ij}|$中，乘积$a_{33}a_{21}a_{45}a_{14}a_{52}$前应取______号.

3．计算下列行列式.

（1）$\begin{vmatrix} 3 & 2 \\ 1 & -2 \end{vmatrix}$.　（2）$\begin{vmatrix} 1 & 2 & 1 \\ 3 & 1 & 0 \\ 2 & 3 & 2 \end{vmatrix}$.　（3）$\begin{vmatrix} 1 & -3 & 3 \\ 1 & -1 & 1 \\ 3 & 1 & -1 \end{vmatrix}$.　（4）$\begin{vmatrix} a^2 & ab & b^2 \\ 2a & a+b & 2b \\ 1 & 1 & 1 \end{vmatrix}$.

4．在六阶行列式中，下列各元素乘积是否为行列式的一项？若是行列式的项，应取什么符号？

（1）$a_{15}a_{23}a_{36}a_{44}a_{51}a_{62}$.　（2）$a_{13}a_{36}a_{21}a_{65}a_{52}a_{44}$.

提高题

1．若n阶行列式D中有多于n^2-n个元素为 0，则$D=$______.

2．选择题.

（1）已知 $6i541j$ 为奇排列，则 i, j 的值为（　　）.

A. $i=3, j=2$　　B. $i=2, j=3$　　C. $i=3, j=7$　　D. $i=2, j=7$

（2）已知行列式

$$D_1=\begin{vmatrix}0&\lambda_1&1&0\\0&0&\lambda_2&1\\0&0&0&\lambda_3\\\lambda_4&0&0&0\end{vmatrix},\ D_2=\begin{vmatrix}0&0&0&\lambda_1\\0&0&\lambda_2&0\\0&\lambda_3&0&0\\\lambda_4&0&0&0\end{vmatrix},$$

其中 $\lambda_1\lambda_2\lambda_3\lambda_4\neq 0$，则 D_1 与 D_2 应满足关系（　　）.

A. $D_1=D_2$　　B. $D_1=-D_2$　　C. $D_1=2D_2$　　D. $2D_1=D_2$

（3）n 阶行列式

$$D=\begin{vmatrix}0&0&\cdots&0&1\\0&0&\cdots&2&0\\\vdots&\vdots&&\vdots&\vdots\\0&n-1&\cdots&0&0\\n&0&\cdots&0&0\end{vmatrix}$$

的值为（　　）.

A. $n!$　　B. $(-1)^n n!$　　C. $(-1)^{n+1} n!$　　D. $(-1)^{\frac{n(n-1)}{2}} n!$

1.2　行列式的性质及其应用

利用行列式的定义直接计算行列式一般很困难，行列式的阶数越高，难度越大. 为了简化相应的计算，本节首先介绍行列式的一些基本性质；然后利用这些性质及推论计算一些形式较为简单的行列式.

1.2.1　行列式的性质

定义 1.8　将行列式 D 的行与列互换得到的行列式称为行列式 D 的转置行列式，记为 D^{T} 或 D'，即

$$D=\begin{vmatrix}a_{11}&a_{12}&a_{13}&\cdots&a_{1n}\\a_{21}&a_{22}&a_{23}&\cdots&a_{2n}\\a_{31}&a_{32}&a_{33}&\cdots&a_{3n}\\\vdots&\vdots&\vdots&&\vdots\\a_{n1}&a_{n2}&a_{n3}&\cdots&a_{nn}\end{vmatrix},\ D^{\mathrm{T}}=\begin{vmatrix}a_{11}&a_{21}&a_{31}&\cdots&a_{n1}\\a_{12}&a_{22}&a_{32}&\cdots&a_{n2}\\a_{13}&a_{23}&a_{33}&\cdots&a_{n3}\\\vdots&\vdots&\vdots&&\vdots\\a_{1n}&a_{2n}&a_{3n}&\cdots&a_{nn}\end{vmatrix}.$$

例如行列式 $D=\begin{vmatrix}1&2&3\\4&5&6\\7&8&9\end{vmatrix}$ 的转置行列式 $D^{\mathrm{T}}=\begin{vmatrix}1&4&7\\2&5&8\\3&6&9\end{vmatrix}$.

换一个角度看，也可以把 D 看成 D^{T} 的转置行列式.

性质 1.1 行列式与其转置行列式的值相等.

该性质利用行列式的定义即可得证.

例如

$$\begin{vmatrix}1&2&3\\4&5&6\\7&8&9\end{vmatrix}=\begin{vmatrix}1&4&7\\2&5&8\\3&6&9\end{vmatrix}.$$

微课：转置行列式及性质

性质 1.1 说明行列式中行和列具有同样的地位，因此，行列式中的有关性质凡是对行成立的，对列也成立.

性质 1.2 互换行列式的两行（列），行列式的值仅改变符号.

证明 以交换两行的情形来证明. 根据行列式的定义，

$$D=\begin{vmatrix}a_{11}&a_{12}&\cdots&a_{1n}\\ \vdots&\vdots&&\vdots\\ a_{i1}&a_{i2}&\cdots&a_{in}\\ \vdots&\vdots&&\vdots\\ a_{j1}&a_{j2}&\cdots&a_{jn}\\ \vdots&\vdots&&\vdots\\ a_{n1}&a_{n2}&\cdots&a_{nn}\end{vmatrix}=\sum_{p_1\cdots p_i\cdots p_j\cdots p_n}(-1)^{\tau(p_1\cdots p_i\cdots p_j\cdots p_n)}a_{1p_1}\cdots a_{ip_i}\cdots a_{jp_j}\cdots a_{np_n}$$

$$=\sum_{p_1\cdots p_i\cdots p_j\cdots p_n}(-1)^{\tau(p_1\cdots p_i\cdots p_j\cdots p_n)}a_{1p_1}\cdots a_{jp_j}\cdots a_{ip_i}\cdots a_{np_n}$$

$$=-\sum_{p_1\cdots p_j\cdots p_i\cdots p_n}(-1)^{\tau(p_1\cdots p_j\cdots p_i\cdots p_n)}a_{1p_1}\cdots a_{jp_j}\cdots a_{ip_i}\cdots a_{np_n}$$

$$=-\begin{vmatrix}a_{11}&a_{12}&\cdots&a_{1n}\\ \vdots&\vdots&&\vdots\\ a_{j1}&a_{j2}&\cdots&a_{jn}\\ \vdots&\vdots&&\vdots\\ a_{i1}&a_{i2}&\cdots&a_{in}\\ \vdots&\vdots&&\vdots\\ a_{n1}&a_{n2}&\cdots&a_{nn}\end{vmatrix}.$$

以 r_i 表示行列式的第 i 行，以 c_i 表示行列式的第 i 列，交换第 i,j 行记为 $r_i\leftrightarrow r_j$，交换第 i,j 列记为 $c_i\leftrightarrow c_j$.

推论 若行列式中有两行（或两列）对应元素相等，则行列式等于零.

证明 把行列式 D 中有相同元素的两行（或两列）互换，则有 $D=-D$，因此 $D=0$.

性质 1.3 若行列式的某一行（或列）有公因子 k，则公因子 k 可以提到行列式外面，或者说，用 k 乘行列式的某一行（或列），等于用 k 乘以该行列式，即

$$\begin{vmatrix}a_{11}&a_{12}&\cdots&a_{1n}\\ \vdots&\vdots&&\vdots\\ ka_{i1}&ka_{i2}&\cdots&ka_{in}\\ \vdots&\vdots&&\vdots\\ a_{n1}&a_{n2}&\cdots&a_{nn}\end{vmatrix}=k\begin{vmatrix}a_{11}&a_{12}&\cdots&a_{1n}\\ \vdots&\vdots&&\vdots\\ a_{i1}&a_{i2}&\cdots&a_{in}\\ \vdots&\vdots&&\vdots\\ a_{n1}&a_{n2}&\cdots&a_{nn}\end{vmatrix}.$$

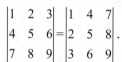

第 i 行（或列）乘以 k 记作 kr_i（或 kc_i），第 i 行（或列）提取公因子 k 记作 $\frac{1}{k}r_i\left(或\frac{1}{k}c_i\right)$，其中 $k\neq 0$.

推论1 行列式的某一行（列）所有元素的公因子可以提到行列式的前面.

推论2 如果行列式有两行（列）对应元素成比例，则行列式的值为零.

例如

$$\begin{vmatrix} a & b & c \\ ka & kb & kc \\ d & e & f \end{vmatrix} = k\begin{vmatrix} a & b & c \\ a & b & c \\ d & e & f \end{vmatrix} = 0 .$$

推论3 若行列式中某一行（列）对应元素全为零，则行列式的值为零.

性质1.4 若行列式的某一行（列）元素都是两数之和，则可按此行（列）将行列式拆为两个行列式的和．即

$$\begin{vmatrix} a_{11} & a_{12} & \cdots & a_{1n} \\ \vdots & \vdots & & \vdots \\ a_{i1}+a'_{i1} & a_{i2}+a'_{i2} & \cdots & a_{in}+a'_{in} \\ \vdots & \vdots & & \vdots \\ a_{n1} & a_{n2} & \cdots & a_{nn} \end{vmatrix} = \begin{vmatrix} a_{11} & a_{12} & \cdots & a_{1n} \\ \vdots & \vdots & & \vdots \\ a_{i1} & a_{i2} & \cdots & a_{in} \\ \vdots & \vdots & & \vdots \\ a_{n1} & a_{n2} & \cdots & a_{nn} \end{vmatrix} + \begin{vmatrix} a_{11} & a_{12} & \cdots & a_{1n} \\ \vdots & \vdots & & \vdots \\ a'_{i1} & a'_{i2} & \cdots & a'_{in} \\ \vdots & \vdots & & \vdots \\ a_{n1} & a_{n2} & \cdots & a_{nn} \end{vmatrix} .$$

性质1.5 把行列式的某一行（列）中每个元素都乘以数 k，加到另一行（列）中对应元素上，行列式的值不变.

r_j+kr_i 表示第 i 行所有元素乘以 k 加到第 j 行上去（此时行列式第 i 行不变，变化的是第 j 行，$i\neq j$），即

$$D=\begin{vmatrix} a_{11} & a_{12} & \cdots & a_{1n} \\ \vdots & \vdots & & \vdots \\ a_{i1} & a_{i2} & \cdots & a_{in} \\ \vdots & \vdots & & \vdots \\ a_{j1} & a_{j2} & \cdots & a_{jn} \\ \vdots & \vdots & & \vdots \\ a_{n1} & a_{n2} & \cdots & a_{nn} \end{vmatrix} \xlongequal{r_j+kr_i} \begin{vmatrix} a_{11} & a_{12} & \cdots & a_{1n} \\ \vdots & \vdots & & \vdots \\ a_{i1} & a_{i2} & \cdots & a_{in} \\ \vdots & \vdots & & \vdots \\ a_{j1}+ka_{i1} & a_{j2}+ka_{i2} & \cdots & a_{jn}+ka_{in} \\ \vdots & \vdots & & \vdots \\ a_{n1} & a_{n2} & \cdots & a_{nn} \end{vmatrix} .$$

同样，c_j+kc_i 表示第 i 列所有元素乘以 k 加到第 j 列上去（此时行列式第 i 列不变，变化的是第 j 列，$i\neq j$）.

性质1.6 行列式可以按任意行（列）展开，值不变，具体如下.

按第 i 行展开（$i=1,2,\cdots,n$），

$$D=a_{i1}A_{i1}+a_{i2}A_{i2}+a_{i3}A_{i3}+\cdots+a_{in}A_{in}=\sum_{j=1}^{n}a_{ij}A_{ij} .$$

按第 j 列展开（$j=1,2,\cdots,n$），

$$D=a_{1j}A_{1j}+a_{2j}A_{2j}+a_{3j}A_{3j}+\cdots+a_{nj}A_{nj}=\sum_{i=1}^{n}a_{ij}A_{ij} .$$

由定义 1.6 和上述性质可推出下面的推论.

推论 行列式中某一行（列）的元素与另一行（列）的元素对应的代数余子式的乘积之和等于零，即

$$a_{i1}A_{j1}+a_{i2}A_{j2}+a_{i3}A_{j3}+\cdots+a_{in}A_{jn}=0\ （i,j=1,2,\cdots,n，\ i\neq j）$$

或

$$a_{1i}A_{1j}+a_{2i}A_{2j}+a_{3i}A_{3j}+\cdots+a_{ni}A_{nj}=0\ （i,j=1,2,\cdots,n，\ i\neq j）.$$

证明 设

$$D=\begin{vmatrix} a_{11} & a_{12} & \cdots & a_{1n} \\ \vdots & \vdots & & \vdots \\ a_{i1} & a_{i2} & \cdots & a_{in} \\ \vdots & \vdots & & \vdots \\ a_{j1} & a_{j2} & \cdots & a_{jn} \\ \vdots & \vdots & & \vdots \\ a_{n1} & a_{n2} & \cdots & a_{nn} \end{vmatrix},$$

将行列式中的第 j 行的元素对应替换成第 i 行的元素，其他元素不变，即

$$\tilde{D}=\begin{vmatrix} a_{11} & a_{12} & \cdots & a_{1n} \\ \vdots & \vdots & & \vdots \\ a_{i1} & a_{i2} & \cdots & a_{in} \\ \vdots & \vdots & & \vdots \\ a_{i1} & a_{i2} & \cdots & a_{in} \\ \vdots & \vdots & & \vdots \\ a_{n1} & a_{n2} & \cdots & a_{nn} \end{vmatrix}\begin{matrix} \\ \\ \leftarrow i \\ \\ \leftarrow j \\ \\ \\ \end{matrix}.$$

显然，$\tilde{D}=0$，且 $\tilde{D}$ 第 j 行各元素的代数余子式与 D 第 j 行各元素的代数余子式对应相等，由性质 1.6，将 $\tilde{D}$ 按第 j 行展开，得

$$a_{i1}A_{j1}+a_{i2}A_{j2}+a_{i3}A_{j3}+\cdots+a_{in}A_{jn}=\sum_{k=1}^{n}a_{ik}A_{jk}=\tilde{D}=0\ （i\neq j）.$$

同理可证

$$a_{1i}A_{1j}+a_{2i}A_{2j}+a_{3i}A_{3j}+\cdots+a_{ni}A_{nj}=0\ （i\neq j）.$$

综合定义 1.6 和推论，对于行列式和代数余子式的关系有以下重要结论：

$$\sum_{k=1}^{n}a_{ik}A_{jk}=\begin{cases} D, & i=j, \\ 0, & i\neq j; \end{cases}\quad \sum_{k=1}^{n}a_{ki}A_{kj}=\begin{cases} D, & i=j, \\ 0, & i\neq j. \end{cases}$$

1.2.2 行列式性质的简单应用

下面利用行列式的性质进行简单的行列式求解和证明.

例 1.6 计算 $D=\begin{vmatrix} 0 & 1 & 0 & 3 \\ 0 & 2 & 2 & 1 \\ 3 & 2 & 1 & 4 \\ 0 & 0 & 0 & 1 \end{vmatrix}$.

解 将第 2,3 列互换，得

$$D=(-1)\begin{vmatrix}0&0&1&3\\0&2&2&1\\3&1&2&4\\0&0&0&1\end{vmatrix}.$$

再将第 1,3 行互换，得

$$D=(-1)^2\begin{vmatrix}3&1&2&4\\0&2&2&1\\0&0&1&3\\0&0&0&1\end{vmatrix}=6.$$

例 1.7 计算 $D=\begin{vmatrix}ab&ac&ae\\bd&cd&de\\bf&cf&-ef\end{vmatrix}$.

解 由性质 1.3 可得

$$D=\begin{vmatrix}ab&ac&ae\\bd&cd&de\\bf&cf&-ef\end{vmatrix}=adf\begin{vmatrix}b&c&e\\b&c&e\\b&c&-e\end{vmatrix}=0.$$

例 1.8 计算 $D=\begin{vmatrix}2&1&1&1\\1&2&1&1\\1&1&2&1\\1&1&1&2\end{vmatrix}$.

微课：例1.8

解 这个行列式的特点是各行 4 个数的和都是 5，我们把第 2, 3, 4 列同时加到第 1 列，把公因子提出，然后把第 1 行乘以 –1 加到第 2, 3, 4 行上就成为三角形行列式．具体计算如下．

$$D\underset{i=2,3,4}{\overset{c_1+c_i}{=\!=\!=\!=}}\begin{vmatrix}5&1&1&1\\5&2&1&1\\5&1&2&1\\5&1&1&2\end{vmatrix}\overset{\frac{1}{5}c_1}{=\!=\!=}5\begin{vmatrix}1&1&1&1\\1&2&1&1\\1&1&2&1\\1&1&1&2\end{vmatrix}\underset{i=2,3,4}{\overset{r_i-r_1}{=\!=\!=\!=}}5\begin{vmatrix}1&1&1&1\\0&1&0&0\\0&0&1&0\\0&0&0&1\end{vmatrix}=5.$$

例 1.9 证明 $\begin{vmatrix}a+b&b+c&c+a\\a_1+b_1&b_1+c_1&c_1+a_1\\a_2+b_2&b_2+c_2&c_2+a_2\end{vmatrix}=2\begin{vmatrix}a&b&c\\a_1&b_1&c_1\\a_2&b_2&c_2\end{vmatrix}$.

证明

$$左端=\begin{vmatrix}a+b&b+c&c+a\\a_1+b_1&b_1+c_1&c_1+a_1\\a_2+b_2&b_2+c_2&c_2+a_2\end{vmatrix}\overset{c_2-c_1}{=\!=\!=}\begin{vmatrix}a+b&c-a&c+a\\a_1+b_1&c_1-a_1&c_1+a_1\\a_2+b_2&c_2-a_2&c_2+a_2\end{vmatrix}$$

$$\overset{c_3+c_2}{=\!=\!=}\begin{vmatrix}a+b&c-a&2c\\a_1+b_1&c_1-a_1&2c_1\\a_2+b_2&c_2-a_2&2c_2\end{vmatrix}=2\begin{vmatrix}a+b&c-a&c\\a_1+b_1&c_1-a_1&c_1\\a_2+b_2&c_2-a_2&c_2\end{vmatrix}$$

$$\xlongequal{c_2-c_3}2\begin{vmatrix}a+b & -a & c\\ a_1+b_1 & -a_1 & c_1\\ a_2+b_2 & -a_2 & c_2\end{vmatrix}\xlongequal{c_1+c_2}2\begin{vmatrix}b & -a & c\\ b_1 & -a_1 & c_1\\ b_2 & -a_2 & c_2\end{vmatrix}\xlongequal{c_1\leftrightarrow c_2}2\begin{vmatrix}a & b & c\\ a_1 & b_1 & c_1\\ a_2 & b_2 & c_2\end{vmatrix}$$

$=$右端.

故该题得证.

【即时提问 1.2】假设一个 n 阶行列式的元素满足 $a_{ij}=-a_{ji}$， $i,j=1,2,\cdots,n$，当 n 为奇数时，此行列式的值为多少？试说明理由.

实际问题 1.2 分解因式.

将 $x^4+6x^3+x^2-24x-20$ 分解因式.

解 原式$=x^2(x^2+6x+1)-4(6x+5)=\begin{vmatrix}x^2+6x+1 & 4\\ 6x+5 & x^2\end{vmatrix}\xlongequal{r_2-r_1}\begin{vmatrix}x^2+6x+1 & 4\\ 4-x^2 & x^2-4\end{vmatrix}$

$=(x^2-4)\begin{vmatrix}x^2+6x+1 & 4\\ -1 & 1\end{vmatrix}=(x^2-4)(x^2+6x+5)$

$=(x-2)(x+2)(x+1)(x+5)$.

这个方法具有一定的普遍性.

同步习题 1.2

基础题

1．填空题.

（1）如果 $\begin{vmatrix}a_{11} & a_{12} & a_{13}\\ a_{21} & a_{22} & a_{23}\\ a_{31} & a_{32} & a_{33}\end{vmatrix}=1$，则 $M=\begin{vmatrix}4a_{11} & 2a_{11}-3a_{12} & a_{13}\\ 4a_{21} & 2a_{21}-3a_{22} & a_{23}\\ 4a_{31} & 2a_{31}-3a_{32} & a_{33}\end{vmatrix}=$______.

（2）设 $\begin{vmatrix}a & 3 & 1\\ b & 0 & 1\\ c & 2 & 1\end{vmatrix}=1$，则 $\begin{vmatrix}a-3 & b-3 & c-3\\ 5 & 2 & 4\\ 1 & 1 & 1\end{vmatrix}=$______.

（3）$\begin{vmatrix}-ab & a & a\\ bd & -d & d\\ bf & f & f\end{vmatrix}=$______.

2．选择题.

（1）$\begin{vmatrix}0 & 1 & 1 & 1\\ 1 & 0 & 1 & 1\\ 1 & 1 & 0 & 1\\ 1 & 1 & 1 & 0\end{vmatrix}=$（　　）.

A．1　　B．2　　C．-3　　D．0

（2）行列式$\begin{vmatrix} 2 & 1 & 0 \\ 1 & x & -2 \\ -3 & 2 & 7 \end{vmatrix}=0$，则 x 的值为（　　）.

A. $\frac{1}{2}$　　　B. $-\frac{1}{2}$　　　C. 2　　　D. -2

提高题

利用行列式的性质证明下列等式成立.

（1）$\begin{vmatrix} a^2 & (a+1)^2 & (a+2)^2 \\ b^2 & (b+1)^2 & (b+2)^2 \\ c^2 & (c+1)^2 & (c+2)^2 \end{vmatrix}=4(a-b)(a-c)(b-c)$.

（2）$\begin{vmatrix} a_1-b_1 & a_1-b_2 & \cdots & a_1-b_n \\ a_2-b_1 & a_2-b_2 & \cdots & a_2-b_n \\ \vdots & \vdots & & \vdots \\ a_n-b_1 & a_n-b_2 & \cdots & a_n-b_n \end{vmatrix}=0(n\geqslant 3)$.

1.3　行列式的典型计算方法

行列式的计算是本章的重点和难点，除了较简单的行列式可以用定义直接计算外，一般行列式计算的主要思路是利用行列式的性质进行化简，使行列式中出现较多的零元素，然后再计算. 本节举例说明一些常用的方法和技巧.

1.3.1　上（下）三角法

根据例 1.4 的结论及行列式的运算性质，可以把一个行列式化为上（下）三角形行列式，从而求得行列式的值，其值即为主对角线元素之积.

例 1.10　计算行列式$\begin{vmatrix} 1 & 2 & 3 & 4 \\ -2 & -1 & -5 & -2 \\ 3 & -5 & 6 & 3 \\ -4 & -2 & -3 & -4 \end{vmatrix}$.

微课：例1.10

解　元素 $a_{11}=1$，以第 1 行元素为基础，采用行的变换把它化为上三角形行列式.

$$\begin{vmatrix} 1 & 2 & 3 & 4 \\ -2 & -1 & -5 & -2 \\ 3 & -5 & 6 & 3 \\ -4 & -2 & -3 & -4 \end{vmatrix} \xlongequal[r_4+4r_1]{\substack{r_2+2r_1 \\ r_3-3r_1}} \begin{vmatrix} 1 & 2 & 3 & 4 \\ 0 & 3 & 1 & 6 \\ 0 & -11 & -3 & -9 \\ 0 & 6 & 9 & 12 \end{vmatrix} = 3\begin{vmatrix} 1 & 2 & 3 & 4 \\ 0 & 3 & 1 & 6 \\ 0 & -11 & -3 & -9 \\ 0 & 2 & 3 & 4 \end{vmatrix}$$

$$\xlongequal{r_2-r_4}3\begin{vmatrix}1&2&3&4\\0&1&-2&2\\0&-11&-3&-9\\0&2&3&4\end{vmatrix}\xlongequal[r_3+11r_2]{r_4-2r_2}3\begin{vmatrix}1&2&3&4\\0&1&-2&2\\0&0&-25&13\\0&0&7&0\end{vmatrix}$$

$$=21\begin{vmatrix}1&2&3&4\\0&1&-2&2\\0&0&-25&13\\0&0&1&0\end{vmatrix}\xlongequal{r_3\leftrightarrow r_4}-21\begin{vmatrix}1&2&3&4\\0&1&-2&2\\0&0&1&0\\0&0&-25&13\end{vmatrix}$$

$$\xlongequal{r_4+25r_3}-21\begin{vmatrix}1&2&3&4\\0&1&-2&2\\0&0&1&0\\0&0&0&13\end{vmatrix}=-21\times13=-273.$$

例 1.11 计算行列式$\begin{vmatrix}0&2&-2&2\\1&3&0&4\\-2&-11&3&-16\\0&-7&3&1\end{vmatrix}$.

分析 我们观察到元素$a_{21}=1$，而$a_{11}=0$，将第 1 行和第 2 行交换后，更便于化成上三角形行列式.

解

$$\begin{vmatrix}0&2&-2&2\\1&3&0&4\\-2&-11&3&-16\\0&-7&3&1\end{vmatrix}\xlongequal{r_1\leftrightarrow r_2}-\begin{vmatrix}1&3&0&4\\0&2&-2&2\\-2&-11&3&-16\\0&-7&3&1\end{vmatrix}\xlongequal{r_3+2r_1}-\begin{vmatrix}1&3&0&4\\0&2&-2&2\\0&-5&3&-8\\0&-7&3&1\end{vmatrix}$$

$$\xlongequal{\frac{1}{2}r_2}-2\begin{vmatrix}1&3&0&4\\0&1&-1&1\\0&-5&3&-8\\0&-7&3&1\end{vmatrix}\xlongequal[r_4+7r_2]{r_3+5r_2}-2\begin{vmatrix}1&3&0&4\\0&1&-1&1\\0&0&-2&-3\\0&0&-4&8\end{vmatrix}\xlongequal{r_4-2r_3}-2\begin{vmatrix}1&3&0&4\\0&1&-1&1\\0&0&-2&-3\\0&0&0&14\end{vmatrix}=56.$$

例 1.12 计算行列式$\begin{vmatrix}1&1&1&1\\x&a_1&a_2&a_2\\a_2&a_2&x&a_3\\a_3&a_3&a_3&x\end{vmatrix}$.

解

$$\begin{vmatrix}1&1&1&1\\x&a_1&a_2&a_2\\a_2&a_2&x&a_3\\a_3&a_3&a_3&x\end{vmatrix}\xlongequal{c_1\leftrightarrow c_2}-\begin{vmatrix}1&1&1&1\\a_1&x&a_2&a_2\\a_2&a_2&x&a_3\\a_3&a_3&a_3&x\end{vmatrix}$$

$$\xrightarrow[r_4-a_3r_1]{\substack{r_2-a_1r_1\\ r_3-a_2r_1}} \begin{vmatrix} 1 & 1 & 1 & 1 \\ 0 & x-a_1 & a_2-a_1 & a_2-a_1 \\ 0 & 0 & x-a_2 & a_3-a_2 \\ 0 & 0 & 0 & x-a_3 \end{vmatrix} = -(x-a_1)(x-a_2)(x-a_3).$$

1.3.2 降阶法

使用 n 阶行列式的定义 1.6 计算行列式时，一般可利用性质将行列式化为某一行（或列）仅剩一个非零元素，然后按此行（或列）展开，从而达到降阶的目的.

例 1.13 计算行列式 $\begin{vmatrix} 3 & 1 & -1 & 2 \\ -5 & 1 & 3 & -4 \\ 2 & 0 & 1 & -1 \\ 1 & -5 & 3 & -3 \end{vmatrix}$.

分析 为了使运算量尽可能小，尽量选择 0 较多的行或列，同时，选中的行或列的元素总体上尽可能小. 这里我们选中第 3 行，将除 1 外的元素都化为 0.

解 保留 a_{33}，把第 3 行其余元素变为 0，然后按第 3 行展开.

$$\begin{vmatrix} 3 & 1 & -1 & 2 \\ -5 & 1 & 3 & -4 \\ 2 & 0 & 1 & -1 \\ 1 & -5 & 3 & -3 \end{vmatrix} \xrightarrow[c_4+c_3]{c_1-2c_3} \begin{vmatrix} 5 & 1 & -1 & 1 \\ -11 & 1 & 3 & -1 \\ 0 & 0 & 1 & 0 \\ -5 & -5 & 3 & 0 \end{vmatrix} = (-1)^{3+3} \begin{vmatrix} 5 & 1 & 1 \\ -11 & 1 & -1 \\ -5 & -5 & 0 \end{vmatrix}$$

$$\xrightarrow{r_2+r_1} \begin{vmatrix} 5 & 1 & 1 \\ -6 & 2 & 0 \\ -5 & -5 & 0 \end{vmatrix} = (-1)^{1+3} \begin{vmatrix} -6 & 2 \\ -5 & -5 \end{vmatrix} = -6\times(-5)-(-5)\times 2 = 40.$$

例 1.14 计算 n 阶行列式

$$D_n = \begin{vmatrix} x & y & 0 & \cdots & 0 & 0 \\ 0 & x & y & \cdots & 0 & 0 \\ 0 & 0 & x & \cdots & 0 & 0 \\ \vdots & \vdots & \vdots & & \vdots & \vdots \\ 0 & 0 & 0 & \cdots & x & y \\ y & 0 & 0 & \cdots & 0 & x \end{vmatrix}.$$

微课：例1.14

分析 该行列式的特点是每行（列）只有两个元素不为零，并且非零元素的分布较为规范，可使用定义 1.6 计算.

解 将行列式按第 1 列展开可得

$$D_n = x\begin{vmatrix} x & y & 0 & \cdots & 0 \\ 0 & x & y & \cdots & 0 \\ 0 & 0 & x & \cdots & 0 \\ \vdots & \vdots & \vdots & & \vdots \\ 0 & 0 & 0 & \cdots & x \end{vmatrix} + (-1)^{n+1} y \begin{vmatrix} y & 0 & 0 & \cdots & 0 \\ x & y & 0 & \cdots & 0 \\ 0 & x & y & \cdots & 0 \\ \vdots & \vdots & \vdots & & \vdots \\ 0 & 0 & 0 & \cdots & y \end{vmatrix} = x^n + (-1)^{n+1} y^n.$$

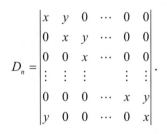

【即时提问 1.3】一个 n 阶行列式，如果其中第 i 行所有元素除 a_{ij} 外都为零，那么这个行列式等于 a_{ij} 与它的代数余子式的乘积，即 $D=a_{ij}A_{ij}$．这个说法是否正确？试说明理由．

下面介绍范德蒙德（Vandermonde）行列式．

例 1.15 证明 n 阶范德蒙德行列式

$$D_n=\begin{vmatrix}1 & 1 & 1 & \cdots & 1\\ x_1 & x_2 & x_3 & \cdots & x_n\\ x_1^2 & x_2^2 & x_3^2 & \cdots & x_n^2\\ \vdots & \vdots & \vdots & & \vdots\\ x_1^{n-1} & x_2^{n-1} & x_3^{n-1} & \cdots & x_n^{n-1}\end{vmatrix}=\prod_{1\leqslant i<j\leqslant n}(x_j-x_i)\text{，}$$

其中记号 Π 表示连乘积，例如 $\prod\limits_{i=1}^{n}a_i=a_1a_2\cdots a_n$．

证明 用数学归纳法．

（1）当 $n=2$ 时，

$$D_2=\begin{vmatrix}1 & 1\\ x_1 & x_2\end{vmatrix}=x_2-x_1=\prod_{1\leqslant i<j\leqslant 2}(x_j-x_i)\text{，}$$

此时等式成立．

（2）假设 $n-1$ 阶范德蒙德行列式成立，则对 n 阶范德蒙德行列式，从第 n 行起用每一行减去上一行的 x_1 倍，然后按第 1 列展开，即

$$D_n\xlongequal[i=n,n-1,\cdots,2]{r_i-x_1r_{i-1}}\begin{vmatrix}1 & 1 & 1 & \cdots & 1\\ 0 & x_2-x_1 & x_3-x_1 & \cdots & x_n-x_1\\ 0 & x_2(x_2-x_1) & x_3(x_3-x_1) & \cdots & x_n(x_n-x_1)\\ \vdots & \vdots & \vdots & & \vdots\\ 0 & x_2^{n-2}(x_2-x_1) & x_3^{n-2}(x_3-x_1) & \cdots & x_n^{n-2}(x_n-x_1)\end{vmatrix}$$

$$\xlongequal[\text{提出括号里的因子}]{\text{按第1列展开}}(x_2-x_1)(x_3-x_1)\cdots(x_n-x_1)\begin{vmatrix}1 & 1 & \cdots & 1\\ x_2 & x_3 & \cdots & x_n\\ x_2^2 & x_3^2 & \cdots & x_n^2\\ \vdots & \vdots & & \vdots\\ x_2^{n-2} & x_3^{n-2} & \cdots & x_n^{n-2}\end{vmatrix}$$

$$\xlongequal{\text{由归纳假设}}(x_2-x_1)(x_3-x_1)\cdots(x_n-x_1)\prod_{2\leqslant i<j\leqslant n}(x_j-x_i)=\prod_{1\leqslant i<j\leqslant n}(x_j-x_i)\text{．}$$

例如，三阶范德蒙德行列式 $\begin{vmatrix}1 & 1 & 1\\ a & b & c\\ a^2 & b^2 & c^2\end{vmatrix}=(b-a)(c-a)(c-b)$．

*1.3.3 升阶法

除了常用的上（下）三角形法和降阶法，对于一些具有特殊特征的行列式，我们还可以采取一些较为有效的方法．当行列式的元素较为规范，除对角线上的元素外其他同列的元素都相等

时，可以在行列式的左上角增加一行和一列，使其达到升阶的目的，再利用行列式的性质进行计算．为了让行列式的值不变，我们增加的一列除了第 1 个元素为 1 外，其他的元素均为零．

例 1.16 计算 n 阶行列式

$$D_n=\begin{vmatrix}1+a_1 & 1 & 1 & \cdots & 1\\ 1 & 1+a_2 & 1 & \cdots & 1\\ 1 & 1 & 1+a_3 & \cdots & 1\\ \vdots & \vdots & \vdots & & \vdots\\ 1 & 1 & 1 & \cdots & 1+a_n\end{vmatrix},\quad a_1a_2\cdots a_n\neq 0.$$

微课：例1.16

解 此行列式除主对角线上的元素均为 1，在 D_n 的左上角增加一行和一列，得到

$$D_{n+1}=\begin{vmatrix}1 & 1 & 1 & 1 & \cdots & 1\\ 0 & 1+a_1 & 1 & 1 & \cdots & 1\\ 0 & 1 & 1+a_2 & 1 & \cdots & 1\\ 0 & 1 & 1 & 1+a_3 & \cdots & 1\\ \vdots & \vdots & \vdots & \vdots & & \vdots\\ 0 & 1 & 1 & 1 & \cdots & 1+a_n\end{vmatrix}=D_n.$$

将第 1 行的 -1 倍加到其余各行，再将第 2, 3, …, $n+1$ 列分别乘上 $\dfrac{1}{a_i}$ $(i=1,2,\cdots,n)$ 加到第 1 列，得

$$D_n=D_{n+1}=\begin{vmatrix}1 & 1 & 1 & 1 & \cdots & 1\\ -1 & a_1 & 0 & 0 & \cdots & 0\\ -1 & 0 & a_2 & 0 & \cdots & 0\\ -1 & 0 & 0 & a_3 & \cdots & 0\\ \vdots & \vdots & \vdots & \vdots & & \vdots\\ -1 & 0 & 0 & 0 & \cdots & a_n\end{vmatrix}\overset{c_1+\frac{1}{a_{i-1}}c_i}{\underset{i=2,3,\cdots,n+1}{=\!=\!=\!=\!=}}\begin{vmatrix}1+\sum\limits_{i=1}^{n}\dfrac{1}{a_i} & 1 & 1 & 1 & \cdots & 1\\ 0 & a_1 & 0 & 0 & \cdots & 0\\ 0 & 0 & a_2 & 0 & \cdots & 0\\ 0 & 0 & 0 & a_3 & \cdots & 0\\ \vdots & \vdots & \vdots & \vdots & & \vdots\\ 0 & 0 & 0 & 0 & \cdots & a_n\end{vmatrix}$$

$$=\left(1+\sum_{i=1}^{n}\frac{1}{a_i}\right)a_1a_2\cdots a_n.$$

例 1.17 求方程 $\begin{vmatrix}a_1 & a_2 & a_3 & a_4+x\\ a_1 & a_2 & a_3+x & a_4\\ a_1 & a_2+x & a_3 & a_4\\ a_1+x & a_2 & a_3 & a_4\end{vmatrix}=0$ 的根．

解 使用升阶法．

$$D=\begin{vmatrix}1 & a_1 & a_2 & a_3 & a_4\\ 0 & a_1 & a_2 & a_3 & a_4+x\\ 0 & a_1 & a_2 & a_3+x & a_4\\ 0 & a_1 & a_2+x & a_3 & a_4\\ 0 & a_1+x & a_2 & a_3 & a_4\end{vmatrix}\overset{r_i-r_1}{\underset{i=2,3,4,5}{=\!=\!=\!=\!=}}\begin{vmatrix}1 & a_1 & a_2 & a_3 & a_4\\ -1 & 0 & 0 & 0 & x\\ -1 & 0 & 0 & x & 0\\ -1 & 0 & x & 0 & 0\\ -1 & x & 0 & 0 & 0\end{vmatrix}.$$

当 $x=0$ 时，$D=0$．

当 $x\neq 0$ 时，

$$D\xlongequal[i=2,3,4,5]{c_1+\frac{1}{x}c_i}\begin{vmatrix}1+\frac{a_1+a_2+a_3+a_4}{x} & a_1 & a_2 & a_3 & a_4\\ 0 & 0 & 0 & 0 & x\\ 0 & 0 & 0 & x & 0\\ 0 & 0 & x & 0 & 0\\ 0 & x & 0 & 0 & 0\end{vmatrix}=\left(1+\frac{a_1+a_2+a_3+a_4}{x}\right)x^4.$$

从而方程 $D=0$ 的解为 $x=0$ 和 $x=-a_1-a_2-a_3-a_4$.

1.3.4 拆分法

当行列式中存在非常明显的和运算，同时行列式的各行（列）的元素除一两个外，其他元素都相同或结构相似时，可先利用性质 1.4 逐步拆分行列式，然后再利用行列式的其他性质进行化简计算.

例 1.18 证明 $\begin{vmatrix}ax+by & ay+bz & az+bx\\ ay+bz & az+bx & ax+by\\ az+bx & ax+by & ay+bz\end{vmatrix}=(a^3+b^3)\begin{vmatrix}x & y & z\\ y & z & x\\ z & x & y\end{vmatrix}$.

证明 左端 $=\begin{vmatrix}ax & ay+bz & az+bx\\ ay & az+bx & ax+by\\ az & ax+by & ay+bz\end{vmatrix}+\begin{vmatrix}by & ay+bz & az+bx\\ bz & az+bx & ax+by\\ bx & ax+by & ay+bz\end{vmatrix}$

$$=a\begin{vmatrix}x & ay+bz & az+bx\\ y & az+bx & ax+by\\ z & ax+by & ay+bz\end{vmatrix}+b\begin{vmatrix}y & ay+bz & az+bx\\ z & az+bx & ax+by\\ x & ax+by & ay+bz\end{vmatrix}$$

$$=a\begin{vmatrix}x & ay+bz & az\\ y & az+bx & ax\\ z & ax+by & ay\end{vmatrix}+a\begin{vmatrix}x & ay+bz & bx\\ y & az+bx & by\\ z & ax+by & bz\end{vmatrix}+b\begin{vmatrix}y & ay+bz & az+bx\\ z & az+bx & ax+by\\ x & ax+by & ay+bz\end{vmatrix}$$

$$=a\begin{vmatrix}x & ay+bz & az\\ y & az+bx & ax\\ z & ax+by & ay\end{vmatrix}+b\begin{vmatrix}y & ay & az+bx\\ z & az & ax+by\\ x & ax & ay+bz\end{vmatrix}+b\begin{vmatrix}y & bz & az+bx\\ z & bx & ax+by\\ x & by & ay+bz\end{vmatrix}$$

$$=a^2\begin{vmatrix}x & ay+bz & z\\ y & az+bx & x\\ z & ax+by & y\end{vmatrix}+b^2\begin{vmatrix}y & z & az+bx\\ z & x & ax+by\\ x & y & ay+bz\end{vmatrix}$$

$$=a^2\begin{vmatrix}x & ay & z\\ y & az & x\\ z & ax & y\end{vmatrix}+b^2\begin{vmatrix}y & z & bx\\ z & x & by\\ x & y & bz\end{vmatrix}=a^3\begin{vmatrix}x & y & z\\ y & z & x\\ z & x & y\end{vmatrix}+b^3\begin{vmatrix}y & z & x\\ z & x & y\\ x & y & z\end{vmatrix}=\text{右端}.$$

该题得证.

例 1.19 设 $abcd=1$，计算行列式

$$D=\begin{vmatrix} a^2+\frac{1}{a^2} & a & \frac{1}{a} & 1 \\ b^2+\frac{1}{b^2} & b & \frac{1}{b} & 1 \\ c^2+\frac{1}{c^2} & c & \frac{1}{c} & 1 \\ d^2+\frac{1}{d^2} & d & \frac{1}{d} & 1 \end{vmatrix}.$$

解 根据性质 1.4 得

$$D=\begin{vmatrix} a^2 & a & \frac{1}{a} & 1 \\ b^2 & b & \frac{1}{b} & 1 \\ c^2 & c & \frac{1}{c} & 1 \\ d^2 & d & \frac{1}{d} & 1 \end{vmatrix}+\begin{vmatrix} \frac{1}{a^2} & a & \frac{1}{a} & 1 \\ \frac{1}{b^2} & b & \frac{1}{b} & 1 \\ \frac{1}{c^2} & c & \frac{1}{c} & 1 \\ \frac{1}{d^2} & d & \frac{1}{d} & 1 \end{vmatrix}$$

$$=abcd\begin{vmatrix} a & 1 & \frac{1}{a^2} & \frac{1}{a} \\ b & 1 & \frac{1}{b^2} & \frac{1}{b} \\ c & 1 & \frac{1}{c^2} & \frac{1}{c} \\ d & 1 & \frac{1}{d^2} & \frac{1}{d} \end{vmatrix}+(-1)^3\begin{vmatrix} a & 1 & \frac{1}{a^2} & \frac{1}{a} \\ b & 1 & \frac{1}{b^2} & \frac{1}{b} \\ c & 1 & \frac{1}{c^2} & \frac{1}{c} \\ d & 1 & \frac{1}{d^2} & \frac{1}{d} \end{vmatrix}=0.$$

*1.3.5 递推法

当行列式除个别的行（列）外，各行（列）所含元素基本相同，且相同的元素呈阶梯状分布时，可以采取递推法求解行列式，即找到相邻阶行列式的递推关系，进而归纳求解.

例 1.20 计算 n 阶行列式

$$D_n=\begin{vmatrix} 3 & 2 & 0 & \cdots & 0 & 0 \\ 1 & 3 & 2 & \cdots & 0 & 0 \\ 0 & 1 & 3 & \cdots & 0 & 0 \\ \vdots & \vdots & \vdots & & \vdots & \vdots \\ 0 & 0 & 0 & \cdots & 3 & 2 \\ 0 & 0 & 0 & \cdots & 1 & 3 \end{vmatrix}.$$

分析 从结构上看，此行列式称为三对角行列式，即除主对角线上及其两侧元素外均为零. 然而，零元素虽多，但使用上三角法会很麻烦，结果也很难预测. 因此，使用递推法计算.

解 将行列式按第 1 行展开，得

$$D_n=\begin{vmatrix}3&2&0&\cdots&0&0\\1&3&2&\cdots&0&0\\0&1&3&\cdots&0&0\\\vdots&\vdots&\vdots&&\vdots&\vdots\\0&0&0&\cdots&3&2\\0&0&0&\cdots&1&3\end{vmatrix}=3\begin{vmatrix}3&2&0&\cdots&0\\1&3&2&\cdots&0\\0&1&3&\cdots&0\\\vdots&\vdots&\vdots&&\vdots\\0&0&0&\cdots&3\end{vmatrix}+2\times(-1)^{1+2}\begin{vmatrix}1&2&0&\cdots&0\\0&3&2&\cdots&0\\0&1&3&\cdots&0\\\vdots&\vdots&\vdots&&\vdots\\0&0&0&\cdots&3\end{vmatrix}.$$

上式右端的第 1 个行列式恰为 D_{n-1}，第 2 个再按第 1 列展开即为 D_{n-2}，于是有

$$D_n=3D_{n-1}-2D_{n-2}.$$

上式可变形为 $D_n-D_{n-1}=2(D_{n-1}-D_{n-2})$，进一步地，有

$$D_n-D_{n-1}=2(D_{n-1}-D_{n-2})=\cdots=2^{n-2}(D_2-D_1)=2^n.$$

其中，$D_1=3$，$D_2=7$．由于

$$D_n-D_{n-1}=2^n,D_{n-1}-D_{n-2}=2^{n-1},D_{n-2}-D_{n-3}=2^{n-2},\cdots,D_2-D_1=2^2,$$

将这些等式相加，可得

$$D_n-D_1=2^n+2^{n-1}+\cdots+2^2.$$

于是

$$D_n=2^n+2^{n-1}+\cdots+2^2+3=\frac{1-2^{n+1}}{1-2}=2^{n+1}-1.$$

例 1.21 计算行列式

微课：例1.21

$$D_n=\begin{vmatrix}x&-1&0&\cdots&0&0\\0&x&-1&\cdots&0&0\\0&0&x&\cdots&0&0\\\vdots&\vdots&\vdots&&\vdots&\vdots\\0&0&0&\cdots&x&-1\\a_n&a_{n-1}&a_{n-2}&\cdots&a_2&x+a_1\end{vmatrix}.$$

解 按第 1 列展开，得

$$D_n=x\begin{vmatrix}x&-1&\cdots&0&0\\0&x&\cdots&0&0\\\vdots&\vdots&&\vdots&\vdots\\0&0&\cdots&x&-1\\a_{n-1}&a_{n-2}&\cdots&a_2&x+a_1\end{vmatrix}+a_n,$$

即有递推关系 $D_n=xD_{n-1}+a_n$，从而

$$D_n=x(xD_{n-2}+a_{n-1})+a_n=x^2D_{n-2}+a_{n-1}x+a_n=\cdots=x^n+a_1x^{n-1}+\cdots+a_{n-1}x+a_n.$$

例 1.22 计算 $2n$ 阶行列式

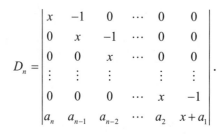

$$D_{2n}=\begin{vmatrix} a & 0 & \cdots & 0 & 0 & \cdots & 0 & b \\ 0 & a & \cdots & 0 & 0 & \cdots & b & 0 \\ \vdots & \vdots & & \vdots & \vdots & & \vdots & \vdots \\ 0 & 0 & \cdots & a & b & \cdots & 0 & 0 \\ 0 & 0 & \cdots & c & d & \cdots & 0 & 0 \\ \vdots & \vdots & & \vdots & \vdots & & \vdots & \vdots \\ 0 & c & \cdots & 0 & 0 & \cdots & d & 0 \\ c & 0 & \cdots & 0 & 0 & \cdots & 0 & d \end{vmatrix}.$$

解 将行列式按第 1 行展开，得

$$D_{2n}=a\underbrace{\begin{vmatrix} a & 0 & \cdots & 0 & 0 & \cdots & b & 0 \\ \vdots & \vdots & & \vdots & \vdots & & \vdots & \vdots \\ 0 & 0 & \cdots & a & b & \cdots & 0 & 0 \\ 0 & 0 & \cdots & c & d & \cdots & 0 & 0 \\ \vdots & \vdots & & \vdots & \vdots & & \vdots & \vdots \\ c & 0 & \cdots & 0 & 0 & \cdots & d & 0 \\ 0 & 0 & \cdots & 0 & 0 & \cdots & 0 & d \end{vmatrix}}_{\text{（按最后1行展开）}}+b(-1)^{1+2n}\underbrace{\begin{vmatrix} 0 & a & \cdots & 0 & 0 & \cdots & 0 & b \\ \vdots & \vdots & & \vdots & \vdots & & \vdots & \vdots \\ 0 & 0 & \cdots & a & b & \cdots & 0 & 0 \\ 0 & 0 & \cdots & c & d & \cdots & 0 & 0 \\ \vdots & \vdots & & \vdots & \vdots & & \vdots & \vdots \\ 0 & c & \cdots & 0 & 0 & \cdots & 0 & d \\ c & 0 & \cdots & 0 & 0 & \cdots & 0 & 0 \end{vmatrix}}_{\text{（按第1列展开）}}$$

$$=ad(-1)^{2n-1+2n-1}D_{2n-2}+bc(-1)^{2n+1}(-1)^{2n-1+1}D_{2n-2}=(ad-bc)D_{2n-2},$$

即 $D_{2n}=(ad-bc)D_{2n-2}$. 进一步地，由上述递推公式可得

$$D_{2n}=(ad-bc)D_{2(n-1)}=(ad-bc)^2D_{2(n-2)}=\cdots$$

$$=(ad-bc)^{n-1}D_2=(ad-bc)^{n-1}\begin{vmatrix} a & b \\ c & d \end{vmatrix}=(ad-bc)^n.$$

实际问题 1.3 $f'(x)=0$ 的实根个数.

已知多项式 $f(x)=\begin{vmatrix} 1 & 1 & 1 & 1 \\ x & 2 & 3 & 4 \\ x^2 & 2^2 & 3^2 & 4^2 \\ x^3 & 2^3 & 3^3 & 4^3 \end{vmatrix}$，证明：$f'(x)=0$ 有且仅有两个实根.

证明 易知，x^3 的系数为

$$A=-\begin{vmatrix} 1 & 1 & 1 \\ 2 & 3 & 4 \\ 2^2 & 3^2 & 4^2 \end{vmatrix}=-(3-2)(4-2)(4-3)=-2\neq 0,$$

所以 $f(x)$ 为 3 次多项式.

分别令 $x=2,3,4$，知 $f(2)=f(3)=f(4)=0$（因这几个数代入行列式后都有两列对应元素相等），则 $f(x)$ 在 $[2,3]$, $[3,4]$ 上满足罗尔定理的条件，所以存在 $x_1\in(2,3), x_2\in(3,4)$，使 $f'(x_1)=f'(x_2)=0$，即 x_1,x_2 为 $f'(x)=0$ 的两个实根. 因 $f(x)$ 为 3 次多项式，则 $f'(x)$ 为 2 次多项式，所以 $f'(x)=0$ 有且仅有两个实根.

同步习题 1.3

基础题

1．填空题．

（1）行列式$\begin{vmatrix} 1 & 2 & 3 & 4 \\ 0 & 0 & 2 & 0 \\ 3 & 2 & 1 & 3 \\ 6 & 1 & 5 & 0 \end{vmatrix} =$______．

（2）行列式$\begin{vmatrix} 1 & 1 & 1 & 1 \\ 1 & 2 & 2 & 2 \\ 0 & 3 & 4 & 5 \\ 0 & 3^2 & 4^2 & 5^2 \end{vmatrix} =$______．

2．计算下列行列式．

（1）$\begin{vmatrix} 1 & 1 & 1 & 1 \\ 1 & 1 & -1 & -1 \\ 1 & -1 & 1 & -1 \\ x & -1 & -1 & 1 \end{vmatrix}$．　（2）$\begin{vmatrix} 5 & 0 & 4 & 2 \\ 1 & -1 & 2 & 1 \\ 4 & 1 & 2 & 0 \\ 1 & 1 & 1 & 1 \end{vmatrix}$．

（3）$\begin{vmatrix} 2 & 1 & 0 & \cdots & 0 & 0 \\ 0 & 2 & 1 & \cdots & 0 & 0 \\ 0 & 0 & 2 & \cdots & 0 & 0 \\ \vdots & \vdots & \vdots & & \vdots & \vdots \\ 0 & 0 & 0 & \cdots & 2 & 1 \\ 1 & 0 & 0 & \cdots & 0 & 2 \end{vmatrix}$．

3．证明：$\begin{vmatrix} a^2 & (a+1)^2 & (a+2)^2 & (a+3)^2 \\ b^2 & (b+1)^2 & (b+2)^2 & (b+3)^2 \\ c^2 & (c+1)^2 & (c+2)^2 & (c+3)^2 \\ d^2 & (d+1)^2 & (d+2)^2 & (d+3)^2 \end{vmatrix} = 0$．

提高题

计算下列 n 阶行列式．

（1）$\begin{vmatrix} 1 & 2 & 3 & \cdots & n-1 & n \\ 1 & -1 & 0 & \cdots & 0 & 0 \\ 0 & 2 & -2 & \cdots & 0 & 0 \\ \vdots & \vdots & \vdots & & \vdots & \vdots \\ 0 & 0 & 0 & \cdots & -(n-2) & 0 \\ 0 & 0 & 0 & \cdots & n-1 & -(n-1) \end{vmatrix}$．　（2）$\begin{vmatrix} 3 & 2 & 2 & \cdots & 2 & 2 \\ 2 & 3 & 2 & \cdots & 2 & 2 \\ 2 & 2 & 3 & \cdots & 2 & 2 \\ \vdots & \vdots & \vdots & & \vdots & \vdots \\ 2 & 2 & 2 & \cdots & 3 & 2 \\ 2 & 2 & 2 & \cdots & 2 & 3 \end{vmatrix}$．

1.4 克莱姆法则

当线性方程组中方程个数等于未知量个数的时候，我们可以利用行列式来解这一类特殊的线性方程组．1.1 节中，我们利用二阶行列式求解了由两个二元线性方程构成的方程组，本节中将介绍求解由 n 个 n 元线性方程构成的线性方程组的克莱姆法则．

在 1.1.2 小节引例中我们求解含有 2 个未知量的线性方程组

$$\begin{cases} a_{11}x_1 + a_{12}x_2 = b_1, \\ a_{21}x_1 + a_{22}x_2 = b_2, \end{cases}$$

得到当 $D \neq 0$ 时，方程组有唯一解

$$x_1 = \frac{D_1}{D}, x_2 = \frac{D_2}{D}.$$

其中，由方程组未知量的系数构成 $D = \begin{vmatrix} a_{11} & a_{12} \\ a_{21} & a_{22} \end{vmatrix}$，称为系数行列式，将 D 中第 1 列的元素换成对应的常数项，得 $D_1 = \begin{vmatrix} b_1 & a_{12} \\ b_2 & a_{22} \end{vmatrix}$，将 D 中第 2 列的元素换成对应的常数项，得 $D_2 = \begin{vmatrix} a_{11} & b_1 \\ a_{21} & b_2 \end{vmatrix}$.

将上述结果推广到 n 个方程 n 个未知量的情形，就是克莱姆法则．

考察线性方程组

$$\begin{cases} a_{11}x_1 + a_{12}x_2 + \cdots + a_{1n}x_n = b_1, \\ a_{21}x_1 + a_{22}x_2 + \cdots + a_{2n}x_n = b_2, \\ \cdots\cdots\cdots \\ a_{n1}x_1 + a_{n2}x_2 + \cdots + a_{nn}x_n = b_n. \end{cases} \tag{1.3}$$

其中，$x_1, x_2, \cdots, x_n$ 表示 n 个未知量，a_{ij}, b_j $(i = 1, 2, \cdots, n,\ j = 1, 2, \cdots, n)$ 为常数．

定理 1.1　若线性方程组（1.3）的系数行列式

$$D = \begin{vmatrix} a_{11} & a_{12} & \cdots & a_{1n} \\ a_{21} & a_{22} & \cdots & a_{2n} \\ \vdots & \vdots & & \vdots \\ a_{n1} & a_{n2} & \cdots & a_{nn} \end{vmatrix}$$

不等于零，则方程组有唯一解

$$x_1 = \frac{D_1}{D}, x_2 = \frac{D_2}{D}, \cdots, x_n = \frac{D_n}{D}.$$

其中，$D_j (j = 1, 2, \cdots, n)$ 是将系数行列式 D 的第 j 列换成常数项所得的 n 阶行列式，

$$D_j = \begin{vmatrix} a_{11} & \cdots & a_{1,j-1} & b_1 & a_{1,j+1} & \cdots & a_{1n} \\ a_{21} & \cdots & a_{2,j-1} & b_2 & a_{2,j+1} & \cdots & a_{2n} \\ \vdots & & \vdots & \vdots & \vdots & & \vdots \\ a_{n1} & \cdots & a_{n,j-1} & b_n & a_{n,j+1} & \cdots & a_{nn} \end{vmatrix}.$$

定理 1.1 称为克莱姆法则．

证明　用系数行列式 D 的第 j 列元素的代数余子式依次分别乘方程组（1.3）的 n 个方程

两端，然后竖式相加，根据性质 1.6 及推论得

$$x_jD = D_j \ (j = 1,2,\cdots,n).$$

因为$D \neq 0$，所以有

$$x_j = \frac{D_j}{D} \ (j = 1,2,\cdots,n).$$

下面证明上述解是唯一的．为此，设$x_1 = c_1, x_2 = c_2, \cdots, x_n = c_n$是方程组（1.3）的任意一个解，结合行列式的性质有

$$c_1D = \begin{vmatrix} a_{11}c_1 & a_{12} & \cdots & a_{1n} \\ a_{21}c_1 & a_{22} & \cdots & a_{2n} \\ \vdots & \vdots & & \vdots \\ a_{n1}c_1 & a_{n2} & \cdots & a_{nn} \end{vmatrix} = \begin{vmatrix} a_{11}c_1 + a_{12}c_2 + \cdots + a_{1n}c_n & a_{12} & \cdots & a_{1n} \\ a_{21}c_1 + a_{22}c_2 + \cdots + a_{2n}c_n & a_{22} & \cdots & a_{2n} \\ \vdots & \vdots & & \vdots \\ a_{n1}c_1 + a_{n2}c_2 + \cdots + a_{nn}c_n & a_{n2} & \cdots & a_{nn} \end{vmatrix}$$

$$= \begin{vmatrix} b_1 & a_{12} & \cdots & a_{1n} \\ b_2 & a_{22} & \cdots & a_{2n} \\ \vdots & \vdots & & \vdots \\ b_n & a_{n2} & \cdots & a_{nn} \end{vmatrix} = D_1,$$

于是$c_1 = \dfrac{D_1}{D}$.

完全类似地，可以推出$c_2 = \dfrac{D_2}{D}, \cdots, c_n = \dfrac{D_n}{D}$，则唯一性得证.

线性方程组（1.3）当$b_1, b_2, \cdots, b_n$全为 0 时，得到

$$\begin{cases} a_{11}x_1 + a_{12}x_2 + \cdots + a_{1n}x_n = 0, \\ a_{21}x_1 + a_{22}x_2 + \cdots + a_{2n}x_n = 0, \\ \cdots\cdots\cdots \\ a_{n1}x_1 + a_{n2}x_2 + \cdots + a_{nn}x_n = 0, \end{cases} \tag{1.4}$$

该方程组称为齐次线性方程组.

显然，$x_1 = x_2 = \cdots = x_n = 0$是方程组（1.4）的解，称为齐次线性方程组的零解；若解$x_1, x_2, \cdots, x_n$不全为零，则称为齐次线性方程组的非零解.

结合克莱姆法则，对于齐次线性方程组（1.4）有下面的定理.

定理 1.2 若齐次线性方程组（1.4）的系数行列式$D \neq 0$，则齐次线性方程组有唯一零解.

推论 若齐次线性方程组（1.4）有非零解，则它的系数行列式$D = 0$.

【即时提问 1.4】齐次线性方程组（1.4）有非零解，它的系数行列式是否一定为零？

例 1.23 求解线性方程组

$$\begin{cases} x_2 + 2x_3 = -5, \\ x_1 + x_2 + 4x_3 = -11, \\ 2x_1 - x_2 = 1. \end{cases}$$

解 因为方程组的方程个数等于未知量个数，而系数行列式

$$D=\begin{vmatrix}0&1&2\\1&1&4\\2&-1&0\end{vmatrix}=2\neq 0,$$

由克莱姆法则可知方程组有唯一解．又

$$D_1=\begin{vmatrix}-5&1&2\\-11&1&4\\1&-1&0\end{vmatrix}=4，D_2=\begin{vmatrix}0&-5&2\\1&-11&4\\2&1&0\end{vmatrix}=6，D_3=\begin{vmatrix}0&1&-5\\1&1&-11\\2&-1&1\end{vmatrix}=-8,$$

所以

$$x_1=\frac{D_1}{D}=2，x_2=\frac{D_2}{D}=3，x_3=\frac{D_3}{D}=-4.$$

克莱姆法则的使用条件有两个：一是方程的个数和未知量的个数相等；二是系数行列式 $D\neq 0$．

例 1.24 求解线性方程组

$$\begin{cases}x_1+a_1x_2+a_1^2x_3+\cdots a_1^{n-1}x_n=1,\\x_1+a_2x_2+a_2^2x_3+\cdots a_2^{n-1}x_n=1,\\x_1+a_3x_2+a_3^2x_3+\cdots a_3^{n-1}x_n=1,\\\qquad\cdots\cdots\cdots\\x_1+a_nx_2+a_n^2x_3+\cdots a_n^{n-1}x_n=1,\end{cases}$$

微课：例1.24

其中 $a_i\neq a_j$（$i\neq j$，$i,j=1,2,\cdots,n$）．

解 因为系数行列式

$$D=\begin{vmatrix}1&a_1&a_1^2&\cdots&a_1^{n-1}\\1&a_2&a_2^2&\cdots&a_2^{n-1}\\1&a_3&a_3^2&\cdots&a_3^{n-1}\\\vdots&\vdots&\vdots&&\vdots\\1&a_n&a_n^2&\cdots&a_n^{n-1}\end{vmatrix}=\prod_{1\leqslant i<j\leqslant n}(a_j-a_i),$$

当 $a_i\neq a_j$（$i\neq j$，$i,j=1,2,\cdots,n$）时，$D\neq 0$，故线性方程组的解可由克莱姆法则求得，

$$x_1=\frac{D_1}{D}=\frac{D}{D}=1，x_2=\frac{D_2}{D}=\frac{0}{D}=0，\cdots，x_n=\frac{D_n}{D}=\frac{0}{D}=0.$$

因此，线性方程组的解为 $x_1=1, x_2=x_3=\cdots=x_n=0$．

实际问题 1.4 联合收入问题．

有 3 个股份制公司 X,Y,Z 互相关联，X 公司持有 X 公司 70% 股份，持有 Y 公司 20% 股份，持有 Z 公司 30% 股份；Y 公司持有 Y 公司 60% 股份，持有 Z 公司 20% 股份；Z 公司持有 X 公司 30% 股份，持有 Y 公司 20% 股份，持有 Z 公司 50% 股份．现设 X,Y,Z 公司各自的净收入分别为 22 万元、6 万元、9 万元，每家公司的联合收入是净收入加上其持有的其他公司的股份按比例的提成收入，试求各公司的联合收入及实际收入．

解 设公司 X,Y,Z 的联合收入分别为 x,y,z（万元），易得

$$\begin{cases}x=22+0.2y+0.3z,\\y=6+0.2z,\\z=9+0.3x+0.2y,\end{cases}\quad 即\begin{cases}x-0.2y-0.3z=22,\\y-0.2z=6,\\0.3x+0.2y-z=-9.\end{cases}$$

这是关于x,y,z的线性方程组，其系数行列式为

$$D=\begin{vmatrix}1&-0.2&-0.3\\0&1&-0.2\\0.3&0.2&-1\end{vmatrix}=-0.858\neq 0,$$

由克莱姆法则知，方程组有唯一解.

因为

$$D_1=\begin{vmatrix}22&-0.2&-0.3\\6&1&-0.2\\-9&0.2&-1\end{vmatrix}=-25.74,\quad D_2=\begin{vmatrix}1&22&-0.3\\0&6&-0.2\\0.3&-9&-1\end{vmatrix}=-8.58,$$

$$D_3=\begin{vmatrix}1&-0.2&22\\0&1&6\\0.3&0.2&-9\end{vmatrix}=-17.16,$$

所以

$$x=\frac{D_1}{D}=30,\quad y=\frac{D_2}{D}=10,\quad z=\frac{D_3}{D}=20.$$

因此，X公司的联合收入为30万元，实际收入为$0.7x=21$万元，Y公司的联合收入为10万元，实际收入为$0.6y=6$万元，Z公司的联合收入为20万元，实际收入为$0.5z=10$万元.

同步习题 1.4

基础题

1．$k=0$是线性方程组$\begin{cases}2x+ky=c_1,\\kx+2y=c_2\end{cases}$（$c_1,c_2$为不等于零的常数）有唯一解的（　　）.

A．充分条件　　B．必要条件　　C．充要条件　　D．无关条件

2．解下列线性方程组.

（1）$\begin{cases}x_1+2x_2+3x_3=1,\\2x_1+2x_2+5x_3=2,\\3x_1+5x_2+x_3=3.\end{cases}$　　（2）$\begin{cases}x_1+x_2+x_3=2,\\x_1+2x_2+4x_3=3,\\x_1+3x_2+9x_3=5.\end{cases}$

（3）$\begin{cases}2x_1+2x_2-x_3+x_4=4,\\4x_1+3x_2-x_3+2x_4=6,\\8x_1+5x_2-3x_3+4x_4=12,\\3x_1+3x_2-2x_3+2x_4=16.\end{cases}$

3．计算下列方程组的系数行列式，并验证所给的数是方程组的解.

（1）$\begin{cases}2x_1-3x_2+4x_3-3x_4=0,\\3x_1-x_2+11x_3-13x_4=0,\\4x_1+5x_2-7x_3-2x_4=0,\\13x_1-25x_2+x_3+11x_4=0,\end{cases}$ $x_1=x_2=x_3=x_4=c$（c为任意常数）.

（2）$\begin{cases}x_1+2x_2+3x_3-x_4=3,\\3x_1+2x_2+x_3+x_4=5,\\5x_1+5x_2+2x_3=10,\\2x_1+3x_2+x_3-x_4=5,\end{cases}$ $x_1=1-c$，$x_2=1+c$，$x_3=0$，$x_4=c$（c为任意常数）.

4．当λ为何值时，齐次线性方程组$\begin{cases}2x_1+\lambda x_2-x_3=0,\\\lambda x_1-x_2+x_3=0,\\4x_1+5x_2-5x_3=0\end{cases}$有非零解？

提高题

1．k取何值时，线性方程组$\begin{cases}x_1+x_2+2x_3+3x_4=1,\\x_1+3x_2+6x_3+x_4=3,\\3x_1-x_2-kx_3+15x_4=3,\\x_1-5x_2-10x_3+12x_4=1\end{cases}$有唯一解？

2．a,b满足什么条件时，齐次线性方程组$\begin{cases}x_1+x_2+x_3+ax_4=0,\\x_1+2x_2+x_3+x_4=0,\\x_1+x_2-3x_3+x_4=0,\\x_1+x_2+ax_3+bx_4=0\end{cases}$有非零解？

1.5 运用MATLAB计算行列式

1.5.1 MATLAB简介

MATLAB 是 Matrix Laboratory（矩阵实验室）的缩写．它是以线性代数软件包 LINPACK 和特征值计算软件包 EISPACK 中的子程序为基础发展起来的一种开放式程序设计语言，是一种高性能的工程计算语言，其基本的数据单位是没有维数限制的矩阵.

MATLAB 自产生之日起，就以强大的功能和良好的开放性而在科学计算中广受好评．读者学会了 MATLAB 就可以方便地处理诸如矩阵变换及运算、多项式运算、微积分运算、线性与非线性方程求解、微分方程求解、插值与拟合、统计及优化等问题了．

本书以 MATLAB 2019b 版本为基础进行编写．

1.5.2 用MATLAB计算行列式

在 MATLAB 中，利用“det(A)”函数命令可以非常简单地计算矩阵的行列式，其中 $\boldsymbol{A}$ 可以是数值矩阵，也可以是符号矩阵．

例 1.25 计算行列式的值：$\begin{vmatrix} 0 & 2 & -2 & 2 \\ 1 & 3 & 0 & 4 \\ -2 & -11 & 3 & -16 \\ 0 & -7 & 3 & 1 \end{vmatrix}$.

微课：例1.25

解

```
>> A=[0,2,-2,2;1,3,0,4;-2,-11,3,-16;0,-7,3,1]
A =
     0     2    -2     2
     1     3     0     4
    -2   -11     3   -16
     0    -7     3     1
>> det(A)
ans =
   56.0000
```

例 1.26 计算行列式的值：$\begin{vmatrix} a & b & b & b \\ a & a & b & b \\ a & b & a & b \\ b & b & b & a \end{vmatrix}$.

微课：例1.26

解

```
>> syms a b
>> A=[a,b,b,b;a,a,b,b;a,b,a,b;b,b,b,a]
A =
[ a, b, b, b]
[ a, a, b, b]
[ a, b, a, b]
[ b, b, b, a]
>> det(A)
ans =
-(a - b)*(- a^3 + a^2*b + a*b^2 - b^3)
```

说明： 必须先用 syms 命令定义 a, b 为符号变量，后续才可以对 a, b 进行一些符号操作．

第1章思维导图

本章小结

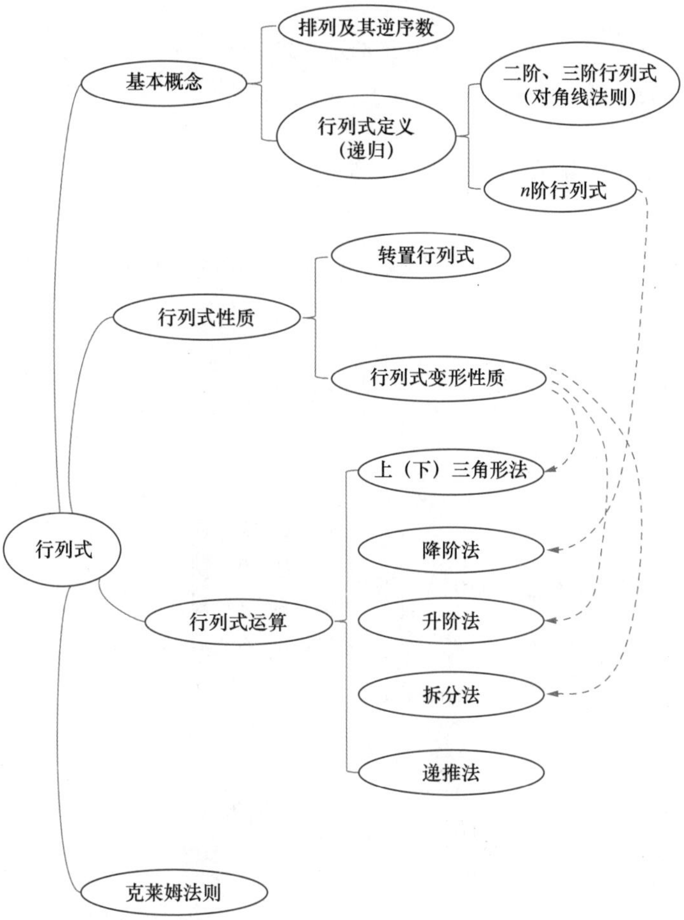

中国数学学者

个人成就

数学家，中国科学院院士，曾任中国科学院数学研究所研究员、所长. 华罗庚是中国解析数论、典型群、矩阵几何学、自守函数论与多复变函数论等方面研究的创始人与开拓者.

华罗庚

第 1 章总复习题

1. 选择题：（1）～（5）小题，每小题 4 分，共 20 分．下列每小题给出的 4 个选项中，只有一个选项是符合题目要求的．

（1）（2003304 改编）行列式 $\begin{vmatrix} a & b & b \\ b & a & b \\ b & b & a \end{vmatrix}=$（　　）．

A．$(a+2b)(a-b)^2$　　B．$(a+b)(a-b)^2$　　C．$(a+2b)(a-b)$　　D．$(a-b)^3$

（2）（2012111, 2012211, 2012311 改编）行列式 $\begin{vmatrix} 1 & a & 0 & 0 \\ 0 & 1 & a & 0 \\ 0 & 0 & 1 & a \\ a & 0 & 0 & 1 \end{vmatrix}=$（　　）．

A．$1+a^4$　　B．$1-a^3$　　C．$1-a^4$　　D．$1+a^2$

（3）（2014104,2014204,2014304）行列式 $\begin{vmatrix} 0 & a & b & 0 \\ a & 0 & 0 & b \\ 0 & c & d & 0 \\ c & 0 & 0 & d \end{vmatrix}=$（　　）．

A．$(ad-bc)^2$　　B．$-(ad-bc)^2$　　C．$a^2d^2-b^2c^2$　　D．$b^2c^2-a^2d^2$

（4）（1996103）四阶行列式 $\begin{vmatrix} a_1 & 0 & 0 & b_1 \\ 0 & a_2 & b_2 & 0 \\ 0 & b_3 & a_3 & 0 \\ b_4 & 0 & 0 & a_4 \end{vmatrix}$ 的值为（　　）．

A．$a_1a_2a_3a_4-b_1b_2b_3b_4$　　B．$a_1a_2a_3a_4+b_1b_2b_3b_4$

C．$(a_1a_2-b_1b_2)(a_3a_4-b_3b_4)$　　D．$(a_2a_3-b_2b_3)(a_1a_4-b_1b_4)$

（5）（1998303 改编）设 $n(n\geqslant 3)$ 阶行列式 $\begin{vmatrix} 1 & a & a & \cdots & a \\ a & 1 & a & \cdots & a \\ a & a & 1 & \cdots & a \\ \vdots & \vdots & \vdots & & \vdots \\ a & a & a & \cdots & 1 \end{vmatrix}=0$，则 a 的值为（　　）．

微课：总复习题（5）

A．1　　B．$\dfrac{1}{1-n}$　　C．-1　　D．1 或 $\dfrac{1}{1-n}$

2. 填空题：（6）～（10）小题，每小题 4 分，共 20 分．

（6）（2002203 改编）行列式 $\begin{vmatrix} \lambda & 2 & 2 \\ -2 & \lambda-2 & 2 \\ 2 & 2 & \lambda-2 \end{vmatrix}=$ ______．

（7）（2004109, 2004209 改编）行列式 $\begin{vmatrix} \lambda-1 & -2 & 3 \\ 1 & \lambda-4 & 3 \\ -1 & -a & \lambda-5 \end{vmatrix} =$ ______.

（8）（1996408 改编）行列式 $\begin{vmatrix} \lambda & -1 & 0 & 0 \\ -1 & \lambda & 0 & 0 \\ 0 & 0 & \lambda-y & -1 \\ 0 & 3 & -1 & \lambda-2 \end{vmatrix} =$ ______.

（9）（2016104, 2016304）行列式 $\begin{vmatrix} \lambda & -1 & 0 & 0 \\ 0 & \lambda & -1 & 0 \\ 0 & 0 & \lambda & -1 \\ 4 & 3 & 2 & \lambda+1 \end{vmatrix} =$ ______.

（10）（2000309 改编）行列式 $\begin{vmatrix} 1 & a_1 & 0 & \cdots & 0 & 0 \\ 0 & 1 & a_2 & \cdots & 0 & 0 \\ \vdots & \vdots & \vdots & & \vdots & \vdots \\ 0 & 0 & 0 & \cdots & 1 & a_{n-1} \\ a_n & 0 & 0 & \cdots & 0 & 1 \end{vmatrix} =$ ______.

3．解答题：（11）～（16）小题，每小题 10 分，共 60 分．解答时应写出文字说明、证明过程或演算步骤．

（11）（2008112, 2008212, 2008312, 2008412 改编）求 n 阶行列式的值：

$$D_n = \begin{vmatrix} 2a & 1 & & & & \\ a^2 & 2a & 1 & & & \\ & a^2 & 2a & 1 & & \\ & & \ddots & \ddots & \ddots & \\ & & & a^2 & 2a & 1 \\ & & & & a^2 & 2a \end{vmatrix}.$$

（12）（1999203）记 $f(x) = \begin{vmatrix} x-2 & x-1 & x-2 & x-3 \\ 2x-2 & 2x-1 & 2x-2 & 2x-3 \\ 3x-3 & 3x-2 & 4x-5 & 3x-5 \\ 4x & 4x-3 & 5x-7 & 4x-3 \end{vmatrix}$，求方程 $f(x)=0$ 的根的个数．

（13）（2015104）求 n 阶行列式的值：$\begin{vmatrix} 2 & 0 & \cdots & 0 & 2 \\ -1 & 2 & \cdots & 0 & 2 \\ \vdots & \vdots & & \vdots & \vdots \\ 0 & 0 & \cdots & 2 & 2 \\ 0 & 0 & \cdots & -1 & 2 \end{vmatrix}$.

（14）（1996503）求五阶行列式的值：$D_5=\begin{vmatrix}1-a & a & 0 & 0 & 0\\ -1 & 1-a & a & 0 & 0\\ 0 & -1 & 1-a & a & 0\\ 0 & 0 & -1 & 1-a & a\\ 0 & 0 & 0 & -1 & 1-a\end{vmatrix}$.

（15）（2001403）设行列式$D=\begin{vmatrix}3 & 0 & 4 & 0\\ 2 & 2 & 2 & 2\\ 0 & -7 & 0 & 0\\ 5 & 3 & -2 & 2\end{vmatrix}$，求第 4 行各元素的余子式之和.

（16）（2019204）已知行列式$D=\begin{vmatrix}1 & -1 & 0 & 0\\ -2 & 1 & -1 & 1\\ 3 & -2 & 2 & -1\\ 0 & 0 & 3 & 4\end{vmatrix}$，$A_{ij}$ 表示 D 中 (i,j) 元的代数余子式，则 $A_{11}-A_{12}=$ ______ .

微课：总复习题（16）

02

第 2 章 矩阵

研究现实世界中存在的数量关系是数学的一个重要内容．数首先在数系中经过了从自然数、整数、有理数、实数、复数的不断扩充，然后从数量发展到向量，人类开始以多维的目光研究世界．通过数表引入矩阵后，数的概念得到了进一步扩充，利用矩阵可以把问题变得简洁明了，我们就能更好地把握研究对象的本质特征和变化规律．早在 1858 年，英国数学家凯莱发表了论文《矩阵论的研究报告》，在文中凯莱首先定义了矩阵的某些运算，从而奠定了他的矩阵理论创始人的地位．矩阵是代数学的一个重要研究对象，它在数学、自然科学、工程技术及经济学等领域有着极为广泛的应用：矩阵乘法是神经网络的基本数学运算，是人工智能的基础；量子信息的基本问题就是各种矩阵变换；卫星导航定位与抗干扰技术同样依赖高效的矩阵运算……同时矩阵也是研究线性方程组和线性变换的有力工具，它是研究离散问题的基本手段．

本章导学

2.1 矩阵的基本概念

本节介绍矩阵的基本概念，并给出几种常用的矩阵．

2.1.1 引例

例 2.1 某加工厂生产的 4 种产品要向 3 个商场供货，其供货量如表 2.1 所示．

表 2.1

（单位：件）

	商场 1	商场 2	商场 3
产品 1	15	20	24
产品 2	20	30	10
产品 3	50	35	18
产品 4	65	15	35

例 2.2 某物理实验室中有 3 组同学分别对 5 个电阻的阻值进行测量，测量情况如表 2.2 所示．

表 2.2

（单位：Ω）

	R_1	R_2	R_3	R_4	R_5
1 组	1.32	1.04	4.98	2.38	5.10
2 组	1.51	1.04	5.11	2.29	5.08
3 组	1.44	1.01	5.01	2.54	5.14

我们发现，在现实生活和自然科学的各个领域中经常会使用数表来建立和表达相互之间的联系．为方便使用，我们从这些数表中抽象出了矩阵的定义．

2.1.2 矩阵的定义

定义 2.1 由 $m\times n$ 个数 $a_{ij}(i=1,2,\cdots,m;\ j=1,2,\cdots,n)$ 按一定顺序排成的 m 行 n 列的矩形数表，称为 $m\times n$ 矩阵，简称矩阵．矩阵用黑体的大写英文字母表示，记作

$$\boldsymbol{A}=\begin{pmatrix} a_{11} & a_{12} & \cdots & a_{1n} \\ a_{21} & a_{22} & \cdots & a_{2n} \\ \vdots & \vdots & & \vdots \\ a_{m1} & a_{m2} & \cdots & a_{mn} \end{pmatrix}.$$

其中数 a_{ij} 为位于矩阵 $\boldsymbol{A}$ 中第 i 行第 j 列的元素．以数 a_{ij} 为元素的矩阵记为 (a_{ij}) 或 $(a_{ij})_{m\times n}$， $m\times n$ 矩阵也记为 $\boldsymbol{A}_{m\times n}$．

元素 a_{ij} 是实数的矩阵称为实（数）矩阵，元素 a_{ij} 是复数的矩阵称为复（数）矩阵．如无特殊声明，本书中的矩阵都是指实（数）矩阵．

行数和列数都等于 n 的矩阵称为 n 阶矩阵或 n 阶方阵．

特殊情况下，行数为 1、列数为 n（只有一行）的矩阵

$$\boldsymbol{A}=(a_1 \quad a_2 \quad \cdots \quad a_n)$$

称为行矩阵或行向量．为避免元素间的混淆，行矩阵也记为

$$\boldsymbol{A}=(a_1,a_2,\cdots,a_n).$$

行数为 m 、列数为 1（只有一列）的矩阵

$$\boldsymbol{B}=\begin{pmatrix} a_1 \\ a_2 \\ \vdots \\ a_m \end{pmatrix}$$

称为列矩阵或列向量．

若矩阵 $\boldsymbol{A}$ 与矩阵 $\boldsymbol{B}$ 的行数与列数均相等，则称矩阵 $\boldsymbol{A}$ 与 $\boldsymbol{B}$ 为**同型矩阵**．

在例 2.1 中，该加工厂的供货量可用矩阵表示为

$$\boldsymbol{A}=\begin{pmatrix} 15 & 20 & 24 \\ 20 & 30 & 10 \\ 50 & 35 & 18 \\ 65 & 15 & 35 \end{pmatrix}.$$

例 2.2 中，3 组同学的实验数据可表示为一个 3×5 的矩阵，为

$$\boldsymbol{B}=\begin{pmatrix} 1.32 & 1.04 & 4.98 & 2.38 & 5.10 \\ 1.51 & 1.04 & 5.11 & 2.29 & 5.08 \\ 1.44 & 1.01 & 5.01 & 2.54 & 5.14 \end{pmatrix}.$$

事实上，从形式上看，矩阵就是除去了框线的表格，我们可以很容易地从中找到第 i 组的第 j 个电阻的测量值 $a_{ij}(i=1,2,3;\ j=1,2,3,4,5)$．

例 2.3 港口间的航线.

图 2.1 是 4 个港口间的单向航线.

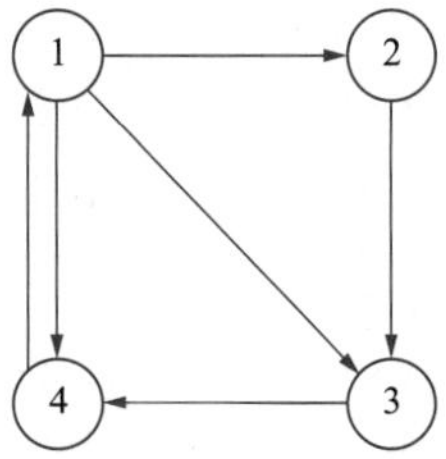

图 2.1

如果记

$$a_{ij}=\begin{cases}1, & \text{从第 } i \text{ 港口到第 } j \text{ 港口有 1 条单向航线,}\\ 0, & \text{从第 } i \text{ 港口到第 } j \text{ 港口没有单向航线,}\end{cases}$$

则 4 个港口间的航线情况可用下列矩阵表示：

$$\boldsymbol{C}=\begin{pmatrix}0 & 1 & 1 & 1\\ 0 & 0 & 1 & 0\\ 0 & 0 & 0 & 1\\ 1 & 0 & 0 & 0\end{pmatrix}.$$

2.1.3 几种特殊矩阵

微课：几种特殊矩阵

1. 零矩阵

元素均为零的矩阵称为零矩阵，记为 $\boldsymbol{O}_{m\times n}$，也简记为 $\boldsymbol{O}$（大写字母）. 注意，不同型的零矩阵是不相等的，例如，二阶零矩阵与 4×1 零矩阵不相等，即

$$\begin{pmatrix}0 & 0\\ 0 & 0\end{pmatrix}\neq\begin{pmatrix}0\\ 0\\ 0\\ 0\end{pmatrix}.$$

2. 三角矩阵

主对角线上方元素均为 0 的 n 阶方阵

$$\begin{pmatrix}a_{11} & 0 & \cdots & 0\\ a_{21} & a_{22} & \cdots & 0\\ \vdots & \vdots & & \vdots\\ a_{n1} & a_{n2} & \cdots & a_{nn}\end{pmatrix}$$

称为 n 阶下三角矩阵. 主对角线下方元素均为 0 的 n 阶方阵

$$\begin{pmatrix}a_{11} & a_{12} & \cdots & a_{1n}\\ 0 & a_{22} & \cdots & a_{2n}\\ \vdots & \vdots & & \vdots\\ 0 & 0 & \cdots & a_{nn}\end{pmatrix}$$

称为n阶上三角矩阵．上三角矩阵与下三角矩阵统称为三角矩阵．

3．对角矩阵

主对角线之外的元素均为0，而主对角线元素不全为0的n阶方阵

$$\begin{pmatrix} \lambda_1 & 0 & \cdots & 0 \\ 0 & \lambda_2 & \cdots & 0 \\ \vdots & \vdots & & \vdots \\ 0 & 0 & \cdots & \lambda_n \end{pmatrix}$$

称为n阶对角矩阵．n阶对角矩阵也常记为$\boldsymbol{\Lambda} = \mathrm{diag}(\lambda_1, \lambda_2, \cdots, \lambda_n)$．

4．单位矩阵

主对角线元素均为1的n阶对角矩阵

$$\begin{pmatrix} 1 & 0 & \cdots & 0 \\ 0 & 1 & \cdots & 0 \\ \vdots & \vdots & & \vdots \\ 0 & 0 & \cdots & 1 \end{pmatrix}$$

称为n阶单位矩阵，记为$\boldsymbol{E}_n$或$\boldsymbol{I}_n$，简记为$\boldsymbol{E}$或$\boldsymbol{I}$．

5．数量矩阵

主对角线元素均为a的n阶对角矩阵

$$\begin{pmatrix} a & 0 & \cdots & 0 \\ 0 & a & \cdots & 0 \\ \vdots & \vdots & & \vdots \\ 0 & 0 & \cdots & a \end{pmatrix}$$

称为n阶数量矩阵或n阶标量矩阵，简记为$a\boldsymbol{E}$或$a\boldsymbol{I}$．

6．梯形矩阵

设$\boldsymbol{A} = (a_{ij})_{m \times n}$，若当$i > j$时，恒有$a_{ij} = 0$，且各行第1个非零元素前面零元素的个数随行数增大而增多，则称该矩阵为**上梯形矩阵**．例如

$$\begin{pmatrix} 1 & 2 & 3 & 4 & 5 \\ 0 & 0 & 7 & 8 & 0 \\ 0 & 0 & 0 & 0 & 0 \end{pmatrix}, \quad \begin{pmatrix} 5 & 7 & 0 & 12 & 3 \\ 0 & 1 & 2 & 2 & 1 \\ 0 & 0 & 0 & 8 & 9 \\ 0 & 0 & 0 & 0 & 1 \end{pmatrix}, \quad \begin{pmatrix} 1 & 0 & 0 & 1 \\ 0 & 1 & 0 & 1 \\ 0 & 0 & 1 & 4 \end{pmatrix}.$$

若当$i < j$时，恒有$a_{ij} = 0$，且各行最后一个非零元素后面零元素的个数随行数增大而减少，则称该矩阵为**下梯形矩阵**．例如

$$\begin{pmatrix} 1 & 0 & 0 & 0 & 0 \\ -9 & 6 & 0 & 0 & 0 \\ 1 & 2 & 3 & 0 & 0 \\ 5 & 2 & 3 & 3 & 0 \end{pmatrix}, \quad \begin{pmatrix} 0 & 0 & 0 & 0 \\ 1 & 0 & 0 & 0 \\ 2 & 2 & 0 & 0 \end{pmatrix}.$$

显然，上三角矩阵是上梯形矩阵的特例，下三角矩阵是下梯形矩阵的特例．

前面的上梯形矩阵有一个共同的特点，就是可画一条阶梯线，线的下方全为零；每个台阶只有一行，台阶数就是非零行的行数；每一个非零行的第 1 个非零元素位于上一行第 1 个非零元素的右侧，即

$$\begin{pmatrix} 1 & 2 & 3 & 4 & 5 \\ 0 & 0 & 7 & 8 & 0 \\ 0 & 0 & 0 & 0 & 0 \end{pmatrix},\quad \begin{pmatrix} 5 & 7 & 0 & 12 & 3 \\ 0 & 1 & 2 & 2 & 1 \\ 0 & 0 & 0 & 8 & 9 \\ 0 & 0 & 0 & 0 & 1 \end{pmatrix},\quad \begin{pmatrix} 1 & 0 & 0 & 1 \\ 0 & 1 & 0 & 1 \\ 0 & 0 & 1 & 4 \end{pmatrix},$$

这样的矩阵我们又称之为**行阶梯形矩阵**，简称阶梯形矩阵．对于最后一个矩阵，它的非零行的第 1 个非零元素全为 1，并且这些“1”所在的列的其余元素全为零，这样的行梯形矩阵称为**行最简形矩阵**．

7．转置矩阵

设 $\boldsymbol{A}=(a_{ij})_{m\times n}$，把矩阵 $\boldsymbol{A}$ 的行换成同序数的列而得到的新矩阵，叫作矩阵 $\boldsymbol{A}$ 的**转置矩阵**，记为 $\boldsymbol{A}^{\mathrm{T}}$．

8．对称矩阵

设 $\boldsymbol{A}$ 为 n 阶方阵，如果满足 $\boldsymbol{A}^{\mathrm{T}}=\boldsymbol{A}$，即 $a_{ij}=a_{ji}\ (i,j=1,2,\cdots,n)$，则称 $\boldsymbol{A}$ 为 n 阶对称矩阵．例如

$$\boldsymbol{A}=\begin{pmatrix} 1 & 2 & -3 \\ 2 & 7 & 5 \\ -3 & 5 & 6 \end{pmatrix}$$

是三阶对称矩阵．对称矩阵的特点：关于主对角线对称的元素相等．

【即时提问 2.1】根据行列式的性质（转置行列式的值不变）是否能推出：对任意的 n 阶方阵 $\boldsymbol{A}$，一定有 $\boldsymbol{A}^{\mathrm{T}}=\boldsymbol{A}$．

9．反对称矩阵

设 $\boldsymbol{A}$ 为 n 阶方阵，如果满足 $\boldsymbol{A}^{\mathrm{T}}=-\boldsymbol{A}$，即 $a_{ij}=-a_{ji}(i\neq j)$，$a_{ii}=0(i,j=1,2,\cdots,n)$，则称 $\boldsymbol{A}$ 为 n 阶反对称矩阵．例如

$$\boldsymbol{A}=\begin{pmatrix} 0 & 2 & -3 \\ -2 & 0 & 5 \\ 3 & -5 & 0 \end{pmatrix}$$

是三阶反对称矩阵．反对称矩阵的特点：主对角线元素全为 0，而关于主对角线对称的元素互为相反数．

10．分块矩阵

设 $\boldsymbol{A}=(a_{ij})_{m\times n}$，将矩阵 $\boldsymbol{A}$ 用若干条纵线和横线分成许多小矩阵，每个小矩阵称为 $\boldsymbol{A}$ 的一个**子块**，以这些子块为“元素”的形式上的矩阵称为**分块矩阵**．

同步习题 2.1

基础题

1．写出对应矩阵．

（1）$\begin{cases} y_1 = x_1, \\ y_2 = x_2, \\ \cdots\cdots\cdots \\ y_n = x_n. \end{cases}$　　（2）$\begin{cases} y_1 = \lambda_1 x_1, \\ y_2 = \lambda_2 x_2, \\ \cdots\cdots\cdots \\ y_n = \lambda_n x_n. \end{cases}$

2．以下对矩阵的描述中，不正确的是（　　）．

A．n 阶方阵的行数与列数相同　　B．三角矩阵都是方阵

C．对称矩阵与反对称矩阵都是方阵　　D．任何矩阵都是方阵

3．已知三阶矩阵 $\boldsymbol{A}$ 是反对称矩阵，如果将 $\boldsymbol{A}$ 的主对角线以上的每个元素都加 2，所得矩阵为对称矩阵，求矩阵 $\boldsymbol{A}$ ．

提高题

甲、乙两人之间进行 3 种比赛，前两种为智力比赛（只分输、赢两种结果），规定第 1 种比赛赢者得 3 分，输者得 –2 分；第 2 种比赛赢者得 2 分，输者得 –2 分．第 3 种比赛为耐力比赛，计分方法如下：先完成者得 5 分，后完成者得 3 分，中途放弃者得 0 分．现已知乙在 3 种比赛中的得分为 $3,-2,0$ ，试用矩阵表示甲、乙两人的得分情况．

2.2　矩阵的运算

矩阵是数学上量与量之间的一种运算符号，为了研究量与量之间的关系，本节引入矩阵的基本运算，主要包括矩阵的线性运算、矩阵的乘法、矩阵的转置、方阵的行列式等．同时在本节中我们还将认识伴随矩阵，为讨论矩阵的逆做好准备工作．

2.2.1　矩阵的线性运算

定义 2.2　设矩阵 $\boldsymbol{A}=(a_{ij})_{m\times n}$ 和矩阵 $\boldsymbol{B}=(b_{ij})_{m\times n}$ 是同型矩阵，且它们的对应元素相等，即

$$a_{ij}=b_{ij}\quad (i=1,2,\cdots,m;\ j=1,2,\cdots,n),$$

此时称矩阵 $\boldsymbol{A}$ 与矩阵 $\boldsymbol{B}$ 相等，记作 $\boldsymbol{A}=\boldsymbol{B}$ ．即完全相同的两个矩阵才相等．

定义 2.3　设矩阵 $\boldsymbol{A}=(a_{ij})_{m\times n}$ 和 $\boldsymbol{B}=(b_{ij})_{m\times n}$ 是同型矩阵，称 $\boldsymbol{C}=(c_{ij})_{m\times n}=(a_{ij}+b_{ij})_{m\times n}$ 为矩阵 $\boldsymbol{A}$ 与 $\boldsymbol{B}$ 的和，记作 $\boldsymbol{C}=\boldsymbol{A}+\boldsymbol{B}$ ，即

$$C = A + B = \begin{pmatrix} a_{11}+b_{11} & a_{12}+b_{12} & \cdots & a_{1n}+b_{1n} \\ a_{21}+b_{21} & a_{22}+b_{22} & \cdots & a_{2n}+b_{2n} \\ \vdots & \vdots & & \vdots \\ a_{m1}+b_{m1} & a_{m2}+b_{m2} & \cdots & a_{mn}+b_{mn} \end{pmatrix}.$$

注 只有两个同型矩阵才能做加法运算．

矩阵的加法就是把两个矩阵中的对应元素相加，由于数的加法满足交换律和结合律，因此矩阵加法也满足交换律和结合律．

性质 2.1 设$\boldsymbol{A},\boldsymbol{B},\boldsymbol{C}$均为$m\times n$矩阵，有

（1）交换律$\boldsymbol{A}+\boldsymbol{B}=\boldsymbol{B}+\boldsymbol{A}$；

（2）结合律$(\boldsymbol{A}+\boldsymbol{B})+\boldsymbol{C}=\boldsymbol{A}+(\boldsymbol{B}+\boldsymbol{C})$．

若矩阵$\boldsymbol{A}=(a_{ij})_{m\times n}$，记$-\boldsymbol{A}=(-a_{ij})_{m\times n}$，则称$-\boldsymbol{A}$为$\boldsymbol{A}$的负矩阵．

显然有$\boldsymbol{A}+\boldsymbol{O}=\boldsymbol{A}$，$\boldsymbol{A}+(-\boldsymbol{A})=\boldsymbol{O}$，这里$\boldsymbol{A}$与$\boldsymbol{O}$为同型矩阵．

由此规定矩阵的减法为$\boldsymbol{A}-\boldsymbol{B}=\boldsymbol{A}+(-\boldsymbol{B})$，称$\boldsymbol{A}-\boldsymbol{B}$为矩阵$\boldsymbol{A}$与$\boldsymbol{B}$的差．

定义 2.4 将数λ与矩阵$\boldsymbol{A}=(a_{ij})_{m\times n}$的乘积记作$\lambda\boldsymbol{A}$，规定$\lambda\boldsymbol{A}=(\lambda a_{ij})_{m\times n}$，即

$$\lambda A = \begin{pmatrix} \lambda a_{11} & \lambda a_{12} & \cdots & \lambda a_{1n} \\ \lambda a_{21} & \lambda a_{22} & \cdots & \lambda a_{2n} \\ \vdots & \vdots & & \vdots \\ \lambda a_{m1} & \lambda a_{m2} & \cdots & \lambda a_{mn} \end{pmatrix}.$$

由此可见，数乘矩阵就是用数去乘矩阵中的每个元素，因此，由数乘的运算规律可以直接验证出数与矩阵的乘法应该满足的运算规律．

性质 2.2 设$\boldsymbol{A}$与$\boldsymbol{B}$为同型矩阵，λ与μ是数．

（1）$\lambda\boldsymbol{A}=\boldsymbol{A}\lambda$．

（2）$(\lambda\mu)\boldsymbol{A}=\lambda(\mu\boldsymbol{A})$．

（3）$(\lambda+\mu)\boldsymbol{A}=\lambda\boldsymbol{A}+\mu\boldsymbol{A}$．

（4）$\lambda(\boldsymbol{A}+\boldsymbol{B})=\lambda\boldsymbol{A}+\lambda\boldsymbol{B}$．

矩阵的加法和数与矩阵的乘法合起来，统称为矩阵的线性运算．

例 2.4 设$\boldsymbol{A}=\begin{pmatrix} -1 & 4 & 5 \\ 2 & 0 & 1 \end{pmatrix}$，$\boldsymbol{B}=\begin{pmatrix} 3 & 0 & -7 \\ -1 & 1 & -2 \end{pmatrix}$，求$2\boldsymbol{A}-3\boldsymbol{B}$．

解 根据矩阵的加法运算法则和数乘运算法则，容易求得

$$\begin{aligned} 2A-3B &= 2\begin{pmatrix} -1 & 4 & 5 \\ 2 & 0 & 1 \end{pmatrix} - 3\begin{pmatrix} 3 & 0 & -7 \\ -1 & 1 & -2 \end{pmatrix} \\ &= \begin{pmatrix} -2 & 8 & 10 \\ 4 & 0 & 2 \end{pmatrix} - \begin{pmatrix} 9 & 0 & -21 \\ -3 & 3 & -6 \end{pmatrix} = \begin{pmatrix} -11 & 8 & 31 \\ 7 & -3 & 8 \end{pmatrix}. \end{aligned}$$

2.2.2 线性变换与矩阵乘法

在许多实际问题中，我们经常遇到m个变量$y_1,y_2,\cdots,y_m$用n个变量$x_1,x_2,\cdots,x_n$线性地表示，即

$$\begin{cases} y_1 = a_{11}x_1 + a_{12}x_2 + \cdots + a_{1n}x_n, \\ y_2 = a_{21}x_1 + a_{22}x_2 + \cdots + a_{2n}x_n, \\ \cdots\cdots\cdots \\ y_m = a_{m1}x_1 + a_{m2}x_2 + \cdots + a_{mn}x_n. \end{cases}$$

给定 n 个数 $x_1, x_2, \cdots, x_n$，经过线性计算得到了 m 个数 $y_1, y_2, \cdots, y_m$，从变量 $x_1, x_2, \cdots, x_n$ 到变量 $y_1, y_2, \cdots, y_m$ 的变换就定义为线性变换．线性变换的系数 a_{ij} 构成矩阵，称 $\boldsymbol{A} = (a_{ij})_{m\times n}$ 为系数矩阵．

给定了线性变换，就确定了一个系数矩阵；反之，若给出一个矩阵作为线性变换的系数矩阵，则线性变换也就确定了．在这个意义上，线性变换与矩阵之间存在一一对应的关系．

设有两个线性变换

$$\begin{cases} y_1 = a_{11}x_1 + a_{12}x_2 + a_{13}x_3, \\ y_2 = a_{21}x_1 + a_{22}x_2 + a_{23}x_3, \end{cases} \tag{2.1}$$

$$\begin{cases} x_1 = b_{11}t_1 + b_{12}t_2, \\ x_2 = b_{21}t_1 + b_{22}t_2, \\ x_3 = b_{31}t_1 + b_{32}t_2, \end{cases} \tag{2.2}$$

式（2.1）对应的矩阵

$$\boldsymbol{A} = \begin{pmatrix} a_{11} & a_{12} & a_{13} \\ a_{21} & a_{22} & a_{23} \end{pmatrix},$$

式（2.2）对应的矩阵

$$\boldsymbol{B} = \begin{pmatrix} b_{11} & b_{12} \\ b_{21} & b_{22} \\ b_{31} & b_{32} \end{pmatrix},$$

为了求出从 t_1, t_2 到 y_1, y_2 的线性变换，可将式（2.2）代入式（2.1），得

$$\begin{cases} y_1 = (a_{11}b_{11} + a_{12}b_{21} + a_{13}b_{31})t_1 + (a_{11}b_{12} + a_{12}b_{22} + a_{13}b_{32})t_2, \\ y_2 = (a_{21}b_{11} + a_{22}b_{21} + a_{23}b_{31})t_1 + (a_{21}b_{12} + a_{22}b_{22} + a_{23}b_{32})t_2. \end{cases} \tag{2.3}$$

式（2.3）可看成是先作式（2.2）线性变换再作式（2.1）线性变换的结果．我们把式（2.3）对应的矩阵记为

$$\begin{pmatrix} a_{11}b_{11} + a_{12}b_{21} + a_{13}b_{31} & a_{11}b_{12} + a_{12}b_{22} + a_{13}b_{32} \\ a_{21}b_{11} + a_{22}b_{21} + a_{23}b_{31} & a_{21}b_{12} + a_{22}b_{22} + a_{23}b_{32} \end{pmatrix}.$$

我们把式（2.3）称为式（2.1）与式（2.2）的乘积，相应地，其所对应的矩阵定义为式（2.1）与式（2.2）所对应的矩阵的乘积，即

$$\begin{pmatrix} a_{11} & a_{12} & a_{13} \\ a_{21} & a_{22} & a_{23} \end{pmatrix}\begin{pmatrix} b_{11} & b_{12} \\ b_{21} & b_{22} \\ b_{31} & b_{32} \end{pmatrix} = \begin{pmatrix} a_{11}b_{11} + a_{12}b_{21} + a_{13}b_{31} & a_{11}b_{12} + a_{12}b_{22} + a_{13}b_{32} \\ a_{21}b_{11} + a_{22}b_{21} + a_{23}b_{31} & a_{21}b_{12} + a_{22}b_{22} + a_{23}b_{32} \end{pmatrix}.$$

由此推广，可得到一般矩阵乘法的定义．

定义 2.5 设矩阵 $\boldsymbol{A} = (a_{ij})_{m\times s}$，矩阵 $\boldsymbol{B} = (b_{ij})_{s\times n}$，则它们的乘积 $\boldsymbol{AB}$ 等于矩阵 $\boldsymbol{C} = (c_{ij})_{m\times n}$，

记作 $\boldsymbol{AB}=\boldsymbol{C}$，其中

$$c_{ij}=(a_{i1},a_{i2},\cdots,a_{is})\begin{pmatrix}b_{1j}\\b_{2j}\\\vdots\\b_{sj}\end{pmatrix}=a_{i1}b_{1j}+a_{i2}b_{2j}+\cdots+a_{is}b_{sj}\ (i=1,2,\cdots,m;\ j=1,2,\cdots,n).$$

需要注意的是，第 1 个矩阵的列数等于第 2 个矩阵的行数，两个矩阵的乘法才有意义，即应有 $\boldsymbol{A}_{m\times s}\boldsymbol{B}_{s\times n}=\boldsymbol{C}_{m\times n}$．而乘积矩阵 $\boldsymbol{C}$ 的元素 c_{ij} 是把矩阵 $\boldsymbol{A}$ 中的第 i 行元素与矩阵 $\boldsymbol{B}$ 中的第 j 列元素对应相乘后再相加得到的，即 $c_{ij}=\sum_{t=1}^{s}a_{it}b_{tj}$．

例 2.5　设 $\boldsymbol{A}=\begin{pmatrix}a_1\\a_2\\\vdots\\a_n\end{pmatrix}$，$\boldsymbol{B}=(b_1,b_2,\cdots,b_n)$，求 $\boldsymbol{AB}$ 与 $\boldsymbol{BA}$．

微课：例2.5

解　根据矩阵乘法运算法则，可以求得

$$\boldsymbol{AB}=\begin{pmatrix}a_1\\a_2\\\vdots\\a_n\end{pmatrix}(b_1,b_2,\cdots,b_n)=\begin{pmatrix}a_1b_1&a_1b_2&\cdots&a_1b_n\\a_2b_1&a_2b_2&\cdots&a_2b_n\\\vdots&\vdots&&\vdots\\a_nb_1&a_nb_2&\cdots&a_nb_n\end{pmatrix},$$

$$\boldsymbol{BA}=(b_1,b_2,\cdots,b_n)\begin{pmatrix}a_1\\a_2\\\vdots\\a_n\end{pmatrix}=b_1a_1+b_2a_2+\cdots+b_na_n.$$

从以上运算可以看出，即使 $\boldsymbol{AB}$ 与 $\boldsymbol{BA}$ 都有意义，也未必是同型矩阵，当然也不能保证相等.

例 2.6　计算矩阵乘积 $\boldsymbol{AB}$ 与 $\boldsymbol{BA}$，其中

$$\boldsymbol{A}=\begin{pmatrix}2&2\\-2&-2\end{pmatrix},\ \boldsymbol{B}=\begin{pmatrix}1\\-1\end{pmatrix}.$$

解　因为 $\boldsymbol{A}$ 是 2×2 矩阵，$\boldsymbol{B}$ 是 2×1 矩阵，所以 $\boldsymbol{AB}$ 是 2×1 矩阵，而由于 $\boldsymbol{B}$ 矩阵的列数不等于 $\boldsymbol{A}$ 矩阵的行数，所以 $\boldsymbol{BA}$ 无意义.

$$\boldsymbol{AB}=\begin{pmatrix}2&2\\-2&-2\end{pmatrix}\begin{pmatrix}1\\-1\end{pmatrix}=\begin{pmatrix}0\\0\end{pmatrix}.$$

例 2.7　设 $\boldsymbol{A}=\begin{pmatrix}1&1\\-1&-1\end{pmatrix},\boldsymbol{B}=\begin{pmatrix}-2&1\\2&-1\end{pmatrix},\boldsymbol{C}=\begin{pmatrix}2&3\\1&-3\end{pmatrix},\boldsymbol{D}=\begin{pmatrix}1&-1\\2&1\end{pmatrix}$，计算 $\boldsymbol{AB},\boldsymbol{BA},\boldsymbol{AC},\boldsymbol{AD}$.

解　根据矩阵乘法运算法则，不难求得

$$\boldsymbol{AB}=\begin{pmatrix}1&1\\-1&-1\end{pmatrix}\begin{pmatrix}-2&1\\2&-1\end{pmatrix}=\begin{pmatrix}0&0\\0&0\end{pmatrix},$$

$$BA=\begin{pmatrix}-2 & 1\\ 2 & -1\end{pmatrix}\begin{pmatrix}1 & 1\\ -1 & -1\end{pmatrix}=\begin{pmatrix}-3 & -3\\ 3 & 3\end{pmatrix},$$

$$AC=\begin{pmatrix}1 & 1\\ -1 & -1\end{pmatrix}\begin{pmatrix}2 & 3\\ 1 & -3\end{pmatrix}=\begin{pmatrix}3 & 0\\ -3 & 0\end{pmatrix},$$

$$AD=\begin{pmatrix}1 & 1\\ -1 & -1\end{pmatrix}\begin{pmatrix}1 & -1\\ 2 & 1\end{pmatrix}=\begin{pmatrix}3 & 0\\ -3 & 0\end{pmatrix}.$$

由此可见，矩阵乘法与数的乘法在运算中有许多不同之处，需要注意.

（1）矩阵乘法不满足交换律. 这是因为 $\boldsymbol{AB}$ 与 $\boldsymbol{BA}$ 不一定都有意义；即使 $\boldsymbol{AB}$ 与 $\boldsymbol{BA}$ 都有意义，也不一定有 $\boldsymbol{AB}=\boldsymbol{BA}$ 成立（见例 2.7）.

特别地，对于方阵 $\boldsymbol{A},\boldsymbol{B}$，如果有 $\boldsymbol{AB}=\boldsymbol{BA}$，则称矩阵 $\boldsymbol{A},\boldsymbol{B}$ 可交换.

（2）在矩阵乘法的运算中，“若 $\boldsymbol{AB}=\boldsymbol{O}$，则必有 $\boldsymbol{A}=\boldsymbol{O}$ 或 $\boldsymbol{B}=\boldsymbol{O}$”这个结论不一定成立（见例 2.6）.

（3）矩阵乘法的消去律不成立，即“若 $\boldsymbol{AD}=\boldsymbol{AC}$ 且 $\boldsymbol{A}\neq\boldsymbol{O}$，则 $\boldsymbol{D}=\boldsymbol{C}$”这个结论不一定成立（见例 2.7）.

矩阵乘法虽然不满足交换律，但它满足以下运算规律.

性质 2.3 假设以下运算都有意义.

（1）结合律 $(\boldsymbol{AB})\boldsymbol{C}=\boldsymbol{A}(\boldsymbol{BC})$.

（2）分配律 $\boldsymbol{A}(\boldsymbol{B}+\boldsymbol{C})=\boldsymbol{AB}+\boldsymbol{AC}$，$(\boldsymbol{B}+\boldsymbol{C})\boldsymbol{A}=\boldsymbol{BA}+\boldsymbol{CA}$.

（3）$\lambda\boldsymbol{AB}=(\lambda\boldsymbol{A})\boldsymbol{B}=\boldsymbol{A}(\lambda\boldsymbol{B})$.

不难得到以下结论.

（1）$\boldsymbol{E}_m\boldsymbol{A}_{m\times n}=\boldsymbol{A}_{m\times n}$，$\boldsymbol{A}_{m\times n}\boldsymbol{E}_n=\boldsymbol{A}_{m\times n}$，或者写成 $\boldsymbol{EA}=\boldsymbol{AE}=\boldsymbol{A}$，即单位矩阵 $\boldsymbol{E}$ 在矩阵乘法中的作用类似于数 1.

（2）由于 n 阶方阵 $\boldsymbol{A}$ 可以自乘，我们给出方阵 $\boldsymbol{A}$ 幂的运算定义：设 $\boldsymbol{A}$ 为 n 阶方阵，k 是正整数，规定

$$\boldsymbol{A}^k=\overbrace{\boldsymbol{AA}\cdots\boldsymbol{A}}^{k}.$$

特别地，当 $\boldsymbol{A}$ 为非零方阵时，规定 $\boldsymbol{A}^0=\boldsymbol{E}$.

由此易证

$$\boldsymbol{A}^m\boldsymbol{A}^n=\boldsymbol{A}^{m+n},\ (\boldsymbol{A}^m)^n=\boldsymbol{A}^{mn}\ (m,n\text{是正整数}).$$

【即时提问 2.2】设 $\boldsymbol{A},\boldsymbol{B}$ 均为 n 阶方阵，k 是正整数，判断 $(\boldsymbol{AB})^k=\boldsymbol{A}^k\boldsymbol{B}^k$ 是否正确，并说明理由.

设函数 $f(x)=a_mx^m+a_{m-1}x^{m-1}+\cdots+a_1x+a_0,a_m\neq 0$，它是变量 x 的一个 m 次多项式，现将 n 阶方阵 $\boldsymbol{A}$ 代替变量 x，就得到一个矩阵 $\boldsymbol{A}$ 的计算式，记作

$$f(\boldsymbol{A})=a_m\boldsymbol{A}^m+a_{m-1}\boldsymbol{A}^{m-1}+\cdots+a_1\boldsymbol{A}+a_0\boldsymbol{E},$$

称其为矩阵 $\boldsymbol{A}$ 的 m 次多项式，它的计算结果 $f(\boldsymbol{A})$ 仍然是 n 阶方阵.

例 2.8 设$f(x)=x^2-3x+1$，$A=\begin{pmatrix}2&0&1\\1&1&0\\0&-1&1\end{pmatrix}$，求$f(A)$.

解 先计算A^2：

$$A^2=\begin{pmatrix}2&0&1\\1&1&0\\0&-1&1\end{pmatrix}\begin{pmatrix}2&0&1\\1&1&0\\0&-1&1\end{pmatrix}=\begin{pmatrix}4&-1&3\\3&1&1\\-1&-2&1\end{pmatrix}.$$

$$\begin{aligned}f(A)&=A^2-3A+E\\&=\begin{pmatrix}4&-1&3\\3&1&1\\-1&-2&1\end{pmatrix}-\begin{pmatrix}6&0&3\\3&3&0\\0&-3&3\end{pmatrix}+\begin{pmatrix}1&0&0\\0&1&0\\0&0&1\end{pmatrix}=\begin{pmatrix}-1&-1&0\\0&-1&1\\-1&1&-1\end{pmatrix}.\end{aligned}$$

在本例中，不能将矩阵A的多项式$f(A)=A^2-3A+E$写成$f(A)=A^2-3A+1$的形式.

例 2.9 已知$A=\begin{pmatrix}1&\frac{1}{2}&\frac{1}{3}\\2&1&\frac{2}{3}\\3&\frac{3}{2}&1\end{pmatrix}$，求$A^n$.

解 根据矩阵的乘法，可得

$$A^2=\begin{pmatrix}1&\frac{1}{2}&\frac{1}{3}\\2&1&\frac{2}{3}\\3&\frac{3}{2}&1\end{pmatrix}\begin{pmatrix}1&\frac{1}{2}&\frac{1}{3}\\2&1&\frac{2}{3}\\3&\frac{3}{2}&1\end{pmatrix}$$

$$=\begin{pmatrix}3&\frac{3}{2}&1\\6&3&2\\9&\frac{9}{2}&3\end{pmatrix}=3\begin{pmatrix}1&\frac{1}{2}&\frac{1}{3}\\2&1&\frac{2}{3}\\3&\frac{3}{2}&1\end{pmatrix}=3A,$$

故$A^3=A^2A=3AA=3^2A$. 以此类推，有

$$A^n=3^{n-1}A=3^{n-1}\begin{pmatrix}1&\frac{1}{2}&\frac{1}{3}\\2&1&\frac{2}{3}\\3&\frac{3}{2}&1\end{pmatrix}.$$

例 2.10 路线选择问题

图 2.2 为 A, B, C 这 3 个城市间的交通线路情况（每两个城市可来回走动）．小悦从其中一个城市出发直达另一个城市，她可以有几种选择？如果她想从某一个城市出发，先经过一个城市，再到达另外一个城市，她又可以有几种选择？

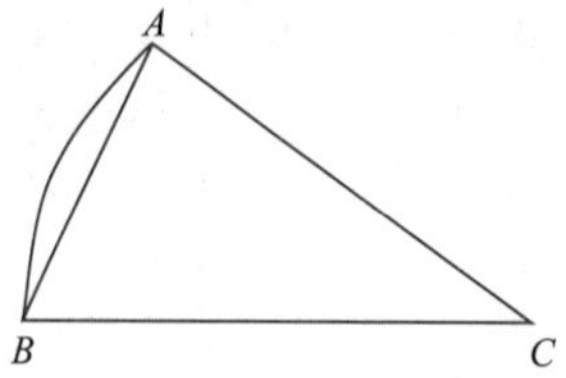

图 2.2

解 从一个城市直接到另一个城市组成一个矩阵，称为一级路矩阵．一级路矩阵为

$$\boldsymbol{M}=(a_{ij})=\begin{matrix} & \begin{matrix} A & B & C\end{matrix} \\ \begin{matrix} A \\ B \\ C\end{matrix} & \begin{pmatrix} 0 & 2 & 1 \\ 2 & 0 & 1 \\ 1 & 1 & 0 \end{pmatrix}\end{matrix}.$$

例如 $a_{12}=2$，即 A 城市到 B 城市有 2 条路线．

从一个城市经过另一个城市到达第 3 个城市组成一个矩阵，称为二级路矩阵．二级路矩阵为

$$\boldsymbol{N}=\boldsymbol{M}^2=(b_{ij})=\begin{pmatrix} 0 & 2 & 1 \\ 2 & 0 & 1 \\ 1 & 1 & 0 \end{pmatrix}\begin{pmatrix} 0 & 2 & 1 \\ 2 & 0 & 1 \\ 1 & 1 & 0 \end{pmatrix}=\begin{matrix} & \begin{matrix} A & B & C\end{matrix} \\ \begin{matrix} A \\ B \\ C\end{matrix} & \begin{pmatrix} 5 & 1 & 2 \\ 1 & 5 & 2 \\ 2 & 2 & 2 \end{pmatrix}\end{matrix}.$$

比如 $b_{12}=1$，表示从 A 城市到 B 城市，中间要经过一个城市的路线种数只有 1 种，即 $A\to C\to B$．同样可以有三级、四级直至 n 级路矩阵．

例 2.11 矩阵在图形学上的应用．

平面图形是由一条或若干条封闭起来的曲线围成的区域构成的，例如字母 L 是由 a,b,c,d,e,f 共 6 条线段围成，如图 2.3 所示．将 6 个点的坐标使用矩阵的方式记录如下：

$$\boldsymbol{A}=\begin{pmatrix} 0 & 4 & 4 & 1 & 1 & 0 \\ 0 & 0 & 1 & 1 & 6 & 6 \end{pmatrix}，其中第 i 个列向量就是第 i 个点的坐标．$$

数乘矩阵 $k\boldsymbol{A}$ 对应的图形就是把图 2.3 放大 k 倍．

如果我们想得到字母的斜体 L，可以通过矩阵的乘法来实现．例如，令矩阵 $\boldsymbol{P}=\begin{pmatrix} 1 & 0.25 \\ 0 & 1 \end{pmatrix}$，

则有 $\boldsymbol{PA}=\begin{pmatrix} 1 & 0.25 \\ 0 & 1 \end{pmatrix}\begin{pmatrix} 0 & 4 & 4 & 1 & 1 & 0 \\ 0 & 0 & 1 & 1 & 6 & 6 \end{pmatrix}=\begin{pmatrix} 0 & 4 & 4.25 & 1.25 & 2.5 & 1.5 \\ 0 & 0 & 1 & 1 & 6 & 6 \end{pmatrix}$．

矩阵 $\boldsymbol{PA}$ 所对应的字体为斜体，如图 2.4 所示．

若记 $\boldsymbol{P}=\begin{pmatrix} p & p_{12} \\ 0 & p \end{pmatrix}$，则 p 的取值可以用来调整字母的大小，而 p_{12} 的取值用来控制字母的倾

斜度.

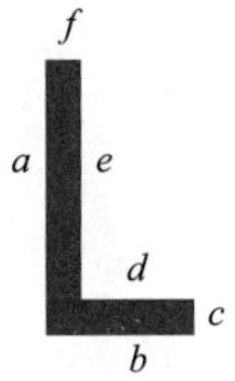

图 2.3

图 2.4

2.2.3 矩阵的转置

在了解了行列式转置的前提下，矩阵转置的定义不难理解，但这是两个截然不同的概念，它们之间存在很大的差异.

定义 2.6 设 $m\times n$ 矩阵

$$\boldsymbol{A}=\begin{pmatrix} a_{11} & a_{12} & \cdots & a_{1n} \\ a_{21} & a_{22} & \cdots & a_{2n} \\ \vdots & \vdots & & \vdots \\ a_{m1} & a_{m2} & \cdots & a_{mn} \end{pmatrix},$$

将其对应的行与列互换位置，得到一个 $n\times m$ 的新矩阵

$$\begin{pmatrix} a_{11} & a_{21} & \cdots & a_{m1} \\ a_{12} & a_{22} & \cdots & a_{m2} \\ \vdots & \vdots & & \vdots \\ a_{1n} & a_{2n} & \cdots & a_{mn} \end{pmatrix},$$

称为矩阵 $\boldsymbol{A}$ 的转置矩阵，记作 $\boldsymbol{A}^{\mathrm{T}}$.

例如，矩阵 $\boldsymbol{A}=\begin{pmatrix} 3 & -1 & 5 \\ -2 & 1 & -8 \end{pmatrix}$，$\boldsymbol{A}^{\mathrm{T}}=\begin{pmatrix} 3 & -2 \\ -1 & 1 \\ 5 & -8 \end{pmatrix}$.

行矩阵 $\boldsymbol{A}=(2 \quad -2 \quad 1)$，它的转置为列矩阵 $\boldsymbol{A}^{\mathrm{T}}=\begin{pmatrix} 2 \\ -2 \\ 1 \end{pmatrix}$.

矩阵的转置也可以看成一种运算（一元运算），它满足以下运算规律.

性质 2.4 设以下运算都有意义，k 是常数.

（1）$(\boldsymbol{A}^{\mathrm{T}})^{\mathrm{T}}=\boldsymbol{A}$.

（2）$(\boldsymbol{A}+\boldsymbol{B})^{\mathrm{T}}=\boldsymbol{A}^{\mathrm{T}}+\boldsymbol{B}^{\mathrm{T}}$.

（3）$(k\boldsymbol{A})^{\mathrm{T}}=k\boldsymbol{A}^{\mathrm{T}}$.

（4）$(\boldsymbol{AB})^{\mathrm{T}}=\boldsymbol{B}^{\mathrm{T}}\boldsymbol{A}^{\mathrm{T}}$.

由定义很容易验证（1）～（3）成立，现在我们证明（4）.

设 $\boldsymbol{A}=(a_{ij})_{m\times t}$，$\boldsymbol{B}=(b_{ij})_{t\times n}$，则 $\boldsymbol{AB}=\boldsymbol{C}=(c_{ij})_{m\times n}$.

$(\boldsymbol{AB})^{\mathrm{T}}=\boldsymbol{C}^{\mathrm{T}}=(u_{ij})_{n\times m}$，其中 $u_{ij}=c_{ji}=\sum\limits_{k=1}^{t}a_{jk}b_{ki}$.

又设 $\boldsymbol{B}^{\mathrm{T}}\boldsymbol{A}^{\mathrm{T}}=\boldsymbol{D}=(d_{ij})_{n\times m}$，则 $\boldsymbol{B}^{\mathrm{T}}$ 的第 i 行为 $(b_{1i},b_{2i},\cdots,b_{ti})$，$\boldsymbol{A}^{\mathrm{T}}$ 的第 j 列为 $(a_{j1},a_{j2},\cdots,a_{jt})^{\mathrm{T}}$，于是 $d_{ij}=\sum\limits_{k=1}^{t}b_{ki}a_{jk}$，所以

$$d_{ij}=u_{ij}\ (i=1,2,\cdots,n;\ j=1,2,\cdots,m),$$

即 $\boldsymbol{D}=\boldsymbol{C}^{\mathrm{T}}$，或 $(\boldsymbol{AB})^{\mathrm{T}}=\boldsymbol{B}^{\mathrm{T}}\boldsymbol{A}^{\mathrm{T}}$.

例 2.12 设矩阵 $\boldsymbol{A}$ 与 $\boldsymbol{B}$ 为同阶对称矩阵，证明：$\boldsymbol{AB}$ 为对称矩阵的充要条件为 $\boldsymbol{AB}=\boldsymbol{BA}$.

证明 必要性 由矩阵 $\boldsymbol{A}$ 与 $\boldsymbol{B}$ 均为对称矩阵得 $\boldsymbol{A}^{\mathrm{T}}=\boldsymbol{A},\boldsymbol{B}^{\mathrm{T}}=\boldsymbol{B}$，又知 $\boldsymbol{AB}$ 为对称矩阵，即 $(\boldsymbol{AB})^{\mathrm{T}}=\boldsymbol{AB}$，所以 $(\boldsymbol{AB})^{\mathrm{T}}=\boldsymbol{B}^{\mathrm{T}}\boldsymbol{A}^{\mathrm{T}}=\boldsymbol{BA}$，故 $\boldsymbol{AB}=\boldsymbol{BA}$.

充分性 由 $\boldsymbol{AB}=\boldsymbol{BA}$ 及 $\boldsymbol{A}^{\mathrm{T}}=\boldsymbol{A}$，$\boldsymbol{B}^{\mathrm{T}}=\boldsymbol{B}$ 得 $(\boldsymbol{AB})^{\mathrm{T}}=\boldsymbol{B}^{\mathrm{T}}\boldsymbol{A}^{\mathrm{T}}=\boldsymbol{BA}=\boldsymbol{AB}$，故充分性得证.

2.2.4 方阵的行列式

定义 2.7 用 n 阶方阵 $\boldsymbol{A}$ 的所有元素（保持各元素位置不变）构成的行列式，称为方阵 $\boldsymbol{A}$ 的行列式，记作 $|\boldsymbol{A}|$ 或 $\det\boldsymbol{A}$.

例如，方阵 $\boldsymbol{A}=\begin{pmatrix}4&3\\2&5\end{pmatrix}$，$|\boldsymbol{A}|=\begin{vmatrix}4&3\\2&5\end{vmatrix}=20-6=14$.

方阵的行列式运算满足以下性质.

性质 2.5 设 $\boldsymbol{A}$，$\boldsymbol{B}$ 是 n 阶方阵，$k\in\mathbf{R}$.

（1）$|\boldsymbol{A}^{\mathrm{T}}|=|\boldsymbol{A}|$.

（2）$|k\boldsymbol{A}|=k^{n}|\boldsymbol{A}|$.

（3）$|\boldsymbol{AB}|=|\boldsymbol{A}||\boldsymbol{B}|$.

关于定义 2.7 和上述性质的几点说明如下.

（1）只有方阵才有行列式运算.

（2）一般地，$|\boldsymbol{A}+\boldsymbol{B}|\neq|\boldsymbol{A}|+|\boldsymbol{B}|$.

（3）对于 n 阶方阵 $\boldsymbol{A}$，$\boldsymbol{B}$，尽管通常有 $\boldsymbol{AB}\neq\boldsymbol{BA}$，但 $|\boldsymbol{AB}|=|\boldsymbol{BA}|$.

（4）性质 2.5（3）可以推广到多个 n 阶方阵相乘的情形，即 $|\boldsymbol{A}_1\boldsymbol{A}_2\cdots\boldsymbol{A}_m|=|\boldsymbol{A}_1|\cdot|\boldsymbol{A}_2|\cdots|\boldsymbol{A}_m|$. 特别地，$|\boldsymbol{A}^{m}|=|\boldsymbol{A}|^{m}$，其中 m 为正整数.

对于方阵 $\boldsymbol{A}$，如果用 $\boldsymbol{A}$ 的行列式是否为零来区分矩阵，就可得如下定义.

定义 2.8 设 $\boldsymbol{A}$ 为 n 阶方阵，若 $|\boldsymbol{A}|\neq0$，则称 $\boldsymbol{A}$ 为非奇异矩阵，否则称为奇异矩阵.

例 2.13 设 $\boldsymbol{A},\boldsymbol{B},\boldsymbol{C}$ 为四阶方阵，$|\boldsymbol{A}|=2$，$|\boldsymbol{B}|=-3$，$|\boldsymbol{C}|=3$，求 $|2\boldsymbol{AB}|$, $|\boldsymbol{AB}^{\mathrm{T}}|$, $|-3\boldsymbol{AB}^{\mathrm{T}}\boldsymbol{C}|$.

解 根据方阵行列式性质 2.5，有

$$|2\boldsymbol{AB}|=2^{4}|\boldsymbol{A}||\boldsymbol{B}|=-96,$$

$$|\boldsymbol{AB}^{\mathrm{T}}|=|\boldsymbol{A}||\boldsymbol{B}^{\mathrm{T}}|=|\boldsymbol{A}||\boldsymbol{B}|=-6,$$

$$|-3\boldsymbol{AB}^{\mathrm{T}}\boldsymbol{C}|=(-3)^{4}|\boldsymbol{A}||\boldsymbol{B}^{\mathrm{T}}||\boldsymbol{C}|=81\times2\times(-3)\times3=-1\,458.$$

微课：例2.13

2.2.5 伴随矩阵

定义 2.9 设 n 阶方阵 $\boldsymbol{A}=(a_{ij})_{n\times n}$，即

$$\boldsymbol{A}=\begin{pmatrix} a_{11} & a_{12} & \cdots & a_{1n} \\ a_{21} & a_{22} & \cdots & a_{2n} \\ \vdots & \vdots & & \vdots \\ a_{n1} & a_{n2} & \cdots & a_{nn} \end{pmatrix}.$$

由 $|\boldsymbol{A}|$ 中的各个元素的代数余子式 $A_{ij}(i,j=1,2,\cdots,n)$ 按下列方式排列成 n 阶方阵：

$$\boldsymbol{A}^*=\begin{pmatrix} A_{11} & A_{21} & \cdots & A_{n1} \\ A_{12} & A_{22} & \cdots & A_{n2} \\ \vdots & \vdots & & \vdots \\ A_{1n} & A_{2n} & \cdots & A_{nn} \end{pmatrix},$$

称 $\boldsymbol{A}^*$ 是 $\boldsymbol{A}$ 的伴随矩阵.

例 2.14 设 n 阶方阵 $\boldsymbol{A}^*$ 是 n 阶方阵 $\boldsymbol{A}$ 的伴随矩阵，试证 $\boldsymbol{A}\boldsymbol{A}^*=\boldsymbol{A}^*\boldsymbol{A}=|\boldsymbol{A}|\boldsymbol{E}$.

证明 设 $\boldsymbol{A}=(a_{ij})_{n\times n}$，$\boldsymbol{A}^*=(A_{ij})_{n\times n}(i,j=1,2,\cdots,n)$，由行列式的性质得

$$\boldsymbol{A}\boldsymbol{A}^*=\begin{pmatrix} a_{11} & a_{12} & \cdots & a_{1n} \\ a_{21} & a_{22} & \cdots & a_{2n} \\ \vdots & \vdots & & \vdots \\ a_{n1} & a_{n2} & \cdots & a_{nn} \end{pmatrix}\begin{pmatrix} A_{11} & A_{21} & \cdots & A_{n1} \\ A_{12} & A_{22} & \cdots & A_{n2} \\ \vdots & \vdots & & \vdots \\ A_{1n} & A_{2n} & \cdots & A_{nn} \end{pmatrix}=\begin{pmatrix} |\boldsymbol{A}| & 0 & \cdots & 0 \\ 0 & |\boldsymbol{A}| & \cdots & 0 \\ \vdots & \vdots & & \vdots \\ 0 & 0 & \cdots & |\boldsymbol{A}| \end{pmatrix}=|\boldsymbol{A}|\boldsymbol{E}.$$

同理

$$\boldsymbol{A}^*\boldsymbol{A}=\begin{pmatrix} A_{11} & A_{21} & \cdots & A_{n1} \\ A_{12} & A_{22} & \cdots & A_{n2} \\ \vdots & \vdots & & \vdots \\ A_{1n} & A_{2n} & \cdots & A_{nn} \end{pmatrix}\begin{pmatrix} a_{11} & a_{12} & \cdots & a_{1n} \\ a_{21} & a_{22} & \cdots & a_{2n} \\ \vdots & \vdots & & \vdots \\ a_{n1} & a_{n2} & \cdots & a_{nn} \end{pmatrix}=\begin{pmatrix} |\boldsymbol{A}| & 0 & \cdots & 0 \\ 0 & |\boldsymbol{A}| & \cdots & 0 \\ \vdots & \vdots & & \vdots \\ 0 & 0 & \cdots & |\boldsymbol{A}| \end{pmatrix}=|\boldsymbol{A}|\boldsymbol{E}.$$

例 2.15 设 $\boldsymbol{A}$ 为三阶方阵，$|\boldsymbol{A}|=3$，$\boldsymbol{A}^*$ 为 $\boldsymbol{A}$ 的伴随矩阵，若交换 $\boldsymbol{A}$ 的第 1 行和第 2 行得矩阵 $\boldsymbol{B}$，求 $|\boldsymbol{B}\boldsymbol{A}^*|$.

解 根据方阵行列式性质 2.5，有 $|\boldsymbol{B}\boldsymbol{A}^*|=|\boldsymbol{B}||\boldsymbol{A}^*|$.

因为 $|\boldsymbol{B}|=-|\boldsymbol{A}|=-3$，由例 2.14，$\boldsymbol{A}\boldsymbol{A}^*=|\boldsymbol{A}|\boldsymbol{E}$，所以 $|\boldsymbol{A}|\cdot|\boldsymbol{A}^*|=|\boldsymbol{A}|^3$，即 $|\boldsymbol{A}^*|=9$，从而 $|\boldsymbol{B}\boldsymbol{A}^*|=|\boldsymbol{B}|\cdot|\boldsymbol{A}^*|=-|\boldsymbol{A}|\cdot|\boldsymbol{A}^*|=-27$.

同步习题 2.2

基础题

1．设矩阵$A=\begin{pmatrix}1&0&3\\2&-1&0\end{pmatrix}$，$B=\begin{pmatrix}1&-1\\2&3\\4&0\end{pmatrix}$，求$AB$及$BA$.

2．设矩阵$A=\begin{pmatrix}-2&4\\1&-2\end{pmatrix}$，$B=\begin{pmatrix}2&4\\-3&-6\end{pmatrix}$，求$AB$及$BA$.

3．设$f(x)=1+2x-2x^2+x^4$，$A=\begin{pmatrix}2&0\\0&-3\end{pmatrix}$，求$f(A)$.

4．已知A,B均为n阶方阵，则必有（　　）.

A．$(A+B)^2=A^2+2AB+B^2$

B．$(AB)^{\mathrm{T}}=A^{\mathrm{T}}B^{\mathrm{T}}$

C．$AB=O$时，$A=O$或$B=O$

D．$|A+AB|=0$ 的充要条件为$|A|=0$或$|E+B|=0$

5．已知三阶矩阵$A=\begin{pmatrix}2&2&1\\4&4&2\\-2&-2&-1\end{pmatrix}$，求$A^n$.

6．已知二阶矩阵$A=\begin{pmatrix}\cos\varphi&-\sin\varphi\\\sin\varphi&\cos\varphi\end{pmatrix}$，求$A^n$.

7．已知三阶矩阵$A=\begin{pmatrix}1&0&1\\0&2&0\\1&0&1\end{pmatrix}$，而$n\geqslant 2$为正整数，则$A^n-2A^{n-1}=$______.

提高题

1．设A是n阶反对称矩阵，B是n阶对称矩阵，证明：

（1）$AB-BA$为对称矩阵；

（2）$AB+BA$是n阶反对称矩阵；

（3）AB是反对称矩阵的充要条件是$AB=BA$.

2．设A是$m\times n$矩阵，E为m阶单位矩阵，证明：矩阵$E-\lambda AA^{\mathrm{T}}$ $(\lambda\in\mathbf{R})$为m阶对称矩阵.

3．设A,B,C均为n阶方阵，且$AB=BC=CA=E$，则$A^2+B^2+C^2=$（　　）.

A．$3E$　　B．$2E$　　C．E　　D．O

4．设$\boldsymbol{\alpha}=(1,0,-1)^{\mathrm{T}}$，矩阵$A=\boldsymbol{\alpha}\boldsymbol{\alpha}^{\mathrm{T}}$，$n$为正整数，则$|aE-A^n|=$______.

2.3 初等变换与初等矩阵

矩阵的初等变换是矩阵的一种很重要的运算，它在解线性方程组、求逆矩阵及矩阵的运算中是必不可少的.

2.3.1 矩阵的初等变换

定义 2.10 下面 3 种变换称为矩阵的初等行（列）变换.

（1）对调两行（列）

对调 i,j 两行记为 $r_i \leftrightarrow r_j$；对调 i,j 两列记为 $c_i \leftrightarrow c_j$.

（2）以数 $k \neq 0$ 乘某一行（列）中的所有元素

第 i 行乘 k 记为 $r_i \times k$；第 i 列乘 k 记为 $c_i \times k$.

（3）把某一行（列）所有元素的 k 倍加到另一行（列）对应元素上去

第 j 行的 k 倍加到第 i 行记为 $r_i + kr_j$；第 j 列的 k 倍加到第 i 列上记为 $c_i + kc_j$.

矩阵的初等行变换与矩阵的初等列变换统称为矩阵的初等变换.

易见，3 种初等变换都是可逆的，也就是说变换是可还原的，且它们的逆变换是同一类型的初等变换：变换 $r_i \leftrightarrow r_j$ 的逆变换就是其本身；变换 $r_i \times k$ 的逆变换为 $r_i \times \dfrac{1}{k}$（或记为 $r_i \div k$）；变换 $r_i + kr_j$ 的逆变换为 $r_i + (-k)r_j$（或记为 $r_i - kr_j$）.

定义 2.11 若矩阵 $\boldsymbol{A}$ 经过有限次初等变换变成矩阵 $\boldsymbol{B}$，就称矩阵 $\boldsymbol{A}$ 与 $\boldsymbol{B}$ 等价，记为 $\boldsymbol{A} \cong \boldsymbol{B}$.

性质 2.6 矩阵之间的等价关系具有下列性质.

（1）反身性 $\boldsymbol{A} \cong \boldsymbol{A}$.

（2）对称性 若 $\boldsymbol{A} \cong \boldsymbol{B}$，则 $\boldsymbol{B} \cong \boldsymbol{A}$.

（3）传递性 若 $\boldsymbol{A} \cong \boldsymbol{B}$，$\boldsymbol{B} \cong \boldsymbol{C}$，则 $\boldsymbol{A} \cong \boldsymbol{C}$.

由等价关系我们可以将矩阵分类，将具有等价关系的矩阵作为一类，在第 4 章中我们将会讨论到具有行等价关系的矩阵所对应的线性方程组有相同的解.

例 2.16 利用初等行变换把矩阵先化为行梯形矩阵，再进一步化为行最简形矩阵：

微课：例2.16

$$\boldsymbol{A} = \begin{pmatrix} 2 & -3 & 8 & 2 \\ 2 & 12 & -2 & 12 \\ 1 & 3 & 1 & 4 \end{pmatrix}.$$

解

$$\boldsymbol{A} = \begin{pmatrix} 2 & -3 & 8 & 2 \\ 2 & 12 & -2 & 12 \\ 1 & 3 & 1 & 4 \end{pmatrix} \xrightarrow{r_1 \leftrightarrow r_3} \begin{pmatrix} 1 & 3 & 1 & 4 \\ 2 & 12 & -2 & 12 \\ 2 & -3 & 8 & 2 \end{pmatrix} \xrightarrow[r_3 - 2r_1]{r_2 - 2r_1} \begin{pmatrix} 1 & 3 & 1 & 4 \\ 0 & 6 & -4 & 4 \\ 0 & -9 & 6 & -6 \end{pmatrix}$$

$$\xrightarrow[r_3 \times \frac{1}{3}]{r_2 \times \frac{1}{2}} \begin{pmatrix} 1 & 3 & 1 & 4 \\ 0 & 3 & -2 & 2 \\ 0 & -3 & 2 & -2 \end{pmatrix} \xrightarrow{r_3 + r_2} \underset{\text{(行梯形矩阵)}}{\begin{pmatrix} 1 & 3 & 1 & 4 \\ 0 & 3 & -2 & 2 \\ 0 & 0 & 0 & 0 \end{pmatrix}}$$

$$\xrightarrow{r_2 \times \frac{1}{3}} \begin{pmatrix} 1 & 3 & 1 & 4 \\ 0 & 1 & -\dfrac{2}{3} & \dfrac{2}{3} \\ 0 & 0 & 0 & 0 \end{pmatrix} \xrightarrow{r_1 - 3r_2} \begin{pmatrix} 1 & 0 & 3 & 2 \\ 0 & 1 & -\dfrac{2}{3} & \dfrac{2}{3} \\ 0 & 0 & 0 & 0 \end{pmatrix}.$$

（行最简形矩阵）

对于行最简形矩阵再实施初等列变换，可将矩阵化为更简单的形式，例如，我们将例 2.16 中的行最简形矩阵再实施初等列变换，得

$$\begin{pmatrix} 1 & 0 & 3 & 2 \\ 0 & 1 & -\dfrac{2}{3} & \dfrac{2}{3} \\ 0 & 0 & 0 & 0 \end{pmatrix} \xrightarrow[c_3 + \frac{2}{3}c_2]{c_3 - 3c_1} \begin{pmatrix} 1 & 0 & 0 & 2 \\ 0 & 1 & 0 & \dfrac{2}{3} \\ 0 & 0 & 0 & 0 \end{pmatrix} \xrightarrow[c_4 - \frac{2}{3}c_2]{c_4 - 2c_1} \begin{pmatrix} 1 & 0 & 0 & 0 \\ 0 & 1 & 0 & 0 \\ 0 & 0 & 0 & 0 \end{pmatrix} = \boldsymbol{F}.$$

最后一个矩阵 $\boldsymbol{F}$ 称为矩阵 $\boldsymbol{A}$ 的标准形，利用分块矩阵可表示为

$$\boldsymbol{F} = \begin{pmatrix} \boldsymbol{E}_2 & \boldsymbol{O} \\ \boldsymbol{O} & \boldsymbol{O} \end{pmatrix}.$$

对于一般的矩阵，有下面的结论.

定理 2.1 设 $\boldsymbol{A}$ 是 $m \times n$ 矩阵.

（1）矩阵 $\boldsymbol{A}$ 总可以经过若干次初等行变换化为行梯形矩阵.

（2）矩阵 $\boldsymbol{A}$ 总可以经过若干次初等行变换化为行最简形矩阵.

（3）矩阵 $\boldsymbol{A}$ 总可以经过若干次初等变换化为标准形 $\boldsymbol{F} = \begin{pmatrix} \boldsymbol{E}_r & \boldsymbol{O} \\ \boldsymbol{O} & \boldsymbol{O} \end{pmatrix}_{m \times n}$，其中 r 为行阶梯形矩阵中非零行的行数.

2.3.2 初等矩阵

下面介绍与初等变换密切相关的初等矩阵.

定义 2.12 由单位矩阵 $\boldsymbol{E}$ 经过一次初等变换得到的矩阵称为**初等矩阵**.

那么 3 种初等变换对应 3 种初等矩阵.

微课：初等
矩阵的定义

（1）把单位矩阵中的第 i, j 两行互换（或第 i, j 两列互换），得到第 1 种初等矩阵 $\boldsymbol{E}(i, j)$，即

$$\boldsymbol{E}(i, j) = \begin{pmatrix} 1 & & & & & & & & & \\ & \ddots & & & & & & & & \\ & & 1 & & & & & & & \\ & & & 0 & \cdots & \cdots & \cdots & 1 & & \\ & & & \vdots & 1 & & & \vdots & & \\ & & & \vdots & & \ddots & & \vdots & & \\ & & & \vdots & & & 1 & \vdots & & \\ & & & 1 & \cdots & \cdots & \cdots & 0 & & \\ & & & & & & & & 1 & \\ & & & & & & & & & \ddots \\ & & & & & & & & & & 1 \end{pmatrix} \begin{matrix} \\ \\ \\ 第i行 \\ \\ \\ \\ 第j行 \\ \\ \\ \\ \end{matrix}.$$

第 i 列　　　　第 j 列

（2）把数 $k\neq 0$ 乘以单位矩阵的第 i 行（或第 i 列），得到第 2 种初等矩阵 $\boldsymbol{E}[i(k)]$，即

$$\boldsymbol{E}[i(k)]=\begin{pmatrix}1&&&&&&\\&\ddots&&&&&\\&&1&&&&\\&&&\overset{\text{第}i\text{列}}{k}&&&\\&&&&1&&\\&&&&&\ddots&\\&&&&&&1\end{pmatrix}\begin{matrix}\\ \\ \\ \text{第}i\text{行}\\ \\ \\ \\ \end{matrix}.$$

（3）把数 k 乘以单位矩阵的第 j 行加到第 i 行上（或把数 k 乘单位矩阵的第 j 列加到第 i 列上），得到第 3 种初等矩阵 $\boldsymbol{E}[i+j(k),j]$（或 $\boldsymbol{E}[j,i+j(k)]$），即

$$\boldsymbol{E}[i+j(k),j]=\begin{pmatrix}1&&&&&&\\&\ddots&&&&&\\&&\overset{\text{第}i\text{列}}{1}&\cdots&\overset{\text{第}j\text{列}}{k}&&\\&&&\ddots&\vdots&&\\&&&&1&&\\&&&&&\ddots&\\&&&&&&1\end{pmatrix}\begin{matrix}\\ \\ \text{第}i\text{行}\\ \\ \text{第}j\text{行}\\ \\ \\ \end{matrix},$$

或

$$\boldsymbol{E}[j,i+j(k)]=\begin{pmatrix}1&&&&&&\\&\ddots&&&&&\\&&\overset{\text{第}i\text{列}}{1}&&&&\\&&\vdots&\ddots&&&\\&&k&\cdots&\overset{\text{第}j\text{列}}{1}&&\\&&&&&\ddots&\\&&&&&&1\end{pmatrix}\begin{matrix}\\ \\ \text{第}i\text{行}\\ \\ \text{第}j\text{行}\\ \\ \\ \end{matrix}.$$

例如，

$$\boldsymbol{E}(1,2)=\begin{pmatrix}0&1&0\\1&0&0\\0&0&1\end{pmatrix},\quad \boldsymbol{E}[i(2)]=\begin{pmatrix}1&0&0\\0&2&0\\0&0&1\end{pmatrix},\quad \boldsymbol{E}\left(1+2\left(\frac{1}{3}\right),2\right)=\begin{pmatrix}1&\frac{1}{3}&0\\0&1&0\\0&0&1\end{pmatrix}$$

均为三阶初等矩阵.

很容易证明初等矩阵有以下结论.

定理 2.2 设 $\boldsymbol{A}$ 是一个 $m\times n$ 矩阵，对 $\boldsymbol{A}$ 施行一次初等行变换，相当于在 $\boldsymbol{A}$ 的左边乘以相应的 m 阶初等矩阵；对 $\boldsymbol{A}$ 施行一次初等列变换，相当于在 $\boldsymbol{A}$ 的右边乘以相应的 n 阶初等矩阵.

微课：初等矩阵的性质

例如，设$A=\begin{pmatrix}3&0&1\\1&-1&2\\0&1&1\end{pmatrix}$，则有

$$A=\begin{pmatrix}3&0&1\\1&-1&2\\0&1&1\end{pmatrix}\xrightarrow{r_1\leftrightarrow r_2}\begin{pmatrix}1&-1&2\\3&0&1\\0&1&1\end{pmatrix},$$

$$E(1,2)A=\begin{pmatrix}0&1&0\\1&0&0\\0&0&1\end{pmatrix}\begin{pmatrix}3&0&1\\1&-1&2\\0&1&1\end{pmatrix}=\begin{pmatrix}1&-1&2\\3&0&1\\0&1&1\end{pmatrix}.$$

再如

$$A=\begin{pmatrix}3&0&1\\1&-1&2\\0&1&1\end{pmatrix}\xrightarrow{c_1+2c_3}\begin{pmatrix}5&0&1\\5&-1&2\\2&1&1\end{pmatrix},$$

$$AE(3,1+3(2))=\begin{pmatrix}3&0&1\\1&-1&2\\0&1&1\end{pmatrix}\begin{pmatrix}1&0&0\\0&1&0\\2&0&1\end{pmatrix}=\begin{pmatrix}5&0&1\\5&-1&2\\2&1&1\end{pmatrix}.$$

【即时提问 2.3】已知$P_1P_2A=B$，其中P_1,P_2为初等矩阵，则矩阵B是由矩阵A先进行P_1对应的初等行变换，再进行P_2对应的初等行变换得到．以上说法是否正确？请说明理由．

例 2.17 求矩阵$A=\begin{pmatrix}1&0&0\\0&1&1\\1&1&0\end{pmatrix}$的标准形，并用初等矩阵表示初等变换．

解

$$A=\begin{pmatrix}1&0&0\\0&1&1\\1&1&0\end{pmatrix}\overset{r_3-r_1}{\rightarrow}\begin{pmatrix}1&0&0\\0&1&1\\0&1&0\end{pmatrix}\overset{r_2\leftrightarrow r_3}{\rightarrow}\begin{pmatrix}1&0&0\\0&1&0\\0&1&1\end{pmatrix}\overset{r_3-r_2}{\rightarrow}\begin{pmatrix}1&0&0\\0&1&0\\0&0&1\end{pmatrix}=E.$$

记

$$P_1=\begin{pmatrix}1&0&0\\0&1&0\\-1&0&1\end{pmatrix},\ P_2=\begin{pmatrix}1&0&0\\0&0&1\\0&1&0\end{pmatrix},\ P_3=\begin{pmatrix}1&0&0\\0&1&0\\0&-1&1\end{pmatrix},$$

则有$P_3P_2P_1A=E$．

例 2.18 已知矩阵$A=\begin{pmatrix}a_{11}&a_{12}&a_{13}&a_{14}\\a_{21}&a_{22}&a_{23}&a_{24}\\a_{31}&a_{32}&a_{33}&a_{34}\\a_{41}&a_{42}&a_{43}&a_{44}\end{pmatrix}$，$B=\begin{pmatrix}a_{14}&a_{13}&a_{12}&a_{11}\\a_{24}&a_{23}&a_{22}&a_{21}\\a_{34}&a_{33}&a_{32}&a_{31}\\a_{44}&a_{43}&a_{42}&a_{41}\end{pmatrix}$，

$$P_1=\begin{pmatrix}0&0&0&1\\0&1&0&0\\0&0&1&0\\1&0&0&0\end{pmatrix},\quad P_2=\begin{pmatrix}1&0&0&0\\0&0&1&0\\0&1&0&0\\0&0&0&1\end{pmatrix}，则 B=（\quad）.$$

A. AP_1P_2　　B. P_1AP_2　　C. P_1P_2A　　D. P_2P_1A

解 矩阵B是矩阵A经过初等列变换得到的，可以采取两种方式.

方式1：把矩阵A的第1列与第4列交换，得AP_1，再把AP_1的第2列与第3列交换，得AP_1P_2.

方式2：把矩阵A的第2列与第3列交换，得AP_2，再把AP_2的第1列与第4列交换，得AP_2P_1.

所以$B=AP_1P_2$或$B=AP_2P_1$.

故应选A.

例2.19 与矩阵$A=\begin{pmatrix}1&2&0\\2&4&0\\0&0&4\end{pmatrix}$等价的矩阵是（　　）.

A. $\begin{pmatrix}1&0&0\\0&0&0\\0&0&0\end{pmatrix}$　　B. $\begin{pmatrix}1&0&0\\0&2&0\\0&0&0\end{pmatrix}$　　C. $\begin{pmatrix}1&0&0\\0&2&0\\0&0&3\end{pmatrix}$　　D. $\begin{pmatrix}1&0&0\\0&2&0\\0&0&4\end{pmatrix}$

解 对矩阵A作初等变换，得

$$A=\begin{pmatrix}1&2&0\\2&4&0\\0&0&4\end{pmatrix}\xrightarrow{r_2-2r_1}\begin{pmatrix}1&2&0\\0&0&0\\0&0&4\end{pmatrix}\xrightarrow{r_2\leftrightarrow r_3}\begin{pmatrix}1&2&0\\0&0&4\\0&0&0\end{pmatrix}\xrightarrow{c_2-2c_1}\begin{pmatrix}1&0&0\\0&0&4\\0&0&0\end{pmatrix}$$

$$\xrightarrow{c_2\leftrightarrow c_3}\begin{pmatrix}1&0&0\\0&4&0\\0&0&0\end{pmatrix}\xrightarrow{c_2\times\frac{1}{2}}\begin{pmatrix}1&0&0\\0&2&0\\0&0&0\end{pmatrix}.$$

故应选B.

同步习题2.3

基础题

1. 设$A=\begin{pmatrix}a_{11}&a_{12}&a_{13}\\a_{21}&a_{22}&a_{23}\\a_{31}&a_{32}&a_{33}\end{pmatrix}$，$B=\begin{pmatrix}a_{21}&a_{22}&a_{23}\\a_{11}&a_{12}&a_{13}\\a_{31}+a_{11}&a_{32}+a_{12}&a_{33}+a_{13}\end{pmatrix}$，$P_1=\begin{pmatrix}0&1&0\\1&0&0\\0&0&1\end{pmatrix}$，$P_2=\begin{pmatrix}1&0&0\\0&1&0\\1&0&1\end{pmatrix}$，则必有（　　）.

A．$AP_1P_2 = B$　　B．$AP_2P_1 = B$　　C．$P_1P_2A = B$　　D．$P_2P_1A = B$

2．设 $A = \begin{pmatrix} 1 & 2 & 3 \\ 4 & 5 & 6 \\ 7 & 8 & 9 \end{pmatrix}$，$P = \begin{pmatrix} 0 & 0 & 1 \\ 0 & 1 & 0 \\ 1 & 0 & 0 \end{pmatrix}$，$Q = \begin{pmatrix} 1 & 0 & 0 \\ 0 & 0 & 1 \\ 0 & 1 & 0 \end{pmatrix}$，求 $P^{20}AQ^{21}$.

3．下列各矩阵，初等矩阵是（　　）.

A．$\begin{pmatrix} 0 & 1 & 0 \\ 0 & 0 & 1 \\ 1 & 0 & 0 \end{pmatrix}$　　B．$\begin{pmatrix} 0 & 0 & 1 \\ 0 & 1 & 0 \\ 2 & 0 & 0 \end{pmatrix}$　　C．$\begin{pmatrix} 1 & 0 & 2 \\ 0 & 1 & 0 \\ 0 & 0 & 1 \end{pmatrix}$　　D．$\begin{pmatrix} 0 & 0 & 1 \\ 0 & 1 & 0 \\ 1 & 0 & 2 \end{pmatrix}$

提高题

1．$\begin{pmatrix} 0 & 0 & 1 \\ 0 & 1 & 0 \\ 1 & 0 & 0 \end{pmatrix}^{2\,000} \begin{pmatrix} 1 & 2 & 3 \\ 4 & 5 & 6 \\ 7 & 8 & 9 \end{pmatrix} \begin{pmatrix} 1 & 0 & 0 \\ 0 & 0 & 1 \\ 0 & 1 & 0 \end{pmatrix}^{2\,001}$ =（　　）.

A．$\begin{pmatrix} 7 & 8 & 9 \\ 4 & 6 & 5 \\ 1 & 3 & 2 \end{pmatrix}$　　B．$\begin{pmatrix} 1 & 3 & 2 \\ 4 & 6 & 5 \\ 7 & 9 & 8 \end{pmatrix}$　　C．$\begin{pmatrix} 3 & 1 & 2 \\ 5 & 6 & 4 \\ 7 & 9 & 8 \end{pmatrix}$　　D．$\begin{pmatrix} 7 & 8 & 9 \\ 4 & 6 & 5 \\ 1 & 2 & 3 \end{pmatrix}$

2．设 A 为三阶方阵，将 A 的第 1 列与第 2 列交换得矩阵 B，再把矩阵 B 的第 2 列加到第 3 列得矩阵 C，则 $C =$（　　）.

A．$AE(1,2)E(2,3+2(1))$　　B．$AE(2+3(1),3)E(1,2)$

C．$AE(1,2)E(3+2(1),2)$　　D．$AE(3+2(1),2)E(1,2)$

2.4 逆矩阵

在数的运算中，当数 $a \neq 0$ 时，有 $a \cdot a^{-1} = a^{-1} \cdot a = 1$，其中 a^{-1} 为 a 的倒数．在矩阵的乘法运算中，单位矩阵 E 相当于数的乘法运算中的 1，那么对于方阵 A，是否存在一个矩阵 A^{-1}，使 $AA^{-1} = A^{-1}A = E$ 呢？

2.4.1 逆矩阵的定义

定义 2.13　对于 n 阶方阵 A，如果有一个 n 阶方阵 B，使 $AB = BA = E$，则称矩阵 A 可逆，矩阵 B 为 A 的逆矩阵，简称逆阵.

需要注意的是，如果方阵 A 可逆，则 A 的逆阵是唯一的.

这是因为，若方阵 B, C 都是方阵 A 的逆阵，则有

$$AB = BA = E，\quad AC = CA = E，$$

微课：逆矩阵的定义

可推出

$$B = BE = B(AC) = (BA)C = EC = C，$$

即 $\boldsymbol{B}=\boldsymbol{C}$.

于是我们将方阵 $\boldsymbol{A}$ 的（唯一的）逆阵记作 $\boldsymbol{A}^{-1}$，而 $\boldsymbol{A}^{-1}$ 满足

$$\boldsymbol{A}\boldsymbol{A}^{-1}=\boldsymbol{A}^{-1}\boldsymbol{A}=\boldsymbol{E}.$$

例 2.20 已知 $\boldsymbol{A}=\begin{pmatrix}2&1\\5&3\end{pmatrix}$，$\boldsymbol{B}=\begin{pmatrix}3&-1\\-5&2\end{pmatrix}$，根据定义验证 $\boldsymbol{B}=\boldsymbol{A}^{-1}$.

解 因为

$$\begin{pmatrix}2&1\\5&3\end{pmatrix}\begin{pmatrix}3&-1\\-5&2\end{pmatrix}=\begin{pmatrix}1&0\\0&1\end{pmatrix}，且 \begin{pmatrix}3&-1\\-5&2\end{pmatrix}\begin{pmatrix}2&1\\5&3\end{pmatrix}=\begin{pmatrix}1&0\\0&1\end{pmatrix},$$

故 $\boldsymbol{B}=\boldsymbol{A}^{-1}$.

例 2.21 已知 $\boldsymbol{A}=\begin{pmatrix}a_1&&&\\&a_2&&\\&&\ddots&\\&&&a_n\end{pmatrix}$，$a_1,\cdots,a_n\neq 0$，求 $\boldsymbol{A}^{-1}$.

解 记

$$\boldsymbol{B}=\begin{pmatrix}\dfrac{1}{a_1}&&&\\&\dfrac{1}{a_2}&&\\&&\ddots&\\&&&\dfrac{1}{a_n}\end{pmatrix},$$

因为 $\boldsymbol{AB}=\boldsymbol{BA}=\boldsymbol{E}$，故

$$\begin{pmatrix}a_1&&&\\&a_2&&\\&&\ddots&\\&&&a_n\end{pmatrix}^{-1}=\begin{pmatrix}\dfrac{1}{a_1}&&&\\&\dfrac{1}{a_2}&&\\&&\ddots&\\&&&\dfrac{1}{a_n}\end{pmatrix}.$$

这说明可逆的对角矩阵的逆矩阵仍为对角矩阵，其逆矩阵等于对角线元素取倒数.

2.4.2 矩阵可逆的充要条件

微课：矩阵可逆的充要条件

定理 2.3 n 阶方阵 $\boldsymbol{A}$ 可逆的充要条件是 $|\boldsymbol{A}|\neq 0$，且 $\boldsymbol{A}^{-1}=\dfrac{1}{|\boldsymbol{A}|}\boldsymbol{A}^{*}$.

证明 必要性.

因为方阵 $\boldsymbol{A}$ 可逆，则有 $\boldsymbol{A}\boldsymbol{A}^{-1}=\boldsymbol{E}$，故 $|\boldsymbol{A}||\boldsymbol{A}^{-1}|=|\boldsymbol{E}|=1$，所以 $|\boldsymbol{A}|\neq 0$.

充分性.

由例 2.14 知 $\boldsymbol{A}\boldsymbol{A}^{*}=\boldsymbol{A}^{*}\boldsymbol{A}=|\boldsymbol{A}|\boldsymbol{E}$，因为 $|\boldsymbol{A}|\neq 0$，故有

$$A\left(\frac{1}{|A|}A^*\right)=\left(\frac{1}{|A|}A^*\right)A=E,$$

所以由矩阵可逆的定义知，方阵A可逆，且有$A^{-1}=\frac{1}{|A|}A^*$.

例 2.22 已知$A=\begin{pmatrix} a & b \\ c & d \end{pmatrix}$,$ad-bc\neq 0$，求$A$的逆矩阵.

解 $A^{-1}=\frac{1}{|A|}A^*=\frac{1}{ad-bc}\begin{pmatrix} d & -b \\ -c & a \end{pmatrix}$.

当方阵A可逆时，有下述运算性质.

性质 2.7 设A为n阶方阵.

（1）若A可逆，则A^{-1}也可逆，且有$(A^{-1})^{-1}=A$.

（2）若A可逆，则A^{T}可逆，且有$(A^{\mathrm{T}})^{-1}=(A^{-1})^{\mathrm{T}}$.

（3）若A可逆，则kA可逆，且有$(kA)^{-1}=\frac{1}{k}A^{-1}(k\neq 0)$.

（4）若A和B均为同阶可逆方阵，则AB, BA均可逆，且有$(AB)^{-1}=B^{-1}A^{-1}$，$(BA)^{-1}=A^{-1}B^{-1}$.

（5）若方阵A可逆，矩阵B, C满足$AB=AC$或$BA=CA$，则有$B=C$（即矩阵乘法满足左消去律和右消去律）.

很容易证明（1）（2）（5）成立，这里只证明（3）和（4）.

证明 （3）因为$|A|\neq 0$，所以$|kA|=k^n|A|\neq 0$，于是kA可逆.
又因为

$$\left(\frac{1}{k}A^{-1}\right)(kA)=A^{-1}A=E,$$

所以有

$$(kA)^{-1}=\frac{1}{k}A^{-1}(k\neq 0).$$

（4）因为$|A|\neq 0$，$|B|\neq 0$，$|AB|=|BA|=|A||B|\neq 0$，于是AB, BA均可逆. 又因为

$$(B^{-1}A^{-1})(AB)=B^{-1}(A^{-1}A)B=B^{-1}B=E,$$

所以有$(AB)^{-1}=B^{-1}A^{-1}$.

同理可证$(BA)^{-1}=A^{-1}B^{-1}$.

另由（4）可以推出，若$A_1,A_2,\cdots,A_n$均为同阶可逆矩阵，则$A_1A_2\cdots A_n$可逆，且$(A_1A_2\cdots A_n)^{-1}=A_n^{-1}A_{n-1}^{-1}\cdots A_1^{-1}$.

性质 2.8 若$AB=E$（或$BA=E$），则有$B=A^{-1}$，$A=B^{-1}$.

证明 因为$AB=E$，取行列式得$|A||B|=|E|=1$，有$|A|\neq 0$，于是A可逆. 用A^{-1}同时左乘等式$AB=E$的两边得

$$A^{-1}AB=A^{-1}E,$$

即$B=A^{-1}$.

【即时提问 2.4】已知A,B,C均为n阶方阵，满足$AB=CA=E$，则$B=C$.
以上说法是否正确？请说明理由.

例 2.23 若n阶方阵A满足$A^2-2A-3E=O$，求$(A+5E)^{-1}$.

微课：例2.23

解 由矩阵方程$A^2-2A-3E=O$得$(A+5E)(A-7E)=-32E$，
从而有

$$(A+5E)\left(-\frac{1}{32}(A-7E)\right)=E,$$

故$(A+5E)^{-1}=-\frac{1}{32}(A-7E)$.

性质 2.9 初等矩阵的逆矩阵仍为同类型的初等矩阵，且有

$$E^{-1}(i,j)=E(i,j)，\ E^{-1}(i(k))=E\left(i\left(\frac{1}{k}\right)\right),$$

$$E^{-1}(i+j(k),j)=E(i+j(-k),j)，\ E^{-1}(j,i+j(k))=E(j,i+j(-k)).$$

证明 由$E(i,j)E(i,j)=E$得$E^{-1}(i,j)=E(i,j)$.
由$E(i(k))E\left(i\left(\frac{1}{k}\right)\right)=E$得$E^{-1}(i(k))=E\left(i\left(\frac{1}{k}\right)\right)$.
由$E(i+j(k),j)E(i+j(-k),j)=E$得$E^{-1}(i+j(k),j)=E(i+j(-k),j)$.
同理得$E^{-1}(j,i+j(k))=E(j,i+j(-k))$.

2.4.3 矩阵之间的等价关系

矩阵A与B等价的定义在定义 2.11 已给出了，下面我们针对可逆矩阵展开讨论.

定理 2.4 方阵A可逆的充分必要条件是存在有限个初等矩阵$P_1,P_2,\cdots,P_s$，使$A=P_1P_2\cdots P_s$.

证明 充分性.
因为$A=P_1P_2\cdots P_s$，且初等矩阵可逆，则有限个初等矩阵的积仍可逆，所以方阵A可逆.
必要性.
设n阶方阵A可逆，由定理 2.1 知方阵A可以经过有限次初等变换化成标准形矩阵，即

$$F=\begin{pmatrix} E_r & O \\ O & O \end{pmatrix}_{n\times n}.$$

既然$A\cong F$，也有$F\cong A$，故存在初等矩阵$P_1,P_2,\cdots,P_s$，使

$$A=P_1\cdots P_tFP_{t+1}\cdots P_s.$$

又因为A可逆，且$P_1,P_2,\cdots,P_s$可逆，故F可逆.

假设F中的$r<n$，则有$|F|=0$，这与F可逆相矛盾，故有$r=n$，即$F=E$，从而

$$A=P_1P_2\cdots P_s.$$

定理 2.5 设A,B均为$m\times n$矩阵，则$A\cong B$的充分必要条件是存在m阶可逆矩阵P和n阶可逆矩阵Q，使$PAQ=B$.

证明 根据定义 2.11 矩阵的等价和定理 2.2 可知，$A\cong B$的充要条件是A经过有限次初

等变换化成$\boldsymbol{B}$，即存在有限个m阶可逆矩阵$\boldsymbol{P}_1,\boldsymbol{P}_2,\cdots,\boldsymbol{P}_s$及有限个$n$阶可逆矩阵$\boldsymbol{Q}_1,\boldsymbol{Q}_2,\cdots,\boldsymbol{Q}_t$，使$\boldsymbol{P}_1\boldsymbol{P}_2\cdots\boldsymbol{P}_s\boldsymbol{A}\boldsymbol{Q}_1\boldsymbol{Q}_2\cdots\boldsymbol{Q}_t=\boldsymbol{B}$.

令$\boldsymbol{P}=\boldsymbol{P}_1\boldsymbol{P}_2\cdots\boldsymbol{P}_s$，$\boldsymbol{Q}=\boldsymbol{Q}_1\boldsymbol{Q}_2\cdots\boldsymbol{Q}_t$，则存在$m$阶可逆矩阵$\boldsymbol{P}$和$n$阶可逆矩阵$\boldsymbol{Q}$，使$\boldsymbol{PAQ}=\boldsymbol{B}$.

在这里，定理2.4再次给出了方阵$\boldsymbol{A}$可逆的充分必要条件，同时也给出另一种求逆矩阵的方法. 其原理如下.

若方阵$\boldsymbol{A}$可逆，则$\boldsymbol{A}^{-1}$可逆，即存在有限个初等矩阵$\boldsymbol{P}_1,\boldsymbol{P}_2,\cdots,\boldsymbol{P}_s$，使$\boldsymbol{A}^{-1}=\boldsymbol{P}_1\boldsymbol{P}_2\cdots\boldsymbol{P}_s$. 两边右乘$\boldsymbol{A}$，得

$$\boldsymbol{P}_1\boldsymbol{P}_2\cdots\boldsymbol{P}_s\boldsymbol{A}=\boldsymbol{A}^{-1}\boldsymbol{A}=\boldsymbol{E}. \tag{2.4}$$

式（2.4）也可写为

$$\boldsymbol{P}_1\boldsymbol{P}_2\cdots\boldsymbol{P}_s\boldsymbol{E}=\boldsymbol{A}^{-1}. \tag{2.5}$$

对比式（2.4）与式（2.5）可知，当$\boldsymbol{A}$经过一系列的初等行变换化为$\boldsymbol{E}$时，对单位矩阵$\boldsymbol{E}$作同样的初等行变换可化为$\boldsymbol{A}^{-1}$. 用分块矩阵的形式，式（2.4）和式（2.5）可合并为

$$\boldsymbol{P}_1\boldsymbol{P}_2\cdots\boldsymbol{P}_s(\boldsymbol{A}\,\vdots\,\boldsymbol{E})=(\boldsymbol{E}\,\vdots\,\boldsymbol{A}^{-1}).$$

即对$n\times 2n$矩阵$(\boldsymbol{A}\,\vdots\,\boldsymbol{E})$施行初等行变换，当把$\boldsymbol{A}$变成$\boldsymbol{E}$时，原来的$\boldsymbol{E}$就变成了$\boldsymbol{A}^{-1}$.

类似地，我们也可以用初等列变换来求方阵$\boldsymbol{A}$的逆矩阵，即由$\boldsymbol{A}$与$\boldsymbol{E}$组成$2n\times n$矩阵$\begin{pmatrix}\boldsymbol{A}\\ \cdots\\ \boldsymbol{E}\end{pmatrix}$并对之施行一系列初等列变换，当把$\boldsymbol{A}$变成$\boldsymbol{E}$时，原来的$\boldsymbol{E}$就变成了$\boldsymbol{A}^{-1}$.

综上，我们得到求矩阵逆的两个公式如下.

$$(\boldsymbol{A}\,\vdots\,\boldsymbol{E})\xrightarrow{\text{行变换}}(\boldsymbol{E}\,\vdots\,\boldsymbol{A}^{-1}),\quad \begin{pmatrix}\boldsymbol{A}\\ \cdots\\ \boldsymbol{E}\end{pmatrix}\xrightarrow{\text{列变换}}\begin{pmatrix}\boldsymbol{E}\\ \cdots\\ \boldsymbol{A}^{-1}\end{pmatrix}.$$

例 2.24 求矩阵的逆，其中$\boldsymbol{A}=\begin{pmatrix}1&1&2\\-1&2&0\\1&1&3\end{pmatrix}$.

解 使用初等行变换求逆公式.

$$(\boldsymbol{A}\,\vdots\,\boldsymbol{E})=\left(\begin{array}{ccc:ccc}1&1&2&1&0&0\\-1&2&0&0&1&0\\1&1&3&0&0&1\end{array}\right)\xrightarrow[r_3-r_1]{r_2+r_1}\left(\begin{array}{ccc:ccc}1&1&2&1&0&0\\0&3&2&1&1&0\\0&0&1&-1&0&1\end{array}\right)$$

$$\xrightarrow{r_2\times\frac{1}{3}}\left(\begin{array}{ccc:ccc}1&1&2&1&0&0\\0&1&\frac{2}{3}&\frac{1}{3}&\frac{1}{3}&0\\0&0&1&-1&0&1\end{array}\right)\xrightarrow{r_1-r_2}\left(\begin{array}{ccc:ccc}1&0&\frac{4}{3}&\frac{2}{3}&-\frac{1}{3}&0\\0&1&\frac{2}{3}&\frac{1}{3}&\frac{1}{3}&0\\0&0&1&-1&0&1\end{array}\right)$$

$$\xrightarrow[r_2-\frac{2}{3}r_3]{r_1-\frac{4}{3}r_3}\left(\begin{array}{ccc:ccc}1&0&0&2&-\frac{1}{3}&-\frac{4}{3}\\0&1&0&1&\frac{1}{3}&-\frac{2}{3}\\0&0&1&-1&0&1\end{array}\right),$$

所以

$$A^{-1}=\begin{pmatrix}2&-\frac{1}{3}&-\frac{4}{3}\\1&\frac{1}{3}&-\frac{2}{3}\\-1&0&1\end{pmatrix}.$$

我们可以使用定义来验证所求结果的正确性．事实上，

$$AA^{-1}=\begin{pmatrix}1&1&2\\-1&2&0\\1&1&3\end{pmatrix}\begin{pmatrix}2&-\frac{1}{3}&-\frac{4}{3}\\1&\frac{1}{3}&-\frac{2}{3}\\-1&0&1\end{pmatrix}=\begin{pmatrix}1&0&0\\0&1&0\\0&0&1\end{pmatrix}.$$

例 2.25 已知$\boldsymbol{A},\boldsymbol{B}$为三阶矩阵，且满足$2\boldsymbol{A}^{-1}\boldsymbol{B}=\boldsymbol{B}-4\boldsymbol{E}$，其中$\boldsymbol{E}$为三阶单位矩阵．

（1）证明：$\boldsymbol{A}-2\boldsymbol{E}$可逆．（2）若$\boldsymbol{B}=\begin{pmatrix}1&-2&0\\1&2&0\\0&0&2\end{pmatrix}$，求矩阵$\boldsymbol{A}$．

解 （1）由$2\boldsymbol{A}^{-1}\boldsymbol{B}=\boldsymbol{B}-4\boldsymbol{E}$得$2\boldsymbol{B}=\boldsymbol{AB}-4\boldsymbol{A}$，即$\boldsymbol{AB}-2\boldsymbol{B}-4\boldsymbol{A}=\boldsymbol{O}$，从而$(\boldsymbol{A}-2\boldsymbol{E})(\boldsymbol{B}-4\boldsymbol{E})=8\boldsymbol{E}$，即$(\boldsymbol{A}-2\boldsymbol{E})\left[\frac{1}{8}(\boldsymbol{B}-4\boldsymbol{E})\right]=\boldsymbol{E}$．

由定义知$\boldsymbol{A}-2\boldsymbol{E}$可逆，且$(\boldsymbol{A}-2\boldsymbol{E})^{-1}=\frac{1}{8}(\boldsymbol{B}-4\boldsymbol{E})$．

（2）由$(\boldsymbol{A}-2\boldsymbol{E})\left[\frac{1}{8}(\boldsymbol{B}-4\boldsymbol{E})\right]=\boldsymbol{E}$得$\boldsymbol{A}-2\boldsymbol{E}=\left[\frac{1}{8}(\boldsymbol{B}-4\boldsymbol{E})\right]^{-1}$，则$\boldsymbol{A}=2\boldsymbol{E}+8(\boldsymbol{B}-4\boldsymbol{E})^{-1}$．

使用初等行变换求逆．

$$(\boldsymbol{B}-4\boldsymbol{E}\,\vdots\,\boldsymbol{E})=\left(\begin{array}{ccc:ccc}-3&-2&0&1&0&0\\1&-2&0&0&1&0\\0&0&-2&0&0&1\end{array}\right)\xrightarrow{r_1\leftrightarrow r_2}\left(\begin{array}{ccc:ccc}1&-2&0&0&1&0\\-3&-2&0&1&0&0\\0&0&-2&0&0&1\end{array}\right)$$

$$\xrightarrow{r_2+3r_1}\left(\begin{array}{ccc:ccc}1&-2&0&0&1&0\\0&-8&0&1&3&0\\0&0&-2&0&0&1\end{array}\right)\xrightarrow[-\frac{1}{2}r_3]{-\frac{1}{8}r_2}\left(\begin{array}{ccc:ccc}1&-2&0&0&1&0\\0&1&0&-\frac{1}{8}&-\frac{3}{8}&0\\0&0&1&0&0&-\frac{1}{2}\end{array}\right)$$

$$\xrightarrow{r_1+2r_2}\left(\begin{array}{ccc:ccc}1&0&0&-\frac{1}{4}&\frac{1}{4}&0\\0&1&0&-\frac{1}{8}&-\frac{3}{8}&0\\0&0&1&0&0&-\frac{1}{2}\end{array}\right),$$

所以

$$(\boldsymbol{B}-4\boldsymbol{E})^{-1}=\begin{pmatrix}-3&-2&0\\1&-2&0\\0&0&-2\end{pmatrix}^{-1}=\begin{pmatrix}-\frac{1}{4}&\frac{1}{4}&0\\-\frac{1}{8}&-\frac{3}{8}&0\\0&0&-\frac{1}{2}\end{pmatrix}.$$

故

$$\boldsymbol{A}=2\boldsymbol{E}+8(\boldsymbol{B}-4\boldsymbol{E})^{-1}=2\begin{pmatrix}1&0&0\\0&1&0\\0&0&1\end{pmatrix}+8\begin{pmatrix}-\frac{1}{4}&\frac{1}{4}&0\\-\frac{1}{8}&-\frac{3}{8}&0\\0&0&-\frac{1}{2}\end{pmatrix}=\begin{pmatrix}0&2&0\\-1&-1&0\\0&0&-2\end{pmatrix}.$$

2.4.4 解矩阵方程

矩阵运算中，经常需要求解一些矩阵方程，例如，$\boldsymbol{AX}=\boldsymbol{C}$，$\boldsymbol{XB}=\boldsymbol{C}$，$\boldsymbol{AXB}=\boldsymbol{C}$．若已知矩阵 $\boldsymbol{A},\boldsymbol{B}$ 可逆，则根据逆矩阵的运算法则可以得到矩阵方程的解．

（1）矩阵方程为 $\boldsymbol{AX}=\boldsymbol{C}$，其中矩阵 $\boldsymbol{A}$ 可逆．

方法 1 等式两端左乘 $\boldsymbol{A}^{-1}$，得 $\boldsymbol{X}=\boldsymbol{A}^{-1}\boldsymbol{C}$．

方法 2 使用初等变换解矩阵方程，即 $(\boldsymbol{A}\,\vdots\,\boldsymbol{C})\xrightarrow{\text{行变换}}(\boldsymbol{E}\,\vdots\,\boldsymbol{X})$．

（2）矩阵方程为 $\boldsymbol{XB}=\boldsymbol{C}$，其中矩阵 $\boldsymbol{B}$ 可逆．

方法 1 等式两端右乘 $\boldsymbol{B}^{-1}$，得 $\boldsymbol{X}=\boldsymbol{CB}^{-1}$．

方法 2 使用初等变换解矩阵方程，即

$$\begin{pmatrix}\boldsymbol{B}\\ \cdots\\ \boldsymbol{C}\end{pmatrix}\xrightarrow{\text{列变换}}\begin{pmatrix}\boldsymbol{E}\\ \cdots\\ \boldsymbol{X}\end{pmatrix}.$$

（3）矩阵方程为 $\boldsymbol{AXB}=\boldsymbol{C}$，其中矩阵 $\boldsymbol{A},\boldsymbol{B}$ 可逆．

等式两端左乘 $\boldsymbol{A}^{-1}$、右乘 $\boldsymbol{B}^{-1}$，得 $\boldsymbol{X}=\boldsymbol{A}^{-1}\boldsymbol{CB}^{-1}$．

求解矩阵方程的步骤如下：

（1）根据矩阵的运算法则对矩阵方程进行化简；

（2）代入已知矩阵进行运算．

例 2.26　已知 $\boldsymbol{AB}-\boldsymbol{B}=\boldsymbol{A}$，其中 $\boldsymbol{B}=\begin{pmatrix}1 & -2 & 0\\ 2 & 1 & 0\\ 0 & 0 & 2\end{pmatrix}$，求矩阵 $\boldsymbol{A}$.

微课：例2.26

解　由 $\boldsymbol{AB}-\boldsymbol{B}=\boldsymbol{A}$ 得 $\boldsymbol{A}(\boldsymbol{B}-\boldsymbol{E})=\boldsymbol{B}$，计算得

$$\boldsymbol{B}-\boldsymbol{E}=\begin{pmatrix}0 & -2 & 0\\ 2 & 0 & 0\\ 0 & 0 & 1\end{pmatrix}.$$

因为 $|\boldsymbol{B}-\boldsymbol{E}|=4\neq 0$，所以 $\boldsymbol{B}-\boldsymbol{E}$ 可逆，从而 $\boldsymbol{A}=\boldsymbol{B}(\boldsymbol{B}-\boldsymbol{E})^{-1}$. 用初等行变换法可得

$$(\boldsymbol{B}-\boldsymbol{E})^{-1}=\begin{pmatrix}0 & \frac{1}{2} & 0\\ -\frac{1}{2} & 0 & 0\\ 0 & 0 & 1\end{pmatrix},$$

则

$$\boldsymbol{A}=\boldsymbol{B}(\boldsymbol{B}-\boldsymbol{E})^{-1}=\begin{pmatrix}1 & -2 & 0\\ 2 & 1 & 0\\ 0 & 0 & 2\end{pmatrix}\begin{pmatrix}0 & \frac{1}{2} & 0\\ -\frac{1}{2} & 0 & 0\\ 0 & 0 & 1\end{pmatrix}=\begin{pmatrix}1 & \frac{1}{2} & 0\\ -\frac{1}{2} & 1 & 0\\ 0 & 0 & 2\end{pmatrix}.$$

例 2.27　设矩阵 $\boldsymbol{A},\boldsymbol{B}$ 满足 $\boldsymbol{A}^*\boldsymbol{BA}=2\boldsymbol{BA}-8\boldsymbol{E}$，其中 $\boldsymbol{A}=\begin{pmatrix}1 & 0 & 0\\ 0 & -2 & 0\\ 0 & 0 & 1\end{pmatrix}$，求 $\boldsymbol{B}$.

解　由已知条件可得 $|\boldsymbol{A}|=-2$，从而 $\boldsymbol{AA}^*=|\boldsymbol{A}|\boldsymbol{E}=-2\boldsymbol{E}$，等式 $\boldsymbol{A}^*\boldsymbol{BA}=2\boldsymbol{BA}-8\boldsymbol{E}$ 两端左乘 $\boldsymbol{A}$，再右乘 $\boldsymbol{A}^{-1}$ 得 $\boldsymbol{AA}^*\boldsymbol{BAA}^{-1}=2\boldsymbol{ABAA}^{-1}-8\boldsymbol{AA}^{-1}$，即 $-2\boldsymbol{B}=2\boldsymbol{AB}-8\boldsymbol{E}$，整理得 $(\boldsymbol{A}+\boldsymbol{E})\boldsymbol{B}=4\boldsymbol{E}$. 于是有

$$\boldsymbol{B}=4(\boldsymbol{A}+\boldsymbol{E})^{-1}=4\begin{pmatrix}2 & 0 & 0\\ 0 & -1 & 0\\ 0 & 0 & 2\end{pmatrix}^{-1}=4\begin{pmatrix}\frac{1}{2} & 0 & 0\\ 0 & -1 & 0\\ 0 & 0 & \frac{1}{2}\end{pmatrix}=\begin{pmatrix}2 & 0 & 0\\ 0 & -4 & 0\\ 0 & 0 & 2\end{pmatrix}.$$

本节讨论的解矩阵方程 $\boldsymbol{AX}=\boldsymbol{C}$，$\boldsymbol{XB}=\boldsymbol{C}$，$\boldsymbol{AXB}=\boldsymbol{C}$，前提条件是矩阵 $\boldsymbol{A},\boldsymbol{B}$ 可逆. 当矩阵 $\boldsymbol{A},\boldsymbol{B}$ 不可逆时，上述方法不能使用，此类问题将在第 4 章线性方程组中进行讨论求解.

同步习题 2.4

基础题

1．设矩阵$A=\begin{pmatrix}1 & -1\\ 2 & 3\end{pmatrix}$，$B=A^2-3A+2E$，则$B^{-1}=$______．

2．求矩阵A的逆，其中$A=\begin{pmatrix}1 & -1 & -1\\ -3 & 2 & 1\\ 2 & 0 & 1\end{pmatrix}$．

3．已知三阶方阵A的逆矩阵为$A^{-1}=\begin{pmatrix}1 & 1 & 1\\ 1 & 2 & 1\\ 1 & 1 & 3\end{pmatrix}$，试求其伴随矩阵$A^*$的逆矩阵．

4．若n阶方阵A满足$A^2-2A-3E=O$，则矩阵A可逆，且$A^{-1}=$（　　）．

A．$A-2E$　　B．$2E-A$　　C．$-\frac{1}{3}(A-2E)$　　D．$\frac{1}{3}(A-2E)$

5．若n阶方阵A满足$A^2-2A-3E=O$，求$(A-2E)^{-1}$．

6．设$A=\begin{pmatrix}1 & 0 & 1\\ 0 & 2 & 0\\ 0 & 0 & 1\end{pmatrix}$，则$(A+3E)^{-1}(A^2-9E)=$______．

7．设n阶方阵A满足$ax^2+bx+c=0(c\neq 0)$，证明A可逆，并求A^{-1}．

8．已知$AP=PB$，其中$B=\begin{pmatrix}1 & 0 & 0\\ 0 & 0 & 0\\ 0 & 0 & -1\end{pmatrix}$，$P=\begin{pmatrix}1 & 0 & 0\\ 2 & -1 & 0\\ 2 & 1 & 1\end{pmatrix}$，求$A$及$A^5$．

提高题

1．设矩阵$B=\begin{pmatrix}1 & -1 & 0 & 0\\ 0 & 1 & -1 & 0\\ 0 & 0 & 1 & -1\\ 0 & 0 & 0 & 1\end{pmatrix}$，$C=\begin{pmatrix}2 & 1 & 3 & 4\\ 0 & 2 & 1 & 3\\ 0 & 0 & 2 & 1\\ 0 & 0 & 0 & 2\end{pmatrix}$，且满足$A(E-C^{-1}B)^{\mathrm{T}}C^{\mathrm{T}}=E$，其中$E$为四阶单位矩阵，化简上述关系式并求矩阵$A$．

2．设$A^k=O$（k为正整数），求$(E-A)^{-1}$．

3．已知A, B均为n阶方阵，且$AB=A+B$，证明：

（1）$A-E$可逆，其中E为n阶单位矩阵；

（2）$AB = BA$.

4．设A为n阶可逆方阵，A^*为其伴随矩阵，证明A^*可逆，并求$(A^*)^{-1}$.

2.5 矩阵的秩

在2.3节的定理2.1中，给定的$m\times n$矩阵A总可以经过若干次初等变换化为标准形

$$F=\begin{pmatrix} E_r & O \\ O & O \end{pmatrix}_{m\times n},$$

其中r为行阶梯形矩阵中非零行的行数，它是描述矩阵的一个重要指标，这个数r就是本节要讨论的矩阵的秩.

2.5.1 矩阵秩的定义

定义2.14 在$m\times n$矩阵A中，任取k行k列$(k\leqslant m，k\leqslant n)$，位于这些行列交叉处的元素按原来位置构成的$k$阶行列式，称为矩阵$A$的$k$阶子式．例如，$3\times 4$矩阵

$$A=\begin{pmatrix} 1 & 3 & 1 & 4 \\ 2 & 12 & -2 & 12 \\ 2 & -3 & 8 & 2 \end{pmatrix}$$

有二阶子式

$$\begin{vmatrix} 1 & 3 \\ 2 & 12 \end{vmatrix}, \begin{vmatrix} 12 & 12 \\ -3 & 2 \end{vmatrix}, \cdots,$$

有三阶子式

$$\begin{vmatrix} 1 & 3 & 1 \\ 2 & 12 & -2 \\ 2 & -3 & 8 \end{vmatrix}, \begin{vmatrix} 1 & 3 & 4 \\ 2 & 12 & 12 \\ 2 & -3 & 2 \end{vmatrix}, \begin{vmatrix} 3 & 1 & 4 \\ 12 & -2 & 12 \\ -3 & 8 & 2 \end{vmatrix}, \begin{vmatrix} 1 & 1 & 4 \\ 2 & -2 & 12 \\ 2 & 8 & 2 \end{vmatrix}.$$

再比如，三阶方阵

$$B=\begin{pmatrix} 1 & 4 & -8 \\ -5 & 2 & 9 \\ 3 & 6 & 1 \end{pmatrix}$$

有二阶子式

$$\begin{vmatrix} 1 & 4 \\ 3 & 6 \end{vmatrix}, \begin{vmatrix} 4 & -8 \\ 2 & 9 \end{vmatrix}, \cdots,$$

有三阶子式

$$|B|=\begin{vmatrix} 1 & 4 & -8 \\ -5 & 2 & 9 \\ 3 & 6 & 1 \end{vmatrix}.$$

易知一个 $m\times n$ 矩阵 $\boldsymbol{A}$ 共有 $C_m^k C_n^k$ 个 k 阶子式.

定义 2.15 $m\times n$ 矩阵 $\boldsymbol{A}$ 中不为零的最高阶子式的阶数 r，称为矩阵 $\boldsymbol{A}$ 的秩，记为 $r(\boldsymbol{A})=r$. 若一个矩阵没有不等于零的最高阶子式（即零矩阵），则规定该矩阵的秩为零.

2.5.2 矩阵秩的性质

性质 2.10 设 $\boldsymbol{A}$ 是 $m\times n$ 矩阵，矩阵的秩有下列性质.

（1）$0\leqslant r(\boldsymbol{A})\leqslant \min\{m,n\}$.

（2）由于转置行列式的值不变，所以 $\boldsymbol{A}^{\mathrm{T}}$ 的子式与 $\boldsymbol{A}$ 的子式对应相等，故有 $r(\boldsymbol{A}^{\mathrm{T}})=r(\boldsymbol{A})$.

（3）对于 n 阶方阵 $\boldsymbol{A}$，它的最高阶子式就是 n 阶子式，也即为 $\boldsymbol{A}$ 的行列式 $|\boldsymbol{A}|$. 当 $|\boldsymbol{A}|\neq 0$ 时，$r(\boldsymbol{A})=n$；当 $|\boldsymbol{A}|=0$ 时，$r(\boldsymbol{A})<n$. 故称可逆矩阵为满秩矩阵，不可逆矩阵为降秩矩阵.

对于矩阵秩的定义有下列等价条件.

定理 2.6 对于 $m\times n$ 矩阵 $\boldsymbol{A}$，$r(\boldsymbol{A})=r$ 的充分必要条件是 $\boldsymbol{A}$ 中存在 r 阶子式不为零，而所有的 $r+1$ 阶子式（如果存在）全为零.

例 2.28 求矩阵的秩，其中 $\boldsymbol{A}=\begin{pmatrix}2 & -3 & 8 & 2\\ 2 & 12 & -2 & 12\\ 1 & 3 & 1 & 4\end{pmatrix}$.

解 矩阵 $\boldsymbol{A}$ 存在一个二阶子式 $\begin{vmatrix}2 & -3\\ 2 & 12\end{vmatrix}\neq 0$.

矩阵 $\boldsymbol{A}$ 共有 4 个三阶子式，分别为

$$\begin{vmatrix}2 & -3 & 8\\ 2 & 12 & -2\\ 1 & 3 & 1\end{vmatrix},\quad \begin{vmatrix}2 & -3 & 2\\ 2 & 12 & 12\\ 1 & 3 & 4\end{vmatrix},\quad \begin{vmatrix}2 & 8 & 2\\ 2 & -2 & 12\\ 1 & 1 & 4\end{vmatrix},\quad \begin{vmatrix}-3 & 8 & 2\\ 12 & -2 & 12\\ 3 & 1 & 4\end{vmatrix}.$$

通过计算可知 4 个三阶子式均为零，所以 $r(\boldsymbol{A})=2$.

例 2.29 求阶梯形矩阵的秩，其中 $\boldsymbol{A}=\begin{pmatrix}a_{11} & a_{12} & \cdots & a_{1r} & \cdots & a_{1n}\\ & a_{22} & \cdots & a_{2r} & \cdots & a_{2n}\\ & & \ddots & \vdots & & \vdots\\ & & & a_{rr} & \cdots & a_{rn}\\ 0 & \cdots & \cdots & \cdots & \cdots & 0\\ \vdots & & & & & \vdots\\ 0 & 0 & \cdots & 0 & \cdots & 0\end{pmatrix}$ $(a_{11}a_{22}\cdots a_{rr}\neq 0)$.

解 阶梯形矩阵 $\boldsymbol{A}$ 存在一个 r 阶子式

$$\begin{vmatrix}a_{11} & a_{12} & \cdots & a_{1r}\\ & a_{22} & \cdots & a_{2r}\\ & & \ddots & \vdots\\ & & & a_{rr}\end{vmatrix}\neq 0,$$

由于后 $n-r$ 行均为零行，所以 $\boldsymbol{A}$ 的所有 $r+1$ 阶子式均为零，故 $r(\boldsymbol{A})=r$.

从上述两个例题可以看出，对于一般的矩阵，当行数和列数较高时，按照定义或定理 2.6 求矩阵的秩是很麻烦的. 而阶梯形矩阵求秩就简单得多，事实上阶梯形矩阵的秩等于其非零行

的行数，无须计算，通过观察就能得出结论．如何借助阶梯形矩阵的秩来求出一般矩阵的秩？下面的定理给出了相应的结论．

定理 2.7 若矩阵 $\boldsymbol{A}$ 与 $\boldsymbol{B}$ 等价，则 $r(\boldsymbol{A})=r(\boldsymbol{B})$．

结合定理 2.7，求矩阵的秩，只需使用初等变换把矩阵化为阶梯形矩阵，则阶梯形矩阵中非零行的行数就是所求矩阵的秩．

推论 设 $\boldsymbol{A}$ 是 $m\times n$ 矩阵，$r(\boldsymbol{A})=r$，则矩阵 $\boldsymbol{A}$ 的标准形为

$$\boldsymbol{F}=\begin{pmatrix}\boldsymbol{E}_r & \boldsymbol{O}\\ \boldsymbol{O} & \boldsymbol{O}\end{pmatrix}_{m\times n}.$$

例 2.30 求矩阵 $\boldsymbol{A}=\begin{pmatrix}2 & -3 & 8 & 2\\ 2 & 12 & -2 & 12\\ 1 & 3 & 1 & 4\end{pmatrix}$ 的秩．

解 对矩阵 $\boldsymbol{A}$ 作初等变换得

$$\boldsymbol{A}\xrightarrow{r_1\leftrightarrow r_3}\begin{pmatrix}1 & 3 & 1 & 4\\ 2 & 12 & -2 & 12\\ 2 & -3 & 8 & 2\end{pmatrix}\xrightarrow[r_3-2r_1]{r_2-2r_1}\begin{pmatrix}1 & 3 & 1 & 4\\ 0 & 6 & -4 & 4\\ 0 & -9 & 6 & -6\end{pmatrix}$$

$$\xrightarrow{r_3+\frac{3}{2}r_2}\begin{pmatrix}1 & 3 & 1 & 4\\ 0 & 6 & -4 & 4\\ 0 & 0 & 0 & 0\end{pmatrix},$$

故 $r(\boldsymbol{A})=2$．

例 2.31 设三阶矩阵 $\boldsymbol{A}=\begin{pmatrix}x & 1 & 1\\ 1 & x & 1\\ 1 & 1 & x\end{pmatrix}$，试求 $r(\boldsymbol{A})$．

解 **方法 1** 结合矩阵 $\boldsymbol{A}$ 的行列式讨论．

$$|\boldsymbol{A}|=\begin{vmatrix}x+2 & x+2 & x+2\\ 1 & x & 1\\ 1 & 1 & x\end{vmatrix}=(x+2)\begin{vmatrix}1 & 1 & 1\\ 1 & x & 1\\ 1 & 1 & x\end{vmatrix}$$

$$=(x+2)\begin{vmatrix}1 & 1 & 1\\ 0 & x-1 & 0\\ 0 & 0 & x-1\end{vmatrix}=(x+2)(x-1)^2,$$

可得当 $x\neq 1$ 且 $x\neq -2$ 时，$r(\boldsymbol{A})=3$．

当 $x=1$ 时，对矩阵 $\boldsymbol{A}$ 作初等变换得

$$\boldsymbol{A}=\begin{pmatrix}1 & 1 & 1\\ 1 & 1 & 1\\ 1 & 1 & 1\end{pmatrix}\xrightarrow[r_3-r_1]{r_2-r_1}\begin{pmatrix}1 & 1 & 1\\ 0 & 0 & 0\\ 0 & 0 & 0\end{pmatrix},$$

可得 $r(\boldsymbol{A})=1$．

当 $x=-2$ 时，对矩阵 $\boldsymbol{A}$ 作初等变换得

$$A=\begin{pmatrix}-2&1&1\\1&-2&1\\1&1&-2\end{pmatrix}\xrightarrow{r_1\leftrightarrow r_3}\begin{pmatrix}1&1&-2\\1&-2&1\\-2&1&1\end{pmatrix}\xrightarrow[r_3+2r_1]{r_2-r_1}\begin{pmatrix}1&1&-2\\0&-3&3\\0&3&-3\end{pmatrix}$$

$$\xrightarrow{r_3+r_2}\begin{pmatrix}1&1&-2\\0&-3&3\\0&0&0\end{pmatrix},$$

可得$r(\boldsymbol{A})=2$.

方法 2 利用初等变换求秩.

$$A=\begin{pmatrix}x&1&1\\1&x&1\\1&1&x\end{pmatrix}\xrightarrow{r_1\leftrightarrow r_3}\begin{pmatrix}1&1&x\\1&x&1\\x&1&1\end{pmatrix}\xrightarrow[r_3-xr_1]{r_2-r_1}\begin{pmatrix}1&1&x\\0&x-1&-x+1\\0&-x+1&1-x^2\end{pmatrix}$$

$$\xrightarrow{r_3+r_2}\begin{pmatrix}1&1&x\\0&x-1&-x+1\\0&0&-(x+2)(x-1)\end{pmatrix},$$

可得当$x\neq1$且$x\neq-2$时，$r(\boldsymbol{A})=3$；当$x=1$时，$r(\boldsymbol{A})=1$；当$x=-2$时，$r(\boldsymbol{A})=2$.

本题方法 2 看似简单，但在操作时极易犯错．在上述初等变换中，若对矩阵

$$\begin{pmatrix}1&1&x\\0&x-1&-x+1\\0&-x+1&1-x^2\end{pmatrix}$$

的第 2 行、第 3 行进行同乘以$\dfrac{1}{x-1}$的初等行变换，则需单独讨论$x=1$时矩阵$\boldsymbol{A}$的秩，否则会丢掉部分解.

2.5.3 矩阵秩的相关结论

定理 2.8 设$\boldsymbol{A}$为$m\times n$矩阵，$\boldsymbol{P},\boldsymbol{Q}$分别为$m$阶、$n$阶满秩矩阵，则

$$r(\boldsymbol{A})=r(\boldsymbol{PA})=r(\boldsymbol{AQ})=r(\boldsymbol{PAQ}).$$

【即时提问 2.5】已知$\boldsymbol{A}$为$m\times n$矩阵，$\boldsymbol{B}$为$n\times s$矩阵，若$r(\boldsymbol{B})=n$，则$r(\boldsymbol{AB})=r(\boldsymbol{B})=n$．以上说法是否正确？请说明理由.

例 2.32 设$\boldsymbol{A}$为4×3矩阵，且$r(\boldsymbol{A})=2$，而$\boldsymbol{B}=\begin{pmatrix}1&0&2\\0&2&0\\-1&0&3\end{pmatrix}$，求矩阵$\boldsymbol{AB}$的秩.

解 因为

$$|\boldsymbol{B}|=\begin{vmatrix}1&0&2\\0&2&0\\-1&0&3\end{vmatrix}=10\neq0,$$

即矩阵$\boldsymbol{B}$是满秩的，根据定理 2.8 知$r(\boldsymbol{AB})=r(\boldsymbol{A})=2$.

定理 2.9 设有矩阵$\boldsymbol{A}$和矩阵$\boldsymbol{B}$.

（1）若 $\boldsymbol{A}$ 为 $m\times n$ 矩阵，$\boldsymbol{B}$ 为 $m\times s$ 矩阵，则 $\max\{r(\boldsymbol{A}),r(\boldsymbol{B})\}\leqslant r(\boldsymbol{A},\boldsymbol{B})\leqslant r(\boldsymbol{A})+r(\boldsymbol{B})$. 特别地，当 $\boldsymbol{B}=\boldsymbol{b}$ 为非零列向量时，有 $r(\boldsymbol{A})\leqslant r(\boldsymbol{A},\boldsymbol{b})\leqslant r(\boldsymbol{A})+1$.

（2）若$\boldsymbol{A},\boldsymbol{B}$均为 $m\times n$ 矩阵，则 $r(\boldsymbol{A}\pm\boldsymbol{B})\leqslant r(\boldsymbol{A})+r(\boldsymbol{B})$.

（3）若 $\boldsymbol{A}$ 为 $m\times n$ 矩阵，$\boldsymbol{B}$ 为 $n\times s$ 矩阵，则 $r(\boldsymbol{A})+r(\boldsymbol{B})-n\leqslant r(\boldsymbol{AB})\leqslant\min\{r(\boldsymbol{A}),r(\boldsymbol{B})\}$.

（4）若 $\boldsymbol{A}$ 为 $m\times n$ 矩阵，$\boldsymbol{B}$ 为 $n\times s$ 矩阵，若 $\boldsymbol{AB}=\boldsymbol{O}$，则 $r(\boldsymbol{A})+r(\boldsymbol{B})\leqslant n$.

例 2.33 设 $m>n$，$\boldsymbol{A}$ 为 $m\times n$ 矩阵，$\boldsymbol{B}$ 为 $n\times m$ 矩阵，证明：$|\boldsymbol{AB}|=0$.

证明 当 $m>n$ 时，由秩的定义知 $r(\boldsymbol{A})\leqslant n$，$r(\boldsymbol{B})\leqslant n$.

结合定理 2.9 中的 (3) 可得 $r(\boldsymbol{AB})\leqslant\min\{r(\boldsymbol{A}),r(\boldsymbol{B})\}\leqslant n<m$. 而 $\boldsymbol{AB}$ 为 m 阶方阵，当 $r(\boldsymbol{AB})<m$ 时，$\boldsymbol{AB}$ 为降秩矩阵，从而有 $|\boldsymbol{AB}|=0$.

有关矩阵秩的相关结论，我们还需要了解矩阵的秩与其伴随矩阵的秩之间的关系.

定理 2.10 设 $\boldsymbol{A}$ 为 n 阶方阵，$\boldsymbol{A}^*$ 为 $\boldsymbol{A}$ 的伴随矩阵，则

$$r(\boldsymbol{A}^*)=\begin{cases}n，若 r(\boldsymbol{A})=n,\\1，若 r(\boldsymbol{A})=n-1,\\0，若 r(\boldsymbol{A})<n-1.\end{cases}$$

微课：定理 2.10

同步习题 2.5

基础题

1．求矩阵的秩：（1）$\boldsymbol{A}=\begin{pmatrix}2&-1&3\\1&-3&4\\-1&2&-3\end{pmatrix}$；（2）$\boldsymbol{B}=\begin{pmatrix}1&2&3&4\\1&0&1&2\\3&-1&-1&0\\1&2&0&-5\end{pmatrix}$.

2．设 $n\ (n\geqslant3)$ 阶矩阵 $\boldsymbol{A}=\begin{pmatrix}1&a&a&\cdots&a\\a&1&a&\cdots&a\\a&a&1&\cdots&a\\\vdots&\vdots&\vdots&&\vdots\\a&a&a&\cdots&1\end{pmatrix}$，若矩阵 $\boldsymbol{A}$ 的秩为 $n-1$，则 a 必为（　　）.

A．1　　B．$\dfrac{1}{1-n}$　　C．-1　　D．$\dfrac{1}{n-1}$

3．设 $\boldsymbol{A}=\begin{pmatrix}a_1b_1&a_1b_2&\cdots&a_1b_n\\a_2b_1&a_2b_2&\cdots&a_2b_n\\\vdots&\vdots&&\vdots\\a_nb_1&a_nb_2&\cdots&a_nb_n\end{pmatrix}$，其中 $a_i\neq0$，$b_i\neq0\ (i=1,2,\cdots,n)$，则矩阵 $\boldsymbol{A}$ 的秩 $r(\boldsymbol{A})=$ ______ .

4．设A是$m\times n$矩阵，C是n阶可逆矩阵，矩阵A的秩为r，矩阵$B=AC$的秩为r_1，则（　　）.

A．$r>r_1$　　B．$r<r_1$　　C．$r=r_1$　　D．r与r_1的关系依C而定

5．设四阶矩阵A的秩为2，则其伴随矩阵A^*的秩为______．

6．设矩阵$A=\begin{pmatrix}0&1&0&0\\0&0&1&0\\0&0&1&0\\0&0&0&0\end{pmatrix}$，则$A^3$的秩为______．

提高题

1．设A是$m\times n$矩阵，B是$n\times m$矩阵，则（　　）.

A．当$m>n$时，必有$|AB|\neq 0$

B．当$m>n$时，必有$|AB|=0$

C．当$n>m$时，必有$|AB|\neq 0$

D．当$n>m$时，必有$|AB|=0$

2．设三阶矩阵$A=\begin{pmatrix}a&b&b\\b&a&b\\b&b&a\end{pmatrix}$，若$A$的伴随矩阵$A^*$的秩为1，则必有（　　）.

A．$a=b$或$a+2b=0$　　B．$a=b$或$a+2b\neq 0$

C．$a\neq b$且$a+2b=0$　　D．$a\neq b$且$a+2b\neq 0$

3．求矩阵的秩：$A=\begin{pmatrix}x&y&y&y\\y&x&y&y\\y&y&x&y\\y&y&y&x\end{pmatrix}$．

2.6 分块矩阵

对于行数和列数较多的矩阵，采取分块法来计算可以提高效率，同时减少运算错误.

2.6.1 分块矩阵的定义

定义 2.16 用若干条贯穿矩阵的横线和纵线将矩阵A分成若干个小块，每一小块称为矩阵A的子块（或子阵）. 以子块为元素的形式上的矩阵称为分块矩阵.

例如，3×4矩阵

$$A=\begin{pmatrix}a_{11}&a_{12}&a_{13}&a_{14}\\a_{21}&a_{22}&a_{23}&a_{24}\\a_{31}&a_{32}&a_{33}&a_{34}\end{pmatrix},$$

分块方式有很多，下面列举其中的 3 种分块方法.

（1）普通分块

$$A=\left(\begin{array}{cc|cc} a_{11} & a_{12} & a_{13} & a_{14} \\ \hline a_{21} & a_{22} & a_{23} & a_{24} \\ a_{31} & a_{32} & a_{33} & a_{34} \end{array}\right)=\begin{pmatrix} A_{11} & A_{12} \\ A_{21} & A_{22} \end{pmatrix}.$$

（2）按行分块

$$A=\left(\begin{array}{cccc} a_{11} & a_{12} & a_{13} & a_{14} \\ \hline a_{21} & a_{22} & a_{23} & a_{24} \\ \hline a_{31} & a_{32} & a_{33} & a_{34} \end{array}\right).$$

（3）按列分块

$$A=\left(\begin{array}{c|c|c|c} a_{11} & a_{12} & a_{13} & a_{14} \\ a_{21} & a_{22} & a_{23} & a_{24} \\ a_{31} & a_{32} & a_{33} & a_{34} \end{array}\right).$$

在矩阵运算中，对矩阵做分块时需要掌握两个原则：（1）使矩阵的子块像“数”一样满足矩阵运算的要求，不同的运算要采取不同的分块方法；（2）使运算尽量简单方便.

2.6.2 分块矩阵的运算

分块矩阵的运算与普通矩阵的运算规则相类似，详细说明如下.

1. 分块矩阵的代数和运算

设矩阵 $\boldsymbol{A},\boldsymbol{B}$ 的行数和列数相同，对 $\boldsymbol{A},\boldsymbol{B}$ 采用相同的分块法，有

$$\boldsymbol{A}=\begin{pmatrix} \boldsymbol{A}_{11} & \boldsymbol{A}_{12} & \cdots & \boldsymbol{A}_{1t} \\ \boldsymbol{A}_{21} & \boldsymbol{A}_{22} & \cdots & \boldsymbol{A}_{2t} \\ \vdots & \vdots & & \vdots \\ \boldsymbol{A}_{s1} & \boldsymbol{A}_{s2} & \cdots & \boldsymbol{A}_{st} \end{pmatrix},\quad \boldsymbol{B}=\begin{pmatrix} \boldsymbol{B}_{11} & \boldsymbol{B}_{12} & \cdots & \boldsymbol{B}_{1t} \\ \boldsymbol{B}_{21} & \boldsymbol{B}_{22} & \cdots & \boldsymbol{B}_{2t} \\ \vdots & \vdots & & \vdots \\ \boldsymbol{B}_{s1} & \boldsymbol{B}_{s2} & \cdots & \boldsymbol{B}_{st} \end{pmatrix},$$

其中 $\boldsymbol{A}_{ij},\boldsymbol{B}_{ij}\,(i=1,2,\cdots,s;\ j=1,2,\cdots,t)$ 的行数和列数也相同，则

$$\boldsymbol{A}\pm\boldsymbol{B}=\begin{pmatrix} \boldsymbol{A}_{11}\pm\boldsymbol{B}_{11} & \boldsymbol{A}_{12}\pm\boldsymbol{B}_{12} & \cdots & \boldsymbol{A}_{1t}\pm\boldsymbol{B}_{1t} \\ \boldsymbol{A}_{21}\pm\boldsymbol{B}_{21} & \boldsymbol{A}_{22}\pm\boldsymbol{B}_{22} & \cdots & \boldsymbol{A}_{2t}\pm\boldsymbol{B}_{2t} \\ \vdots & \vdots & & \vdots \\ \boldsymbol{A}_{s1}\pm\boldsymbol{B}_{s1} & \boldsymbol{A}_{s2}\pm\boldsymbol{B}_{s2} & \cdots & \boldsymbol{A}_{st}\pm\boldsymbol{B}_{st} \end{pmatrix}.$$

2. 分块矩阵的数乘运算

设 $\boldsymbol{A}=\begin{pmatrix} \boldsymbol{A}_{11} & \boldsymbol{A}_{12} & \cdots & \boldsymbol{A}_{1t} \\ \boldsymbol{A}_{21} & \boldsymbol{A}_{22} & \cdots & \boldsymbol{A}_{2t} \\ \vdots & \vdots & & \vdots \\ \boldsymbol{A}_{s1} & \boldsymbol{A}_{s2} & \cdots & \boldsymbol{A}_{st} \end{pmatrix}$，$\lambda$ 是数，则

$$\lambda A=\begin{pmatrix}\lambda A_{11} & \lambda A_{12} & \cdots & \lambda A_{1t}\\ \lambda A_{21} & \lambda A_{22} & \cdots & \lambda A_{2t}\\ \vdots & \vdots & & \vdots\\ \lambda A_{s1} & \lambda A_{s2} & \cdots & \lambda A_{st}\end{pmatrix}.$$

3. 分块矩阵的乘法

设矩阵$A=(a_{ij})_{m\times l}$，$B=(b_{ij})_{l\times n}$，且对A的列分块方法与对B的行分块方法相同，即分块为

$$A=\begin{pmatrix}A_{11} & A_{12} & \cdots & A_{1t}\\ A_{21} & A_{22} & \cdots & A_{2t}\\ \vdots & \vdots & & \vdots\\ A_{l1} & A_{l2} & \cdots & A_{lt}\end{pmatrix},\quad B=\begin{pmatrix}B_{11} & B_{12} & \cdots & B_{1r}\\ B_{21} & B_{22} & \cdots & B_{2r}\\ \vdots & \vdots & & \vdots\\ B_{t1} & B_{t2} & \cdots & B_{tr}\end{pmatrix},$$

其中矩阵A的第i行各子块$A_{i1},A_{i2},\cdots,A_{it}$的列数分别等于矩阵$B$的第$j$列的各子块$B_{1j},B_{2j},\cdots,B_{tj}$的行数，则

$$AB=\begin{pmatrix}C_{11} & C_{12} & \cdots & C_{1r}\\ C_{21} & C_{22} & \cdots & C_{2r}\\ \vdots & \vdots & & \vdots\\ C_{l1} & C_{l2} & \cdots & C_{lr}\end{pmatrix},$$

其中

$$C_{ij}=\sum_{k=1}^{t}A_{ik}B_{kj}=A_{i1}B_{1j}+A_{i2}B_{2j}+\cdots+A_{it}B_{tj}\quad(i=1,2,\cdots,l;\ j=1,2,\cdots,r).$$

例 2.34 设

$$A=\begin{pmatrix}1 & 0 & 0 & 0\\ 0 & 1 & 0 & 0\\ -1 & 2 & 1 & 0\\ 1 & 1 & 0 & 1\end{pmatrix},\quad B=\begin{pmatrix}1 & 0 & 3 & 2\\ -1 & 2 & 0 & 1\\ 1 & 0 & 4 & 1\\ -1 & -1 & 2 & 0\end{pmatrix},$$

求AB.

解 把A,B分块如下.

$$A=\left(\begin{array}{cc|cc}1 & 0 & 0 & 0\\ 0 & 1 & 0 & 0\\ \hline -1 & 2 & 1 & 0\\ 1 & 1 & 0 & 1\end{array}\right)=\begin{pmatrix}E & O\\ A_1 & E\end{pmatrix},\quad B=\left(\begin{array}{cc|cc}1 & 0 & 3 & 2\\ -1 & 2 & 0 & 1\\ \hline 1 & 0 & 4 & 1\\ -1 & -1 & 2 & 0\end{array}\right)=\begin{pmatrix}B_{11} & B_{12}\\ B_{21} & B_{22}\end{pmatrix},$$

则

$$AB=\begin{pmatrix}E & O\\ A_1 & E\end{pmatrix}\begin{pmatrix}B_{11} & B_{12}\\ B_{21} & B_{22}\end{pmatrix}=\begin{pmatrix}B_{11} & B_{12}\\ A_1B_{11}+B_{21} & A_1B_{12}+B_{22}\end{pmatrix}.$$

而

$$A_1B_{11}+B_{21}=\begin{pmatrix}-1 & 2\\ 1 & 1\end{pmatrix}\begin{pmatrix}1 & 0\\ -1 & 2\end{pmatrix}+\begin{pmatrix}1 & 0\\ -1 & -1\end{pmatrix}$$

$$=\begin{pmatrix}-3 & 4\\ 0 & 2\end{pmatrix}+\begin{pmatrix}1 & 0\\ -1 & -1\end{pmatrix}=\begin{pmatrix}-2 & 4\\ -1 & 1\end{pmatrix},$$

$$\boldsymbol{A}_1\boldsymbol{B}_{12}+\boldsymbol{B}_{22}=\begin{pmatrix}-1 & 2\\ 1 & 1\end{pmatrix}\begin{pmatrix}3 & 2\\ 0 & 1\end{pmatrix}+\begin{pmatrix}4 & 1\\ 2 & 0\end{pmatrix}=\begin{pmatrix}1 & 1\\ 5 & 3\end{pmatrix},$$

于是

$$\boldsymbol{AB}=\begin{pmatrix}1 & 0 & 3 & 2\\ -1 & 2 & 0 & 1\\ -2 & 4 & 1 & 1\\ -1 & 1 & 5 & 3\end{pmatrix}.$$

4. 分块矩阵的转置

设 $\boldsymbol{A}=\begin{pmatrix}\boldsymbol{A}_{11} & \boldsymbol{A}_{12} & \cdots & \boldsymbol{A}_{1t}\\ \boldsymbol{A}_{21} & \boldsymbol{A}_{22} & \cdots & \boldsymbol{A}_{2t}\\ \vdots & \vdots & & \vdots\\ \boldsymbol{A}_{s1} & \boldsymbol{A}_{s2} & \cdots & \boldsymbol{A}_{st}\end{pmatrix}$，则 $\boldsymbol{A}^{\mathrm{T}}=\begin{pmatrix}\boldsymbol{A}_{11}^{\mathrm{T}} & \boldsymbol{A}_{21}^{\mathrm{T}} & \cdots & \boldsymbol{A}_{s1}^{\mathrm{T}}\\ \boldsymbol{A}_{12}^{\mathrm{T}} & \boldsymbol{A}_{22}^{\mathrm{T}} & \cdots & \boldsymbol{A}_{s2}^{\mathrm{T}}\\ \vdots & \vdots & & \vdots\\ \boldsymbol{A}_{1t}^{\mathrm{T}} & \boldsymbol{A}_{2t}^{\mathrm{T}} & \cdots & \boldsymbol{A}_{st}^{\mathrm{T}}\end{pmatrix}$.

2.6.3 分块对角矩阵

在矩阵分块运算中，分块对角矩阵的运算是非常重要的，也是常用的，下面我们进行详细的讨论.

定义 2.17 设 $\boldsymbol{A}$ 是 n 阶方阵，若它的分块矩阵只有在主对角线上有非零子块且都是方阵块，其余子块均为零矩阵块，即

$$\boldsymbol{A}=\begin{pmatrix}\boldsymbol{A}_1 & \boldsymbol{O} & \cdots & \boldsymbol{O}\\ \boldsymbol{O} & \boldsymbol{A}_2 & \cdots & \boldsymbol{O}\\ \vdots & \vdots & & \vdots\\ \boldsymbol{O} & \boldsymbol{O} & \cdots & \boldsymbol{A}_r\end{pmatrix},$$

其中 $\boldsymbol{A}_i\ (i=1,2,\cdots,r)$ 都是方阵，则称 $\boldsymbol{A}$ 是分块对角矩阵，也称为准对角矩阵.

设 $\boldsymbol{A},\boldsymbol{B}$ 都是分块对角矩阵，即

$$\boldsymbol{A}=\begin{pmatrix}\boldsymbol{A}_1 & & & \\ & \boldsymbol{A}_2 & & \\ & & \ddots & \\ & & & \boldsymbol{A}_r\end{pmatrix},\quad \boldsymbol{B}=\begin{pmatrix}\boldsymbol{B}_1 & & & \\ & \boldsymbol{B}_2 & & \\ & & \ddots & \\ & & & \boldsymbol{B}_r\end{pmatrix},$$

其中 $\boldsymbol{A}_i,\boldsymbol{B}_i\ (i=1,2,\cdots,r)$ 是同阶的子块，则有如下的运算性质.

性质 2.11

（1）$\boldsymbol{A}\pm\boldsymbol{B}=\begin{pmatrix}\boldsymbol{A}_1\pm\boldsymbol{B}_1 & & & \\ & \boldsymbol{A}_2\pm\boldsymbol{B}_2 & & \\ & & \ddots & \\ & & & \boldsymbol{A}_r\pm\boldsymbol{B}_r\end{pmatrix}$.

（2）$\lambda \boldsymbol{A} = \begin{pmatrix} \lambda \boldsymbol{A}_1 & & & \\ & \lambda \boldsymbol{A}_2 & & \\ & & \ddots & \\ & & & \lambda \boldsymbol{A}_r \end{pmatrix}$.

（3）$\boldsymbol{AB} = \begin{pmatrix} \boldsymbol{A}_1\boldsymbol{B}_1 & & & \\ & \boldsymbol{A}_2\boldsymbol{B}_2 & & \\ & & \ddots & \\ & & & \boldsymbol{A}_r\boldsymbol{B}_r \end{pmatrix}$.

（4）$\boldsymbol{A}^m = \begin{pmatrix} \boldsymbol{A}_1^m & & & \\ & \boldsymbol{A}_2^m & & \\ & & \ddots & \\ & & & \boldsymbol{A}_r^m \end{pmatrix}$，其中 m 为正整数.

（5）$\boldsymbol{A}^{\mathrm{T}} = \begin{pmatrix} \boldsymbol{A}_1^{\mathrm{T}} & & & \\ & \boldsymbol{A}_2^{\mathrm{T}} & & \\ & & \ddots & \\ & & & \boldsymbol{A}_r^{\mathrm{T}} \end{pmatrix}$.

（6）$|\boldsymbol{A}| = |\boldsymbol{A}_1||\boldsymbol{A}_2|\cdots|\boldsymbol{A}_r|$.

（7）若 $|\boldsymbol{A}_i| \neq 0\ (i=1,2,\cdots,r)$，则 $\boldsymbol{A}$ 可逆，且

$$\boldsymbol{A}^{-1} = \begin{pmatrix} \boldsymbol{A}_1^{-1} & & & \\ & \boldsymbol{A}_2^{-1} & & \\ & & \ddots & \\ & & & \boldsymbol{A}_r^{-1} \end{pmatrix}.$$

（8）$r(\boldsymbol{A}) = r(\boldsymbol{A}_1) + r(\boldsymbol{A}_2) + \cdots + r(\boldsymbol{A}_r)$.

在此处，针对性质 2.11（7）还需注意，若已知 $\boldsymbol{A}$ 是分块矩阵，即

$$\boldsymbol{A} = \begin{pmatrix} \boldsymbol{O} & & & \boldsymbol{A}_1 \\ & & \boldsymbol{A}_2 & \\ & \iddots & & \\ \boldsymbol{A}_r & & & \boldsymbol{O} \end{pmatrix},$$

则

$$\boldsymbol{A}^{-1} = \begin{pmatrix} \boldsymbol{O} & & & \boldsymbol{A}_r^{-1} \\ & & \iddots & \\ & \boldsymbol{A}_2^{-1} & & \\ \boldsymbol{A}_1^{-1} & & & \boldsymbol{O} \end{pmatrix}.$$

【即时提问 2.6】 设 $\boldsymbol{A}$ 为 m 阶方阵，$\boldsymbol{B}$ 为 n 阶方阵，则分块行列式 $\begin{vmatrix} \boldsymbol{O} & \boldsymbol{B} \\ \boldsymbol{A} & \boldsymbol{O} \end{vmatrix} = |\boldsymbol{A}||\boldsymbol{B}|$. 以上说法是否正确？请说明理由.

例 2.35 已知 $A=\begin{pmatrix}1&2&0&0\\0&1&0&0\\0&0&2&3\\0&0&1&3\end{pmatrix}$，求 A 的行列式、秩及逆矩阵.

解 把矩阵分块得 $A=\begin{pmatrix}A_1&O\\O&A_2\end{pmatrix}$，则根据性质 2.11 得 $|A|=|A_1||A_2|=\begin{vmatrix}1&2\\0&1\end{vmatrix}\begin{vmatrix}2&3\\1&3\end{vmatrix}=3$，$A$ 的秩为 $r(A)=2+2=4$，A 的逆矩阵的计算使用公式

$$A^{-1}=\begin{pmatrix}A_1^{-1}&O\\O&A_2^{-1}\end{pmatrix},$$

由 $\begin{pmatrix}a&b\\c&d\end{pmatrix}^{-1}=\dfrac{1}{ad-bc}\begin{pmatrix}d&-b\\-c&a\end{pmatrix}$，有

$$\begin{pmatrix}1&2\\0&1\end{pmatrix}^{-1}=\begin{pmatrix}1&-2\\0&1\end{pmatrix},\quad \begin{pmatrix}2&3\\1&3\end{pmatrix}^{-1}=\frac{1}{3}\begin{pmatrix}3&-3\\-1&2\end{pmatrix}=\begin{pmatrix}1&-1\\-\frac{1}{3}&\frac{2}{3}\end{pmatrix},$$

故

$$A^{-1}=\begin{pmatrix}1&-2&0&0\\0&1&0&0\\0&0&1&-1\\0&0&-\frac{1}{3}&\frac{2}{3}\end{pmatrix}.$$

例 2.36 已知 $a_i\neq 0$，$i=1,2,\cdots,n$，求 $\begin{pmatrix}0&a_1&0&\cdots&0\\0&0&a_2&\cdots&0\\\vdots&\vdots&\vdots&&\vdots\\0&0&0&\cdots&a_{n-1}\\a_n&0&0&\cdots&0\end{pmatrix}^{-1}$.

解 根据公式

$$\begin{pmatrix}O&A_1\\A_2&O\end{pmatrix}^{-1}=\begin{pmatrix}O&A_2^{-1}\\A_1^{-1}&O\end{pmatrix},$$

$$A_1^{-1}=\begin{pmatrix}a_1&&&\\&a_2&&\\&&\ddots&\\&&&a_{n-1}\end{pmatrix}^{-1}=\begin{pmatrix}\frac{1}{a_1}&&&\\&\frac{1}{a_2}&&\\&&\ddots&\\&&&\frac{1}{a_{n-1}}\end{pmatrix},\quad A_2^{-1}=(a_n)^{-1}=\left(\frac{1}{a_n}\right),$$

从而

$$\begin{pmatrix} 0 & a_1 & 0 & \cdots & 0 \\ 0 & 0 & a_2 & \cdots & 0 \\ \vdots & \vdots & \vdots & & \vdots \\ 0 & 0 & 0 & \cdots & a_{n-1} \\ a_n & 0 & 0 & \cdots & 0 \end{pmatrix}^{-1} = \begin{pmatrix} 0 & 0 & 0 & \cdots & 0 & \dfrac{1}{a_n} \\ \dfrac{1}{a_1} & 0 & 0 & \cdots & 0 & 0 \\ 0 & \dfrac{1}{a_2} & 0 & \cdots & 0 & 0 \\ \vdots & \vdots & \vdots & & \vdots & \vdots \\ 0 & 0 & 0 & \cdots & \dfrac{1}{a_{n-1}} & 0 \end{pmatrix}.$$

同步习题 2.6

基础题

1．计算$\begin{pmatrix} 1 & 2 & 1 & 0 \\ 0 & 1 & 0 & 1 \\ 0 & 0 & 2 & 1 \\ 0 & 0 & 0 & 3 \end{pmatrix}\begin{pmatrix} 1 & 0 & 3 & 1 \\ 0 & 1 & 2 & -1 \\ 0 & 0 & -2 & 3 \\ 0 & 0 & 0 & -3 \end{pmatrix}$.

2．利用分块的方法求下列矩阵的乘积.

（1）$\begin{pmatrix} 1 & -2 & 0 \\ 0 & 1 & 1 \\ 1 & 0 & 2 \end{pmatrix}\begin{pmatrix} 0 & 1 \\ 1 & 0 \\ 0 & 1 \end{pmatrix}$；（2）$\begin{pmatrix} a & 0 & 0 & 0 \\ 0 & a & 0 & 0 \\ 1 & 0 & b & 0 \\ 0 & 1 & 0 & b \end{pmatrix}\begin{pmatrix} 1 & 0 & c & 0 \\ 0 & 1 & 0 & c \\ 0 & 0 & d & 0 \\ 0 & 0 & 0 & d \end{pmatrix}$.

3．利用分块矩阵求逆公式求逆矩阵.

（1）$\begin{pmatrix} 5 & 2 & 0 & 0 \\ 2 & 1 & 0 & 0 \\ 0 & 0 & 8 & 3 \\ 0 & 0 & 5 & 2 \end{pmatrix}$.　（2）$\begin{pmatrix} 0 & 0 & \dfrac{1}{5} \\ 2 & 1 & 0 \\ 4 & 3 & 0 \end{pmatrix}$.

4．已知$\boldsymbol{A} = \begin{pmatrix} 3 & 0 & 0 & 0 & 0 \\ 0 & 5 & 3 & 0 & 0 \\ 0 & 2 & 1 & 0 & 0 \\ 0 & 0 & 0 & 2 & 5 \\ 0 & 0 & 0 & 1 & 2 \end{pmatrix}$，求$\left|\boldsymbol{A}^3\right|$和$\boldsymbol{A}^{-1}$.

提高题

1．设 $\boldsymbol{A},\boldsymbol{B}$ 为 n 阶矩阵，$\boldsymbol{A}^*,\boldsymbol{B}^*$ 分别为 $\boldsymbol{A},\boldsymbol{B}$ 对应的伴随矩阵，分块矩阵 $\boldsymbol{C}=\begin{pmatrix}\boldsymbol{A}&\boldsymbol{O}\\\boldsymbol{O}&\boldsymbol{B}\end{pmatrix}$，则 $\boldsymbol{C}$ 的伴随矩阵 $\boldsymbol{C}^*=$（　　）.

A. $\begin{pmatrix}|\boldsymbol{A}|\boldsymbol{A}^*&\boldsymbol{O}\\\boldsymbol{O}&|\boldsymbol{B}|\boldsymbol{B}^*\end{pmatrix}$　　B. $\begin{pmatrix}|\boldsymbol{B}|\boldsymbol{B}^*&\boldsymbol{O}\\\boldsymbol{O}&|\boldsymbol{A}|\boldsymbol{A}^*\end{pmatrix}$

C. $\begin{pmatrix}|\boldsymbol{A}|\boldsymbol{B}^*&\boldsymbol{O}\\\boldsymbol{O}&|\boldsymbol{B}|\boldsymbol{A}^*\end{pmatrix}$　　D. $\begin{pmatrix}|\boldsymbol{B}|\boldsymbol{A}^*&\boldsymbol{O}\\\boldsymbol{O}&|\boldsymbol{A}|\boldsymbol{B}^*\end{pmatrix}$

*2．设 $\boldsymbol{A},\boldsymbol{B}$ 分别是 m 阶和 n 阶可逆矩阵，则 $\begin{pmatrix}\boldsymbol{A}&\boldsymbol{O}\\\boldsymbol{C}&\boldsymbol{B}\end{pmatrix}^{-1}=\begin{pmatrix}\boldsymbol{A}^{-1}&\boldsymbol{O}\\-\boldsymbol{B}^{-1}\boldsymbol{C}\boldsymbol{A}^{-1}&\boldsymbol{B}^{-1}\end{pmatrix}$.

利用该公式求矩阵 $\begin{pmatrix}1&0&0&0\\1&2&0&0\\2&1&3&0\\1&2&1&4\end{pmatrix}$ 的逆矩阵.

*3．设 $\boldsymbol{A},\boldsymbol{B}$ 分别是 m 阶和 n 阶可逆矩阵，则 $\begin{pmatrix}\boldsymbol{A}&\boldsymbol{C}\\\boldsymbol{O}&\boldsymbol{B}\end{pmatrix}^{-1}=\begin{pmatrix}\boldsymbol{A}^{-1}&-\boldsymbol{A}^{-1}\boldsymbol{C}\boldsymbol{B}^{-1}\\\boldsymbol{O}&\boldsymbol{B}^{-1}\end{pmatrix}$.

利用该公式求矩阵 $\begin{pmatrix}1&2&2&1\\1&1&1&3\\0&0&1&1\\0&0&1&2\end{pmatrix}$ 的逆矩阵.

2.7 运用MATLAB进行矩阵运算

MATLAB 中所有的数值功能都是以矩阵为基本单元进行的，其矩阵运算功能可谓是全面、强大．本节主要介绍如何运用 MATLAB 来进行矩阵运算.

矩阵的基本运算包括加、减、数乘、乘法、乘方、转置、求逆、求秩等，下面将分别进行介绍.

2.7.1 矩阵的加法

MATLAB 中，矩阵的加、减与代数中的运算符号是一样的，相应的运算符号为“+”“−”.

例 2.37 已知 $\boldsymbol{A}=\begin{pmatrix}1&0&3\\0&-2&5\\2&7&1\end{pmatrix}$，$\boldsymbol{B}=\begin{pmatrix}1&0&0\\2&3&-4\\5&2&3\end{pmatrix}$，求 $\boldsymbol{A}+\boldsymbol{B}$.

微课：例2.37

解

```
>> A=[1,0,3;0,-2,5;2,7,1];B=[1,0,0;2,3,-4;5,2,3];
>> A+B
ans =
     2     0     3
     2     1     1
     7     9     4
```

2.7.2 矩阵的乘法、数乘、乘方

MATLAB 中，矩阵的乘法运算符号为“*”，$\boldsymbol{AB}$ 的输入形式为“A*B”，数乘 $k\boldsymbol{A}$ 的输入形式为“k*A”，乘方的运算符号为“^”.

例 2.38 已知 $\boldsymbol{A}=\begin{pmatrix}1&0&3\\0&-2&5\end{pmatrix}$，$\boldsymbol{B}=\begin{pmatrix}1&0&0\\2&3&-4\\5&2&3\end{pmatrix}$，求$\boldsymbol{AB},2\boldsymbol{A},\boldsymbol{B}^5$.

微课：例2.38

解

```
>> A=[1,0,3;0,-2,5];B=[1,0,0;2,3,-4;5,2,3];
>> A*B
ans =
      16     6     9
      21     4    23
>> 2*A
ans =
       2     0     6
       0    -4    10
>> B^5
ans =
       1           0           0
   -1414        -957        1004
   -1483        -502        -957
```

2.7.3 求矩阵的转置

MATLAB 中，矩阵的转置运算符号为“'”，该运算符号的运算级别要高于加、减、乘等.

例 2.39 已知 $\boldsymbol{A}=\begin{pmatrix}1&0&3\\0&-2&5\end{pmatrix}$，求 $\boldsymbol{A}^{\mathrm{T}}$.

解

```
>> A=[1,0,3;0,-2,5];
>> A'
ans =
      1     0
      0    -2
      3     5
```

2.7.4 求矩阵的逆

如果方阵 $\boldsymbol{A}$ 为非奇异方阵，则它存在逆矩阵 $\boldsymbol{A}^{-1}$，人工计算矩阵的逆非常烦琐，而利用

MATLAB 提供的函数命令“inv(A)”可以很快的求出方阵 $\boldsymbol{A}$ 的逆．如果 $\boldsymbol{A}$ 为奇异方阵或接近奇异方阵，则 MATLAB 会给出警告信息，计算结果将都为“inf”．

例 2.40 判断矩阵 $\boldsymbol{B}=\begin{pmatrix}1&1&1\\1&2&3\\1&3&6\end{pmatrix}$ 是否可逆，若可逆，则求其逆矩阵．

微课：例2.40

解

```
>> B=[1,1,1;1,2,3;1,3,6];
>> inv(B)
ans =
     3.0000   -3.0000    1.0000
    -3.0000    5.0000   -2.0000
     1.0000   -2.0000    1.0000
```

由以上可知，$\boldsymbol{B}^{-1}=\begin{pmatrix}3&-3&1\\-3&5&-2\\1&-2&1\end{pmatrix}$．

2.7.5 求矩阵的行最简形

利用矩阵的初等行变换将矩阵化成行最简形是求解线性方程组的必要步骤．在 MATLAB 中，利用函数命令“rref(A)”可将矩阵 $\boldsymbol{A}$ 化成行最简形矩阵．

例 2.41 将矩阵 $\boldsymbol{A}=\begin{pmatrix}2&-3&1&-1&2\\2&-1&-1&1&2\\1&1&-2&1&4\\-1&4&-3&2&2\end{pmatrix}$ 化为行最简阶梯形矩阵．

微课：例2.41

解

```
>> A=[2,-3,1,-1,2;2,-1,-1,1,2;1,1,-2,1,4;-1,4,-3,2,2];
>> rref(A)
ans =
     1     0    -1     0     4
     0     1    -1     0     3
     0     0     0     1    -3
     0     0     0     0     0
```

第 2 章思维导图

本章小结

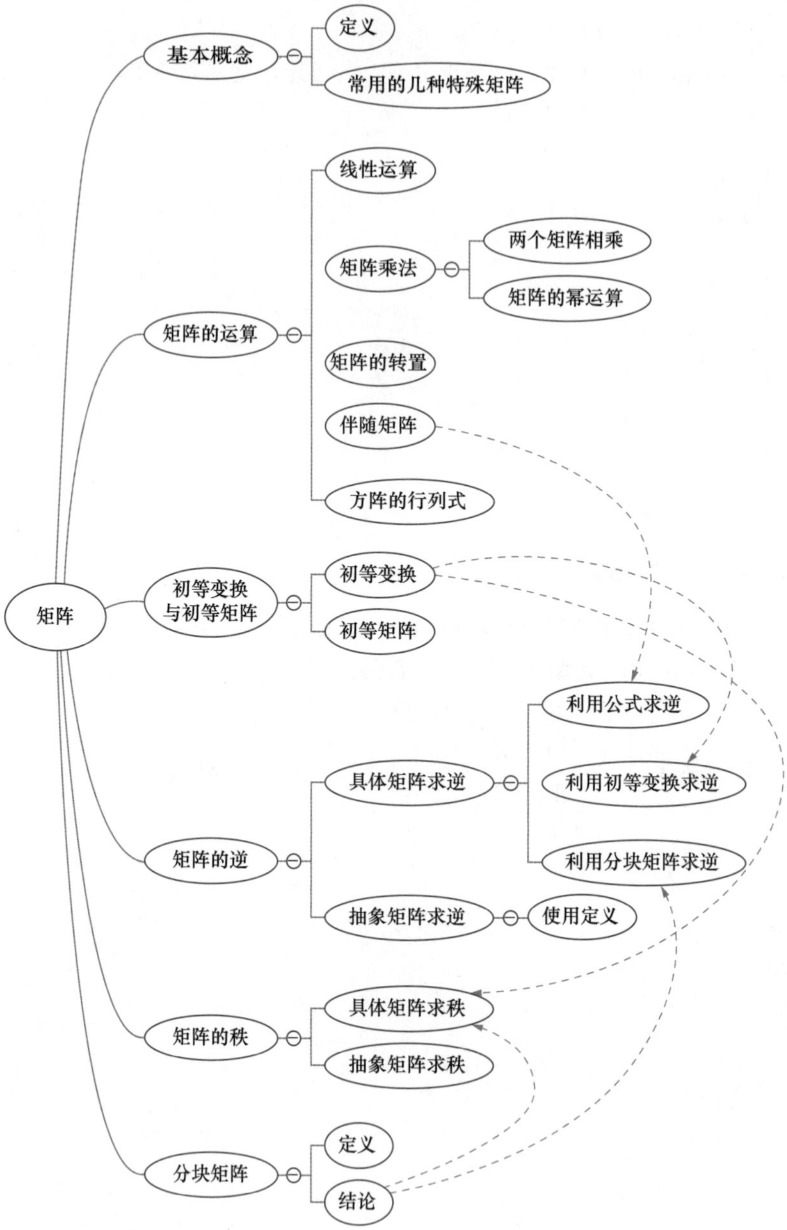

古代数学成就

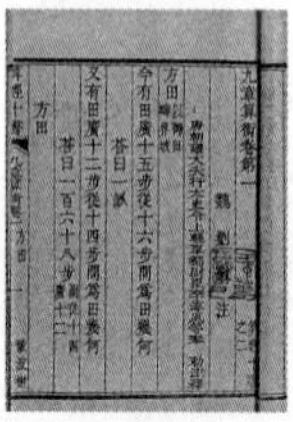

算经十书

《算经十书》是指从汉朝到唐朝近 1000 年中所诞生的 10 部数学著作，其标志着中国古代数学的高峰．这些数学著作曾经是隋唐时代国子监中“算学”这门学科的教科书，分别是《周髀算经》《海岛算经》《九章算术》《缉古算经》《五曹算经》《五经算术》《夏侯阳算经》《孙子算经》《张丘建算经》《缀术》．

■算经十书

第2章总复习题

1. 选择题：（1）～（5）小题，每小题 4 分，共 20 分．下列每小题给出的 4 个选项中，只有一个选项是符合题目要求的．

（1）（2004104,2004204）设 $\boldsymbol{A}$ 是三阶方阵，将 $\boldsymbol{A}$ 的第 1 列与第 2 列交换得 $\boldsymbol{B}$，再把 $\boldsymbol{B}$ 的第 2 列加到第 3 列得 $\boldsymbol{C}$，则满足 $\boldsymbol{AQ}=\boldsymbol{C}$ 的可逆矩阵 $\boldsymbol{Q}$ 为（　　）．

A. $\begin{pmatrix}0&1&0\\1&0&0\\1&0&1\end{pmatrix}$　B. $\begin{pmatrix}0&1&0\\1&0&1\\0&0&1\end{pmatrix}$　C. $\begin{pmatrix}0&1&0\\1&0&0\\0&1&1\end{pmatrix}$　D. $\begin{pmatrix}0&1&1\\1&0&0\\0&0&1\end{pmatrix}$

（2）（2011104,2011204,2011304）设 $\boldsymbol{A}$ 是三阶方阵，将 $\boldsymbol{A}$ 的第 2 列加到第 1 列得 $\boldsymbol{B}$，再交换 $\boldsymbol{B}$ 的第 2 行与第 3 行得单位矩阵，记 $\boldsymbol{P}_1=\begin{pmatrix}1&0&0\\1&1&0\\0&0&1\end{pmatrix}$，$\boldsymbol{P}_2=\begin{pmatrix}1&0&0\\0&0&1\\0&1&0\end{pmatrix}$，则 $\boldsymbol{A}=$（　　）．

A. $\boldsymbol{P}_1\boldsymbol{P}_2$　B. $\boldsymbol{P}_1^{-1}\boldsymbol{P}_2$　C. $\boldsymbol{P}_2\boldsymbol{P}_1$　D. $\boldsymbol{P}_2\boldsymbol{P}_1^{-1}$

（3）（2008104, 2008204, 2008304, 2008404）设 $\boldsymbol{A}$ 是 n 阶非零矩阵，$\boldsymbol{E}$ 为 n 阶单位矩阵．若 $\boldsymbol{A}^3=\boldsymbol{O}$，则（　　）．

A. $\boldsymbol{E}-\boldsymbol{A}$ 不可逆，$\boldsymbol{E}+\boldsymbol{A}$ 不可逆　B. $\boldsymbol{E}-\boldsymbol{A}$ 不可逆，$\boldsymbol{E}+\boldsymbol{A}$ 可逆

C. $\boldsymbol{E}-\boldsymbol{A}$ 可逆，$\boldsymbol{E}+\boldsymbol{A}$ 可逆　D. $\boldsymbol{E}-\boldsymbol{A}$ 可逆，$\boldsymbol{E}+\boldsymbol{A}$ 不可逆

（4）（2010104）设 $\boldsymbol{A}$ 是 $m\times n$ 矩阵，$\boldsymbol{B}$ 是 $n\times m$ 矩阵，且 $\boldsymbol{AB}=\boldsymbol{E}$，其中 $\boldsymbol{E}$ 为 m 阶单位矩阵，则（　　）．

A. $r(\boldsymbol{A})=r(\boldsymbol{B})=m$　B. $r(\boldsymbol{A})=m$，$r(\boldsymbol{B})=n$

C. $r(\boldsymbol{A})=n$，$r(\boldsymbol{B})=m$　D. $r(\boldsymbol{A})=r(\boldsymbol{B})=n$

（5）（2009104,2009204,2009304）设 $\boldsymbol{A}$，$\boldsymbol{B}$ 均为二阶方阵，$\boldsymbol{A}^*,\boldsymbol{B}^*$ 分别为 $\boldsymbol{A},\boldsymbol{B}$ 的伴随矩阵．若 $|\boldsymbol{A}|=2$，$|\boldsymbol{B}|=3$，则分块矩阵 $\begin{pmatrix}\boldsymbol{O}&\boldsymbol{A}\\\boldsymbol{B}&\boldsymbol{O}\end{pmatrix}$ 的伴随矩阵为（　　）．

微课：总复习题（5）

A. $\begin{pmatrix}\boldsymbol{O}&3\boldsymbol{B}^*\\2\boldsymbol{A}^*&\boldsymbol{O}\end{pmatrix}$　B. $\begin{pmatrix}\boldsymbol{O}&2\boldsymbol{B}^*\\3\boldsymbol{A}^*&\boldsymbol{O}\end{pmatrix}$

C. $\begin{pmatrix}\boldsymbol{O}&3\boldsymbol{A}^*\\2\boldsymbol{B}^*&\boldsymbol{O}\end{pmatrix}$　D. $\begin{pmatrix}\boldsymbol{O}&2\boldsymbol{A}^*\\3\boldsymbol{B}^*&\boldsymbol{O}\end{pmatrix}$

2. 填空题：（6）～（10）小题，每小题 4 分，共 20 分．

（6）（2000203）设 $\boldsymbol{A}=\begin{pmatrix}1&0&0&0\\-2&3&0&0\\0&-4&5&0\\0&0&-6&7\end{pmatrix}$，$\boldsymbol{E}$ 为四阶单位矩阵，且 $\boldsymbol{B}=(\boldsymbol{E}+\boldsymbol{A})^{-1}(\boldsymbol{E}-\boldsymbol{A})$，则 $(\boldsymbol{E}+\boldsymbol{B})^{-1}=$ ______．

（7）（2001103）设矩阵 $\boldsymbol{A}$ 满足 $\boldsymbol{A}^2+\boldsymbol{A}-4\boldsymbol{E}=\boldsymbol{O}$，其中 $\boldsymbol{E}$ 为单位矩阵，则 $(\boldsymbol{A}-\boldsymbol{E})^{-1}=$ ______.

（8）（2004404）设 $\boldsymbol{A}=\begin{pmatrix}0&-1&0\\1&0&0\\0&0&-1\end{pmatrix}$，$\boldsymbol{B}=\boldsymbol{P}^{-1}\boldsymbol{AP}$，其中 $\boldsymbol{P}$ 为三阶可逆矩阵，则 $\boldsymbol{B}^{2\,004}-2\boldsymbol{A}^2=$ ______.

（9）（2003304, 2003404）设 n 维向量 $\boldsymbol{\alpha}=(a,0,\cdots,0,a)^{\mathrm{T}}$，$a<0$，$\boldsymbol{E}$ 为 n 阶单位矩阵，矩阵 $\boldsymbol{A}=\boldsymbol{E}-\boldsymbol{\alpha\alpha}^{\mathrm{T}}$，$\boldsymbol{B}=\boldsymbol{E}+\dfrac{1}{a}\boldsymbol{\alpha\alpha}^{\mathrm{T}}$，其中 $\boldsymbol{A}$ 的逆矩阵为 $\boldsymbol{B}$，则 $a=$ ______.（注：本题用到第 3 章知识.）

（10）（2001303, 2001403）设矩阵 $\boldsymbol{A}=\begin{pmatrix}k&1&1&1\\1&k&1&1\\1&1&k&1\\1&1&1&k\end{pmatrix}$，且 $r(\boldsymbol{A})=3$，则 $k=$ ______.

3. 解答题：（11）～（16）小题，每小题 10 分，共 60 分. 解答时应写出文字说明、证明过程或演算步骤.

（11）（2015211, 2015311）设矩阵 $\boldsymbol{A}=\begin{pmatrix}a&1&0\\1&a&-1\\0&1&a\end{pmatrix}$，且 $\boldsymbol{A}^3=\boldsymbol{O}$.

① 求 a 的值.

② 若矩阵 $\boldsymbol{X}$ 满足 $\boldsymbol{X}-\boldsymbol{XA}^2-\boldsymbol{AX}+\boldsymbol{AXA}^2=\boldsymbol{E}$，其中 $\boldsymbol{E}$ 为三阶单位矩阵，求 $\boldsymbol{X}$.

（12）（2002206）已知 $\boldsymbol{A},\boldsymbol{B}$ 为三阶方阵，且满足 $2\boldsymbol{A}^{-1}\boldsymbol{B}=\boldsymbol{B}-4\boldsymbol{E}$，其中 $\boldsymbol{E}$ 是三阶单位矩阵.

① 证明：矩阵 $\boldsymbol{A}-2\boldsymbol{E}$ 可逆.

② 若 $\boldsymbol{B}=\begin{pmatrix}1&-2&0\\1&2&0\\0&0&2\end{pmatrix}$，求矩阵 $\boldsymbol{A}$.

（13）（2001206）已知矩阵 $\boldsymbol{A}=\begin{pmatrix}1&0&0\\1&1&0\\1&1&1\end{pmatrix}$，$\boldsymbol{B}=\begin{pmatrix}0&1&1\\1&0&1\\1&1&0\end{pmatrix}$，且矩阵 $\boldsymbol{X}$ 满足 $\boldsymbol{AXA}+\boldsymbol{BXB}=\boldsymbol{AXB}+\boldsymbol{BXA}+\boldsymbol{E}$，其中 $\boldsymbol{E}$ 为三阶单位矩阵，求 $\boldsymbol{X}$.

（14）（1997105）设 $\boldsymbol{A}$ 是 n 阶可逆方阵，将 $\boldsymbol{A}$ 的第 i 行与第 j 行对换后得到的矩阵记为 $\boldsymbol{B}$.

微课：总复习题（14）

① 证明：$\boldsymbol{B}$ 可逆.

② 求 $\boldsymbol{AB}^{-1}$.

（15）（1996106）设 $\boldsymbol{A}=\boldsymbol{E}-\boldsymbol{\xi\xi}^{\mathrm{T}}$，其中 $\boldsymbol{E}$ 是 n 阶单位矩阵，$\boldsymbol{\xi}$ 是 n 维非零列向量，$\boldsymbol{\xi}^{\mathrm{T}}$ 是 $\boldsymbol{\xi}$ 的转置. 证明：

① $\boldsymbol{A}^2=\boldsymbol{A}$ 的充要条件是 $\boldsymbol{\xi}^{\mathrm{T}}\boldsymbol{\xi}=1$；

② 当 $\boldsymbol{\xi}^{\mathrm{T}}\boldsymbol{\xi}=1$ 时，$\boldsymbol{A}$ 是不可逆矩阵.

（16）（2008110）$\boldsymbol{A}=\boldsymbol{\alpha}\boldsymbol{\alpha}^{\mathrm{T}}+\boldsymbol{\beta}\boldsymbol{\beta}^{\mathrm{T}}$，$\boldsymbol{\alpha},\boldsymbol{\beta}$是三维列向量，$\boldsymbol{\alpha}^{\mathrm{T}}$为$\boldsymbol{\alpha}$的转置，$\boldsymbol{\beta}^{\mathrm{T}}$为$\boldsymbol{\beta}$的转置.

① 证明：$r(\boldsymbol{A})\leqslant 2$.

② 若$\boldsymbol{\alpha},\boldsymbol{\beta}$线性相关，则 $r(\boldsymbol{A})<2$.

（注：本题第②问用到第 3 章知识.）

03 第3章 向量与向量空间

在平面解析几何中引入直角坐标系后，任一点 P 可由二元有序数组 (x,y) 来表示，而以原点 O 为起点，以 P 为终点的有向线段 $\overrightarrow{OP}$ 也可由 (x,y) 来描述. 类似地，在空间解析几何中，引入直角坐标系后，任一点 P 可由三元有序数组 (x,y,z) 来表示，而有向线段 $\overrightarrow{OP}$ 也可由 (x,y,z) 来描述. 除了二元、三元有序数组，很多时候，我们会用到更多的有序数组，例如，对于 n 元线性方程组

本章导学

$$\begin{cases} a_{11}x_1+a_{12}x_2+\cdots+a_{1n}x_n=b_1, \\ a_{21}x_1+a_{22}x_2+\cdots+a_{2n}x_n=b_2, \\ \quad\cdots\cdots\cdots \\ a_{m1}x_1+a_{m2}x_2+\cdots+a_{mn}x_n=b_m, \end{cases}$$

通常用 n 元有序数组 $(x_1,x_2,\cdots,x_n)$ 来表示解. 又如，在一个较复杂的控制系统中（如导弹、飞行器等），决定系统在某个时刻 t 的参数有 n 个，这就需要用 n 元有序数组 $(x_1(t),x_2(t),\cdots,x_n(t))$ 来对控制系统进行描述.

本章主要学习 n 元有序数组，即 n 维向量，包括向量的线性运算、线性关系及由向量构成的向量空间.

3.1 n 维向量及其线性运算

建立空间直角坐标系后，可使几何向量与三元有序数组一一对应，在许多实际问题中，所研究的对象需要用多个数构成的有序数组来描述. 本节将几何向量推广到 n 维向量，并给出了 n 维向量的线性运算.

3.1.1 n 维向量的定义

定义 3.1 由 n 个数 $a_1,a_2,\cdots,a_n$ 组成的有序数组称为 n 维向量.

若记为 $(a_1,a_2,\cdots,a_n)$，称为 n 维行向量；若记为 $\begin{pmatrix} a_1 \\ a_2 \\ \vdots \\ a_n \end{pmatrix}$，称为 n 维列向量. 其中，a_i 称为第 i 个分量，n 称为向量的维数.

分量全为实数的向量称为实向量，分量全为复数的向量称为复向量．本书除特别说明，均指实向量．

需要注意的是，n 维行向量即为 $1\times n$ 矩阵，而 n 维列向量即为 $n\times 1$ 矩阵．根据矩阵的运算，我们可定义向量的运算．比如，向量 $\boldsymbol{\alpha}$ 的转置与矩阵的转置类似，记为 $\boldsymbol{\alpha}^{\mathrm{T}}$．

本书中，我们用黑体小写字母 $\boldsymbol{a},\boldsymbol{b},\boldsymbol{\alpha},\boldsymbol{\beta},\boldsymbol{\gamma}$ 等表示列向量，用 $\boldsymbol{a}^{\mathrm{T}},\boldsymbol{b}^{\mathrm{T}},\boldsymbol{\alpha}^{\mathrm{T}},\boldsymbol{\beta}^{\mathrm{T}},\boldsymbol{\gamma}^{\mathrm{T}}$ 等表示行向量．

3.1.2　n维向量的线性运算

微课：定义3.2 和定理3.1

定义 3.2

（1）分量全为 0 的向量称为零向量，记作 $\mathbf{0}$，即 $\mathbf{0}=(0,\cdots,0)^{\mathrm{T}}$．

（2）对于 $\boldsymbol{\alpha}=(a_1,a_2,\cdots,a_n)^{\mathrm{T}}$，称 $(-a_1,-a_2,\cdots,-a_n)^{\mathrm{T}}$ 为 $\boldsymbol{\alpha}$ 的负向量，记为 $-\boldsymbol{\alpha}$．

（3）对于 $\boldsymbol{\alpha}=(a_1,a_2,\cdots,a_n)^{\mathrm{T}}$，$\boldsymbol{\beta}=(b_1,b_2,\cdots,b_n)^{\mathrm{T}}$，当且仅当 $a_i=b_i(i=1,2,\cdots,n)$ 时，称 $\boldsymbol{\alpha}$ 与 $\boldsymbol{\beta}$ 相等，记为 $\boldsymbol{\alpha}=\boldsymbol{\beta}$．

（4）对于 $\boldsymbol{\alpha}=(a_1,a_2,\cdots,a_n)^{\mathrm{T}}$，$\boldsymbol{\beta}=(b_1,b_2,\cdots,b_n)^{\mathrm{T}}$，称 $(a_1+b_1,a_2+b_2,\cdots,a_n+b_n)^{\mathrm{T}}$ 为 $\boldsymbol{\alpha}$ 与 $\boldsymbol{\beta}$ 的和，记为 $\boldsymbol{\alpha}+\boldsymbol{\beta}$．

（5）对于 $\boldsymbol{\alpha}=(a_1,a_2,\cdots,a_n)^{\mathrm{T}}$，$\boldsymbol{\beta}=(b_1,b_2,\cdots,b_n)^{\mathrm{T}}$，称 $(a_1-b_1,a_2-b_2,\cdots,a_n-b_n)^{\mathrm{T}}$ 为 $\boldsymbol{\alpha}$ 与 $\boldsymbol{\beta}$ 的差，记为 $\boldsymbol{\alpha}-\boldsymbol{\beta}$．

（6）对于 $\boldsymbol{\alpha}=(a_1,a_2,\cdots,a_n)^{\mathrm{T}}$，$k$ 为实数，称 $(ka_1,ka_2,\cdots,ka_n)^{\mathrm{T}}$ 为 k 与 $\boldsymbol{\alpha}$ 的数乘，记为 $k\boldsymbol{\alpha}$．

向量的加法和数乘统称为向量的线性运算．根据矩阵的运算规律，向量的线性运算满足下列 8 条性质．

定理 3.1　对任意的 n 维向量 $\boldsymbol{\alpha},\boldsymbol{\beta},\boldsymbol{\gamma}$ 和数 k,l，有

（1）$\boldsymbol{\alpha}+\boldsymbol{\beta}=\boldsymbol{\beta}+\boldsymbol{\alpha}$；

（2）$(\boldsymbol{\alpha}+\boldsymbol{\beta})+\boldsymbol{\gamma}=\boldsymbol{\alpha}+(\boldsymbol{\beta}+\boldsymbol{\gamma})$；

（3）$\boldsymbol{\alpha}+\mathbf{0}=\boldsymbol{\alpha}$；

（4）$\boldsymbol{\alpha}+(-\boldsymbol{\alpha})=\mathbf{0}$；

（5）$1\cdot\boldsymbol{\alpha}=\boldsymbol{\alpha}$；

（6）$k(l\boldsymbol{\alpha})=(kl)\boldsymbol{\alpha}$；

（7）$k(\boldsymbol{\alpha}+\boldsymbol{\beta})=k\boldsymbol{\alpha}+k\boldsymbol{\beta}$；

（8）$(k+l)\boldsymbol{\alpha}=k\boldsymbol{\alpha}+l\boldsymbol{\alpha}$．

【即时提问 3.1】向量有乘法运算吗？

例 3.1　某工厂 4 种产品两天的产量（单位：t）按照产品顺序用向量表示，第 1 天为 $\boldsymbol{\alpha}_1=(15,20,17,8)^{\mathrm{T}}$，第 2 天为 $\boldsymbol{\alpha}_2=(16,22,18,9)^{\mathrm{T}}$，求两天各产品的产量和．

解　$\boldsymbol{\alpha}_1+\boldsymbol{\alpha}_2=(15,20,17,8)^{\mathrm{T}}+(16,22,18,9)^{\mathrm{T}}=(31,42,35,17)^{\mathrm{T}}$．

同步习题 3.1

基础题

1．设 $\boldsymbol{\alpha}_1=(1,-1,1)^{\mathrm{T}},\boldsymbol{\alpha}_2=(-1,1,1)^{\mathrm{T}},\boldsymbol{\alpha}_3=(1,1,-1)^{\mathrm{T}}$，求：(1) $2\boldsymbol{\alpha}_1-3\boldsymbol{\alpha}_2+4\boldsymbol{\alpha}_3$；(2) $\boldsymbol{\alpha}_1+4\boldsymbol{\alpha}_2-7\boldsymbol{\alpha}_3$．

2．设 $3(\boldsymbol{\alpha}_1-\boldsymbol{\alpha})-2(\boldsymbol{\alpha}_2+\boldsymbol{\alpha})=5(\boldsymbol{\alpha}_3+\boldsymbol{\alpha})$，求 $\boldsymbol{\alpha}$，其中 $\boldsymbol{\alpha}_1=(2,5,1,3)^{\mathrm{T}}$，$\boldsymbol{\alpha}_2=(10,1,5,10)^{\mathrm{T}}$，$\boldsymbol{\alpha}_3=(4,1,-1,1)^{\mathrm{T}}$．

3．设 $\boldsymbol{\alpha}_1=(1,a,0)^{\mathrm{T}}$，$\boldsymbol{\alpha}_2=(-1,2,b)^{\mathrm{T}}$，当 a,b 为何值时，$\boldsymbol{\alpha}_1+\boldsymbol{\alpha}_2=\mathbf{0}$？

提高题

设 n 维行向量 $\boldsymbol{\alpha}=\left(\frac{1}{2},0,\cdots,0,\frac{1}{2}\right)$，矩阵 $\boldsymbol{A}=\boldsymbol{E}-\boldsymbol{\alpha}^{\mathrm{T}}\boldsymbol{\alpha}$，$\boldsymbol{B}=\boldsymbol{E}+2\boldsymbol{\alpha}^{\mathrm{T}}\boldsymbol{\alpha}$，求 $\boldsymbol{AB}$．

3.2 向量组的线性关系

由若干个同维数的行向量（或同维数的列向量）组成的集合称为向量组．

对于一个 $m\times n$ 矩阵 $\boldsymbol{A}=(a_{ij})$，它的 n 个 m 维列向量

$$\boldsymbol{\alpha}_i=(a_{1i},a_{2i},\cdots,a_{mi})^{\mathrm{T}}\ (i=1,2,\cdots,n)$$

构成的向量组，称为 $\boldsymbol{A}$ 的列向量组；同理，m 个 n 维行向量 $\boldsymbol{\beta}_i^{\mathrm{T}}=(a_{i1},a_{i2},\cdots,a_{in})\ (i=1,2,\cdots,m)$ 构成的向量组，称为 $\boldsymbol{A}$ 的行向量组．

由此，矩阵 $\boldsymbol{A}$ 可记为

$$\boldsymbol{A}=(\boldsymbol{\alpha}_1,\boldsymbol{\alpha}_2,\cdots,\boldsymbol{\alpha}_n)=\begin{pmatrix}\boldsymbol{\beta}_1^{\mathrm{T}}\\ \boldsymbol{\beta}_2^{\mathrm{T}}\\ \vdots\\ \boldsymbol{\beta}_m^{\mathrm{T}}\end{pmatrix}.$$

所以，矩阵 $\boldsymbol{A}$ 与其列向量组或行向量组之间建立了一一对应关系．

向量组的学习和研究是十分重要的，下面我们从线性关系的角度来展开．

3.2.1 向量组的线性组合

定义 3.3 给定向量组 $\boldsymbol{\alpha}_1,\boldsymbol{\alpha}_2,\cdots,\boldsymbol{\alpha}_m$ 和向量 $\boldsymbol{\beta}$，如果存在一组数 $k_1,k_2,\cdots,k_m$，使

$$\boldsymbol{\beta}=k_1\boldsymbol{\alpha}_1+k_2\boldsymbol{\alpha}_2+\cdots+k_m\boldsymbol{\alpha}_m,$$

则称 $\boldsymbol{\beta}$ 是 $\boldsymbol{\alpha}_1,\boldsymbol{\alpha}_2,\cdots,\boldsymbol{\alpha}_m$ 的线性组合，或称 $\boldsymbol{\beta}$ 可由 $\boldsymbol{\alpha}_1,\boldsymbol{\alpha}_2,\cdots,\boldsymbol{\alpha}_m$ 线性表示，$k_1,k_2,\cdots,k_m$ 称为 $\boldsymbol{\beta}$ 由 $\boldsymbol{\alpha}_1,\boldsymbol{\alpha}_2,\cdots,\boldsymbol{\alpha}_m$ 线性表示的系数．

例 3.2　设 $\boldsymbol{\alpha}_1=(1,2,3)^{\mathrm{T}}$，$\boldsymbol{\alpha}_2=(2,4,6)^{\mathrm{T}}$，则 $\mathbf{0}=(0,0,0)^{\mathrm{T}}=0\cdot(1,2,3)^{\mathrm{T}}+0\cdot(2,4,6)^{\mathrm{T}}$，即零向量可由 $\boldsymbol{\alpha}_1,\boldsymbol{\alpha}_2$ 线性表示.

更一般地，n 维零向量可由任意 n 维向量组线性表示．事实上，设 $\boldsymbol{\alpha}_1,\boldsymbol{\alpha}_2,\cdots,\boldsymbol{\alpha}_m$ 为任意向量组，则有

$$\mathbf{0}=0\cdot\boldsymbol{\alpha}_1+0\cdot\boldsymbol{\alpha}_2+\cdots+0\cdot\boldsymbol{\alpha}_m.$$

例 3.3　设 n 维向量组 $\boldsymbol{e}_1=(1,0,\cdots,0)^{\mathrm{T}},\ \boldsymbol{e}_2=(0,1,\cdots,0)^{\mathrm{T}},\cdots,\ \boldsymbol{e}_n=(0,0,\cdots,1)^{\mathrm{T}}$，则任意 n 维向量 $\boldsymbol{\alpha}=(a_1,a_2,\cdots,a_n)^{\mathrm{T}}$ 可由 $\boldsymbol{e}_1,\boldsymbol{e}_2,\cdots,\boldsymbol{e}_n$ 线性表示．事实上，有

$$\boldsymbol{\alpha}=a_1\boldsymbol{e}_1+a_2\boldsymbol{e}_2+\cdots+a_n\boldsymbol{e}_n.$$

我们称 $\boldsymbol{e}_1,\boldsymbol{e}_2,\cdots,\boldsymbol{e}_n$ 为 n 维基本单位向量组.

例 3.4　向量组中任一向量都可由这个向量组线性表示．事实上，对于向量组 $\boldsymbol{\alpha}_1,\boldsymbol{\alpha}_2,\cdots,\boldsymbol{\alpha}_m$ 中任意向量 $\boldsymbol{\alpha}_i$，都有

$$\boldsymbol{\alpha}_i=0\cdot\boldsymbol{\alpha}_1+\cdots+0\cdot\boldsymbol{\alpha}_{i-1}+1\cdot\boldsymbol{\alpha}_i+0\cdot\boldsymbol{\alpha}_{i+1}+\cdots+0\cdot\boldsymbol{\alpha}_m,$$

所以，$\boldsymbol{\alpha}_i$ 可由 $\boldsymbol{\alpha}_1,\boldsymbol{\alpha}_2,\cdots,\boldsymbol{\alpha}_m$ 线性表示.

例 3.5　将向量 $\boldsymbol{\beta}=(-1,1,5)^{\mathrm{T}}$ 表示成向量组 $\boldsymbol{\alpha}_1=(1,2,3)^{\mathrm{T}},\boldsymbol{\alpha}_2=(0,1,4)^{\mathrm{T}},\boldsymbol{\alpha}_3=(2,3,6)^{\mathrm{T}}$ 的线性组合.

解　设存在一组数 x_1,x_2,x_3，使 $x_1\boldsymbol{\alpha}_1+x_2\boldsymbol{\alpha}_2+x_3\boldsymbol{\alpha}_3=\boldsymbol{\beta}$，即

$$\begin{cases}x_1+2x_3=-1,\\2x_1+x_2+3x_3=1,\\3x_1+4x_2+6x_3=5,\end{cases}$$

使用克莱姆法则可解得 $x_1=1,x_2=2,x_3=-1$，故 $\boldsymbol{\beta}=\boldsymbol{\alpha}_1+2\boldsymbol{\alpha}_2-\boldsymbol{\alpha}_3$.

3.2.2　向量组的等价

定义 3.4　设有两个向量组：（Ⅰ）$\boldsymbol{\alpha}_1,\boldsymbol{\alpha}_2,\cdots,\boldsymbol{\alpha}_m$；（Ⅱ）$\boldsymbol{\beta}_1,\boldsymbol{\beta}_2,\cdots,\boldsymbol{\beta}_s$．若向量组（Ⅰ）中每个向量都可由向量组（Ⅱ）线性表示，则称向量组（Ⅰ）可由向量组（Ⅱ）线性表示．若两个向量组可相互线性表示，则称它们等价.

例如，$\boldsymbol{e}_1=(1,0,0)^{\mathrm{T}},\boldsymbol{e}_2=(0,1,0)^{\mathrm{T}},\boldsymbol{e}_3=(0,0,1)^{\mathrm{T}}$ 和 $\boldsymbol{\alpha}_1=(1,1,1)^{\mathrm{T}},\boldsymbol{\alpha}_2=(1,1,0)^{\mathrm{T}},\boldsymbol{\alpha}_3=(1,0,0)^{\mathrm{T}}$ 这两个向量组是等价的.

事实上，显然有 $\boldsymbol{\alpha}_1=\boldsymbol{e}_1+\boldsymbol{e}_2+\boldsymbol{e}_3,\boldsymbol{\alpha}_2=\boldsymbol{e}_1+\boldsymbol{e}_2,\boldsymbol{\alpha}_3=\boldsymbol{e}_1$，又容易得 $\boldsymbol{e}_1=\boldsymbol{\alpha}_3,\boldsymbol{e}_2=\boldsymbol{\alpha}_2-\boldsymbol{\alpha}_3,\boldsymbol{e}_3=\boldsymbol{\alpha}_1-\boldsymbol{\alpha}_2$，所以两个向量组等价.

不难证明，向量组等价满足下列 3 条性质.

（1）反身性：每一个向量组都与其自身等价.

（2）对称性：若向量组（Ⅰ）与（Ⅱ）等价，则向量组（Ⅱ）与（Ⅰ）也等价.

（3）传递性：若向量组（Ⅰ）与（Ⅱ）等价，向量组（Ⅱ）与（Ⅲ）等价，则向量组（Ⅰ）与（Ⅲ）等价.

由定义 3.4，若向量组（Ⅱ）$\boldsymbol{\beta}_1,\boldsymbol{\beta}_2,\cdots,\boldsymbol{\beta}_s$ 可由向量组（Ⅰ）$\boldsymbol{\alpha}_1,\boldsymbol{\alpha}_2,\cdots,\boldsymbol{\alpha}_m$ 线性表示，则存在一组数

$$c_{1i}, c_{2i}, \cdots, c_{mi} (i=1,\cdots,s),$$

使

$$\boldsymbol{\beta}_i = c_{1i}\boldsymbol{\alpha}_1 + c_{2i}\boldsymbol{\alpha}_2 + \cdots + c_{mi}\boldsymbol{\alpha}_m = (\boldsymbol{\alpha}_1, \boldsymbol{\alpha}_2, \cdots, \boldsymbol{\alpha}_m)\begin{pmatrix} c_{1i} \\ c_{2i} \\ \vdots \\ c_{mi} \end{pmatrix},$$

从而

$$(\boldsymbol{\beta}_1, \boldsymbol{\beta}_2, \cdots, \boldsymbol{\beta}_s) = (\boldsymbol{\alpha}_1, \boldsymbol{\alpha}_2, \cdots, \boldsymbol{\alpha}_m)\boldsymbol{C},$$

其中 $m \times s$ 矩阵 $\boldsymbol{C} = (c_{ij})$ 称为这一线性表示过程的表示矩阵.

令$\boldsymbol{A} = (\boldsymbol{\alpha}_1, \boldsymbol{\alpha}_2, \cdots, \boldsymbol{\alpha}_m)$，$\boldsymbol{B} = (\boldsymbol{\beta}_1, \boldsymbol{\beta}_2, \cdots, \boldsymbol{\beta}_s)$，则有 $\boldsymbol{AC} = \boldsymbol{B}$. 进而有以下定理.

定理 3.2 向量组 $\boldsymbol{\beta}_1, \boldsymbol{\beta}_2, \cdots, \boldsymbol{\beta}_s$ 可由向量组 $\boldsymbol{\alpha}_1, \boldsymbol{\alpha}_2, \cdots, \boldsymbol{\alpha}_m$ 线性表示的充要条件是矩阵方程 $\boldsymbol{AX} = \boldsymbol{B}$ 有解.

定理 3.3 行向量组 $\boldsymbol{\beta}_1^{\mathrm{T}}, \boldsymbol{\beta}_2^{\mathrm{T}}, \cdots, \boldsymbol{\beta}_s^{\mathrm{T}}$ 可由行向量组 $\boldsymbol{\alpha}_1^{\mathrm{T}}, \boldsymbol{\alpha}_2^{\mathrm{T}}, \cdots, \boldsymbol{\alpha}_m^{\mathrm{T}}$ 线性表示的充要条件是矩阵方程$\boldsymbol{XA}^{\mathrm{T}} = \boldsymbol{B}^{\mathrm{T}}$有解.

例 3.6 设 $\boldsymbol{A}, \boldsymbol{B}, \boldsymbol{C}$ 均为 n 阶矩阵，若 $\boldsymbol{AB} = \boldsymbol{C}$，且 $\boldsymbol{B}$ 可逆，则矩阵 $\boldsymbol{C}$ 的列向量组与矩阵 $\boldsymbol{A}$ 的列向量组等价.

证明 将 $\boldsymbol{A}, \boldsymbol{C}$ 按列分块，$\boldsymbol{A} = (\boldsymbol{\alpha}_1, \boldsymbol{\alpha}_2, \cdots, \boldsymbol{\alpha}_n)$，$\boldsymbol{C} = (\boldsymbol{\gamma}_1, \boldsymbol{\gamma}_2, \cdots, \boldsymbol{\gamma}_n)$，由 $\boldsymbol{AB} = \boldsymbol{C}$，可得

$$(\boldsymbol{\alpha}_1, \boldsymbol{\alpha}_2, \cdots, \boldsymbol{\alpha}_n)\begin{pmatrix} b_{11} & \cdots & b_{1n} \\ b_{21} & \cdots & b_{2n} \\ \vdots & & \vdots \\ b_{n1} & \cdots & b_{nn} \end{pmatrix} = (\boldsymbol{\gamma}_1, \boldsymbol{\gamma}_2, \cdots, \boldsymbol{\gamma}_n),$$

即

$$\boldsymbol{\gamma}_i = b_{1i}\boldsymbol{\alpha}_1 + b_{2i}\boldsymbol{\alpha}_2 + \cdots + b_{ni}\boldsymbol{\alpha}_n,\ i = 1, 2, \cdots, n,$$

故$\boldsymbol{C}$的列向量组可由$\boldsymbol{A}$的列向量组线性表示. 又因为$\boldsymbol{B}$可逆，故$\boldsymbol{A} = \boldsymbol{CB}^{-1}$. 同理可得，$\boldsymbol{A}$的列向量组可由$\boldsymbol{C}$的列向量组线性表示. 从而证得矩阵 $\boldsymbol{C}$ 的列向量组与矩阵 $\boldsymbol{A}$ 的列向量组等价.

3.2.3 线性组合的经济学应用举例

在经济学中，需要将某个量（例如成本）分解成几部分时，常常需要用到线性组合的概念.

例如，一个公司生产两种产品 A 和 B. 设生产价值 1 万元的产品 A 需要原料成本 0.3 万元，人工成本 0.25 万元，设备成本 0.1 万元，管理成本 0.15 万元，则可构造出产品 A 的单位成本向量 $\boldsymbol{\alpha} = (0.3, 0.25, 0.1, 0.15)^{\mathrm{T}}$. 同理，可构造出产品 B 的单位成本向量，假设为 $\boldsymbol{\beta} = (0.25, 0.35, 0.1, 0.1)^{\mathrm{T}}$. 该公司生产价值 x_1 万元的产品 A 和生产价值 x_2 万元的产品 B 需要的总成本为 $x_1\boldsymbol{\alpha} + x_2\boldsymbol{\beta}$.

3.2.4 向量组线性相关性的定义

向量组的线性相关性是向量在线性运算下的重要性质，也是后面学习线性方程组理论的重

要基础.

定义 3.5 给定 n 维向量组 $\boldsymbol{\alpha}_1,\boldsymbol{\alpha}_2,\cdots,\boldsymbol{\alpha}_m$，如果存在不全为零的数 $k_1,k_2,\cdots,k_m$，使

$$k_1\boldsymbol{\alpha}_1+k_2\boldsymbol{\alpha}_2+\cdots+k_m\boldsymbol{\alpha}_m=\mathbf{0},$$

则称 $\boldsymbol{\alpha}_1,\boldsymbol{\alpha}_2,\cdots,\boldsymbol{\alpha}_m$ 线性相关.

若当且仅当 $k_1,k_2,\cdots,k_m$ 全为零时，上述等式才成立，则称 $\boldsymbol{\alpha}_1,\boldsymbol{\alpha}_2,\cdots,\boldsymbol{\alpha}_m$ 线性无关.

由定义可知，若两个向量 $\boldsymbol{\alpha}_1$ 和 $\boldsymbol{\alpha}_2$ 线性相关，则存在不全为零的数 k_1,k_2，使 $k_1\boldsymbol{\alpha}_1+k_2\boldsymbol{\alpha}_2=\mathbf{0}$. 不妨设 $k_1\neq 0$，则有 $\boldsymbol{\alpha}_1=-\dfrac{k_2}{k_1}\boldsymbol{\alpha}_2$.

所以，2 个二维向量线性相关的几何意义是这 2 个向量共线.

类似地，3 个二维向量线性相关的几何意义是这 3 个向量共面.

【即时提问 3.2】判别下列说法的对错：向量组 $\boldsymbol{\alpha}_1,\boldsymbol{\alpha}_2,\cdots,\boldsymbol{\alpha}_m$ 线性无关的充要条件是存在全为零的数 $k_1,k_2,\cdots,k_m$，使得 $k_1\boldsymbol{\alpha}_1+k_2\boldsymbol{\alpha}_2+\cdots+k_m\boldsymbol{\alpha}_m=\mathbf{0}$.

例 3.7 证明：n 维基本单位向量组 $\boldsymbol{e}_1=(1,0,\cdots,0)^{\mathrm{T}},\boldsymbol{e}_2=(0,1,\cdots,0)^{\mathrm{T}},\cdots,\boldsymbol{e}_n=(0,0,\cdots,1)^{\mathrm{T}}$ 线性无关.

证明 设有一组数 $k_1,k_2\cdots,k_n$，使 $k_1\boldsymbol{e}_1+k_2\boldsymbol{e}_2+\cdots+k_n\boldsymbol{e}_n=\mathbf{0}$，即 $(k_1,k_2,\cdots,k_n)^{\mathrm{T}}=\mathbf{0}$，有 $k_1=k_2=\cdots=k_n=0$，所以 $\boldsymbol{e}_1,\boldsymbol{e}_2,\cdots,\boldsymbol{e}_n$ 线性无关.

例 3.8 讨论向量组 $\boldsymbol{\alpha}_1=(2,-1,1)^{\mathrm{T}},\boldsymbol{\alpha}_2=(1,0,1)^{\mathrm{T}},\boldsymbol{\alpha}_3=(1,-2,-1)^{\mathrm{T}}$ 的线性相关性.

解 设有一组数 k_1,k_2,k_3，使 $k_1\boldsymbol{\alpha}_1+k_2\boldsymbol{\alpha}_2+k_3\boldsymbol{\alpha}_3=\mathbf{0}$，即

$$\begin{cases}2k_1+k_2+k_3=0,\\-k_1-2k_3=0,\\k_1+k_2-k_3=0.\end{cases}$$

微课：例3.8

该方程组的系数行列式为

$$\begin{vmatrix}2&1&1\\-1&0&-2\\1&1&-1\end{vmatrix}=-1-2-1+4=0,$$

所以方程组有非零解，故 $\boldsymbol{\alpha}_1,\boldsymbol{\alpha}_2,\boldsymbol{\alpha}_3$ 线性相关.

由上述解题过程可知，当向量组中向量的个数等于向量组的维数时，可利用行列式判别向量组的线性相关性.

例 3.9 设 $\boldsymbol{\alpha}_1,\boldsymbol{\alpha}_2,\boldsymbol{\alpha}_3$ 线性无关，证明：$\boldsymbol{\alpha}_1+\boldsymbol{\alpha}_2,\boldsymbol{\alpha}_2+\boldsymbol{\alpha}_3,\boldsymbol{\alpha}_3+\boldsymbol{\alpha}_1$ 线性无关.

证明 设有一组数 k_1,k_2,k_3，使

$$k_1(\boldsymbol{\alpha}_1+\boldsymbol{\alpha}_2)+k_2(\boldsymbol{\alpha}_2+\boldsymbol{\alpha}_3)+k_3(\boldsymbol{\alpha}_3+\boldsymbol{\alpha}_1)=\mathbf{0}.$$

整理得

$$(k_1+k_3)\boldsymbol{\alpha}_1+(k_1+k_2)\boldsymbol{\alpha}_2+(k_2+k_3)\boldsymbol{\alpha}_3=\mathbf{0},$$

由 $\boldsymbol{\alpha}_1,\boldsymbol{\alpha}_2,\boldsymbol{\alpha}_3$ 线性无关，可得

$$\begin{cases} k_1 + k_3 = 0, \\ k_1 + k_2 = 0, \\ k_2 + k_3 = 0, \end{cases}$$

解得 $k_1 = k_2 = k_3 = 0$，所以 $\boldsymbol{\alpha}_1+\boldsymbol{\alpha}_2, \boldsymbol{\alpha}_2+\boldsymbol{\alpha}_3, \boldsymbol{\alpha}_3+\boldsymbol{\alpha}_1$ 线性无关.

3.2.5 向量组线性相关性的性质

下面我们给出关于向量组线性相关性的一些常见性质.

性质 3.1 一个向量线性相关的充要条件是这个向量为零向量.

证明 一个向量 $\boldsymbol{\alpha}$ 线性相关的充要条件是存在非零的数 k，使 $k\boldsymbol{\alpha} = \mathbf{0}$，也即当且仅当 $\boldsymbol{\alpha}$ 为零向量.

推论 一个向量线性无关的充要条件是这个向量为非零向量.

性质 3.2 两个向量线性相关的充要条件是对应分量成比例.

证明 必要性. 设 $\boldsymbol{\alpha}_1,\boldsymbol{\alpha}_2$ 线性相关，即存在不全为零的 k_1,k_2，使 $k_1\boldsymbol{\alpha}_1 + k_2\boldsymbol{\alpha}_2 = \mathbf{0}$. 不妨设 $k_1 \neq 0$，则有

$$\boldsymbol{\alpha}_1 = -\frac{k_2}{k_1}\boldsymbol{\alpha}_2,$$

即 $\boldsymbol{\alpha}_1,\boldsymbol{\alpha}_2$ 对应分量成比例.

充分性. 设 $\boldsymbol{\alpha}_1,\boldsymbol{\alpha}_2$ 对应分量成比例，则存在常数 k，使 $\boldsymbol{\alpha}_1 = k\boldsymbol{\alpha}_2$ 或 $\boldsymbol{\alpha}_2 = k\boldsymbol{\alpha}_1$，从而有 $\boldsymbol{\alpha}_1 - k\boldsymbol{\alpha}_2 = \mathbf{0}$ 或 $k\boldsymbol{\alpha}_1 - \boldsymbol{\alpha}_2 = \mathbf{0}$，即存在不全为零的数 $1,-k$ 或 $k,-1$，使上式成立，故 $\boldsymbol{\alpha}_1,\boldsymbol{\alpha}_2$ 线性相关.

推论 两个向量线性无关的充要条件是对应分量不成比例.

性质 3.3 $m(m\geqslant 2)$ 个向量线性相关的充要条件是至少有一个向量可由其余 $m-1$ 个向量线性表示.

微课：性质3.3

证明 必要性. 设 $m(m\geqslant 2)$ 个向量 $\boldsymbol{\alpha}_1,\boldsymbol{\alpha}_2,\cdots,\boldsymbol{\alpha}_m$ 线性相关，即存在不全为零的 $k_1,k_2,\cdots,k_m$，使

$$k_1\boldsymbol{\alpha}_1 + k_2\boldsymbol{\alpha}_2 + \cdots + k_m\boldsymbol{\alpha}_m = \mathbf{0},$$

不妨设 $k_1 \neq 0$，则有

$$\boldsymbol{\alpha}_1 = -\frac{k_2}{k_1}\boldsymbol{\alpha}_2 - \cdots - \frac{k_m}{k_1}\boldsymbol{\alpha}_m,$$

即 $\boldsymbol{\alpha}_1$ 可由 $\boldsymbol{\alpha}_2,\cdots,\boldsymbol{\alpha}_m$ 线性表示.

充分性. 不妨设 $\boldsymbol{\alpha}_m$ 可由 $\boldsymbol{\alpha}_1,\boldsymbol{\alpha}_2,\cdots,\boldsymbol{\alpha}_{m-1}$ 线性表示，即存在一组数 $k_1,k_2,\cdots,k_{m-1}$，使

$$\boldsymbol{\alpha}_m = k_1\boldsymbol{\alpha}_1 + k_2\boldsymbol{\alpha}_2 + \cdots + k_{m-1}\boldsymbol{\alpha}_{m-1},$$

即

$$k_1\boldsymbol{\alpha}_1 + k_2\boldsymbol{\alpha}_2 + \cdots + k_{m-1}\boldsymbol{\alpha}_{m-1} + (-1)\boldsymbol{\alpha}_m = \mathbf{0}.$$

因 $k_1,k_2,\cdots,k_{m-1},-1$ 中至少 -1 不为 0，所以 $\boldsymbol{\alpha}_1,\boldsymbol{\alpha}_2\cdots,\boldsymbol{\alpha}_m$ 线性相关．

推论　$m(m\geqslant 2)$ 个向量线性无关的充要条件是任意向量都不能由其余 $m-1$ 个向量线性表示．

性质 3.4　若 $\boldsymbol{\alpha}_1,\boldsymbol{\alpha}_2,\cdots,\boldsymbol{\alpha}_m$ 线性无关，而 $\boldsymbol{\alpha}_1,\boldsymbol{\alpha}_2,\cdots,\boldsymbol{\alpha}_m,\boldsymbol{\beta}$ 线性相关，则 $\boldsymbol{\beta}$ 可由 $\boldsymbol{\alpha}_1,\boldsymbol{\alpha}_2,\cdots,\boldsymbol{\alpha}_m$ 线性表示，且表示式唯一．

证明　由于 $\boldsymbol{\alpha}_1,\boldsymbol{\alpha}_2,\cdots,\boldsymbol{\alpha}_m,\boldsymbol{\beta}$ 线性相关，即存在不全为零的 $k_1,k_2,\cdots,k_m,k$，使 $k_1\boldsymbol{\alpha}_1+k_2\boldsymbol{\alpha}_2+\cdots+k_m\boldsymbol{\alpha}_m+k\boldsymbol{\beta}=\mathbf{0}$．若 $k=0$，则有不全为零的 $k_1,k_2,\cdots,k_m$，使 $k_1\boldsymbol{\alpha}_1+k_2\boldsymbol{\alpha}_2+\cdots+k_m\boldsymbol{\alpha}_m=\mathbf{0}$，与 $\boldsymbol{\alpha}_1,\boldsymbol{\alpha}_2,\cdots,\boldsymbol{\alpha}_m$ 线性无关矛盾，所以 $k\neq 0$，即 $\boldsymbol{\beta}$ 可由 $\boldsymbol{\alpha}_1,\boldsymbol{\alpha}_2,\cdots,\boldsymbol{\alpha}_m$ 线性表示．

下面证明唯一性．设

$$\boldsymbol{\beta}=k_1\boldsymbol{\alpha}_1+k_2\boldsymbol{\alpha}_2+\cdots+k_m\boldsymbol{\alpha}_m,$$

$$\boldsymbol{\beta}=l_1\boldsymbol{\alpha}_1+l_2\boldsymbol{\alpha}_2+\cdots+l_m\boldsymbol{\alpha}_m,$$

两式相减，可得 $(k_1-l_1)\boldsymbol{\alpha}_1+(k_2-l_2)\boldsymbol{\alpha}_2+\cdots+(k_m-l_m)\boldsymbol{\alpha}_m=\mathbf{0}$．由 $\boldsymbol{\alpha}_1,\boldsymbol{\alpha}_2,\cdots,\boldsymbol{\alpha}_m$ 线性无关，可得 $k_i=l_i(i=1,2,\cdots,m)$．

性质 3.5　向量组中有一部分向量组线性相关，则整个向量组线性相关．

证明　设向量组 $\boldsymbol{\alpha}_1,\boldsymbol{\alpha}_2,\cdots,\boldsymbol{\alpha}_m$ 中的 $s(s\leqslant m)$ 个向量线性相关，不妨设为 $\boldsymbol{\alpha}_1,\boldsymbol{\alpha}_2,\cdots,\boldsymbol{\alpha}_s$，即存在不全为零的数 $k_1,k_2,\cdots,k_s$，使 $k_1\boldsymbol{\alpha}_1+k_2\boldsymbol{\alpha}_2+\cdots+k_s\boldsymbol{\alpha}_s=\mathbf{0}$，从而有 $k_1\boldsymbol{\alpha}_1+k_2\boldsymbol{\alpha}_2+\cdots+k_s\boldsymbol{\alpha}_s+0\boldsymbol{\alpha}_{s+1}+\cdots+0\boldsymbol{\alpha}_m=\mathbf{0}$，即 $\boldsymbol{\alpha}_1,\boldsymbol{\alpha}_2,\cdots,\boldsymbol{\alpha}_m$ 线性相关．

推论　若一个向量组线性无关，则其任一部分向量组都线性无关．

性质 3.6　设向量组（Ⅰ）$\boldsymbol{\alpha}_1,\boldsymbol{\alpha}_2,\cdots,\boldsymbol{\alpha}_m$ 与（Ⅱ）$\boldsymbol{\beta}_1,\boldsymbol{\beta}_2,\cdots,\boldsymbol{\beta}_s$，若（Ⅱ）可由（Ⅰ）线性表示，且 $s>m$，则向量组（Ⅱ）$\boldsymbol{\beta}_1,\boldsymbol{\beta}_2,\cdots,\boldsymbol{\beta}_s$ 线性相关．

微课：性质3.6

例 3.10　证明：含有零向量的向量组一定线性相关．

证明　由性质 3.1，零向量线性相关．再由性质 3.5，整个向量组线性相关．

例 3.11　设向量组 $\boldsymbol{\alpha}_1,\boldsymbol{\alpha}_2,\boldsymbol{\alpha}_3$ 线性相关，向量组 $\boldsymbol{\alpha}_2,\boldsymbol{\alpha}_3,\boldsymbol{\alpha}_4$ 线性无关，证明：

（1）$\boldsymbol{\alpha}_1$ 可由 $\boldsymbol{\alpha}_2,\boldsymbol{\alpha}_3$ 线性表示；

（2）$\boldsymbol{\alpha}_4$ 不可由 $\boldsymbol{\alpha}_1,\boldsymbol{\alpha}_2,\boldsymbol{\alpha}_3$ 线性表示．

证明　（1）因 $\boldsymbol{\alpha}_2,\boldsymbol{\alpha}_3,\boldsymbol{\alpha}_4$ 线性无关，由性质 3.5，$\boldsymbol{\alpha}_2,\boldsymbol{\alpha}_3$ 线性无关，再由性质 3.4，$\boldsymbol{\alpha}_1$ 可由 $\boldsymbol{\alpha}_2,\boldsymbol{\alpha}_3$ 线性表示，且表示法唯一．

（2）用反证法，假设 $\boldsymbol{\alpha}_4$ 可由 $\boldsymbol{\alpha}_1,\boldsymbol{\alpha}_2,\boldsymbol{\alpha}_3$ 线性表示，由（1），$\boldsymbol{\alpha}_1$ 可由 $\boldsymbol{\alpha}_2,\boldsymbol{\alpha}_3$ 线性表示，则 $\boldsymbol{\alpha}_4$ 可由 $\boldsymbol{\alpha}_2,\boldsymbol{\alpha}_3$ 线性表示，这与条件 $\boldsymbol{\alpha}_2,\boldsymbol{\alpha}_3,\boldsymbol{\alpha}_4$ 线性无关矛盾，所以 $\boldsymbol{\alpha}_4$ 不可由 $\boldsymbol{\alpha}_1,\boldsymbol{\alpha}_2,\boldsymbol{\alpha}_3$ 线性表示．

例 3.12　设三阶矩阵 $\boldsymbol{A}=\begin{pmatrix}1&2&-2\\2&1&2\\3&0&4\end{pmatrix}$，三维列向量 $\boldsymbol{\alpha}=(a,1,1)^{\mathrm{T}}$，若 $\boldsymbol{A\alpha}$ 与 $\boldsymbol{\alpha}$ 线性相关，求 a．

解　由性质 3.2，$\boldsymbol{A\alpha}$ 与 $\boldsymbol{\alpha}$ 对应分量成比例，即存在数 k，使 $\boldsymbol{A\alpha}=k\boldsymbol{\alpha}$，即

$$\begin{cases}a=ka,\\2a+3=k,\\3a+4=k,\end{cases}$$

解得 $a=-1$．

3.2.6 向量组线性相关性的判定

定理 3.4 m 个 n 维向量 $\boldsymbol{\alpha}_i=(a_{1i},a_{2i},\cdots,a_{ni})^{\mathrm{T}}\ (i=1,2,\cdots,m)$ 线性相关的充要条件是矩阵

$$\boldsymbol{A}=(\boldsymbol{\alpha}_1,\boldsymbol{\alpha}_2,\cdots,\boldsymbol{\alpha}_m)=\begin{pmatrix}a_{11}&a_{12}&\cdots&a_{1m}\\a_{21}&a_{22}&\cdots&a_{2m}\\\vdots&\vdots&&\vdots\\a_{n1}&a_{n2}&\cdots&a_{nm}\end{pmatrix}$$

的秩 $r(\boldsymbol{A})<m$.

证明 必要性. 设 $\boldsymbol{\alpha}_1,\boldsymbol{\alpha}_2,\cdots,\boldsymbol{\alpha}_m$ 线性相关，根据性质 3.3 至少有一个向量可由其余 $m-1$ 个向量线性表示，不妨设该向量为 $\boldsymbol{\alpha}_m$ ，即

$$\boldsymbol{\alpha}_m=k_1\boldsymbol{\alpha}_1+k_2\boldsymbol{\alpha}_2+\cdots+k_{m-1}\boldsymbol{\alpha}_{m-1}.$$

上式写成分量形式为

$$\begin{cases}a_{1m}=k_1a_{11}+k_2a_{12}+\cdots+k_{m-1}a_{1,m-1},\\a_{2m}=k_1a_{21}+k_2a_{22}+\cdots+k_{m-1}a_{2,m-1},\\\quad\cdots\cdots\cdots\\a_{nm}=k_1a_{n1}+k_2a_{n2}+\cdots+k_{m-1}a_{n,m-1}.\end{cases}$$

对 $\boldsymbol{A}$ 作初等列变换，用 $-k_1,-k_2,\cdots,-k_{m-1}$ 分别乘以 $\boldsymbol{A}$ 的第 $1,2,\cdots,m-1$ 列后都加至第 m 列，有

$$\boldsymbol{A}=\begin{pmatrix}a_{11}&a_{12}&\cdots&a_{1m}\\a_{21}&a_{22}&\cdots&a_{2m}\\\vdots&\vdots&&\vdots\\a_{n1}&a_{n2}&\cdots&a_{nm}\end{pmatrix}\to\begin{pmatrix}a_{11}&\cdots&a_{1,m-1}&0\\a_{21}&\cdots&a_{2,m-1}&0\\\vdots&&\vdots&\vdots\\a_{n1}&\cdots&a_{n,m-1}&0\end{pmatrix}=\boldsymbol{B}.$$

由矩阵秩的定义知 $r(\boldsymbol{B})<m$. 由于 $\boldsymbol{A}$ 与 $\boldsymbol{B}$ 等价，所以 $r(\boldsymbol{A})=r(\boldsymbol{B})<m$.

充分性证明略.

推论 1 任意 m 个 n 维向量 $\boldsymbol{\alpha}_i=(a_{1i},a_{2i},\cdots,a_{ni})^{\mathrm{T}}\ (i=1,2,\cdots,m)$ 线性无关的充要条件是它们构成的矩阵 $\boldsymbol{A}=\boldsymbol{A}_{n\times m}$ 的秩 $r(\boldsymbol{A})=m(m<n)$.

推论 2 任意 n 个 n 维向量 $\boldsymbol{\alpha}_i=(a_{1i},a_{2i},\cdots,a_{ni})^{\mathrm{T}}\ (i=1,2,\cdots,n)$ 线性无关的充要条件是矩阵 $\boldsymbol{A}$ 的行列式不等于零.

推论 3 当 $m>n$ 时，m 个 n 维向量线性相关.

定理 3.5 若 m 个 s 维向量 $\boldsymbol{\alpha}_i=(a_{1i},a_{2i},\cdots,a_{si})^{\mathrm{T}}\ (i=1,2,\cdots,m)$ 线性无关，则对应的 m 个 $s+1$ 维向量 $\boldsymbol{\beta}_i=(a_{1i},a_{2i},\cdots,a_{si},a_{s+1,i})^{\mathrm{T}}\ (i=1,2,\cdots,m)$ 也线性无关.

证明 记

$$\boldsymbol{A}=(\boldsymbol{\alpha}_1,\boldsymbol{\alpha}_2,\cdots,\boldsymbol{\alpha}_m)=\begin{pmatrix}a_{11}&a_{12}&\cdots&a_{1m}\\a_{21}&a_{22}&\cdots&a_{2m}\\\vdots&\vdots&&\vdots\\a_{s1}&a_{s2}&\cdots&a_{sm}\end{pmatrix},$$

$$B=(\boldsymbol{\beta}_1,\boldsymbol{\beta}_2,\cdots,\boldsymbol{\beta}_m)=\begin{pmatrix} a_{11} & a_{12} & \cdots & a_{1m} \\ a_{21} & a_{22} & \cdots & a_{2m} \\ \vdots & \vdots & & \vdots \\ a_{s1} & a_{s2} & \cdots & a_{s,m} \\ a_{s+1,1} & a_{s+1,2} & \cdots & a_{s+1,m} \end{pmatrix},$$

则 $r(\boldsymbol{A})\leqslant r(\boldsymbol{B})$．由定理 3.4 的推论 1 知 $r(\boldsymbol{A})=m$，故 $r(\boldsymbol{B})=m$，从而向量组 $\boldsymbol{\beta}_1,\boldsymbol{\beta}_2,\cdots,\boldsymbol{\beta}_m$ 线性无关．

我们称 m 个 s 维向量 $\boldsymbol{\alpha}_i=(a_{1i},a_{2i},\cdots,a_{si})^{\mathrm{T}}(i=1,2,\cdots,m)$ 添加 $n-s$ 个分量后得到的向量组 $\boldsymbol{\gamma}_i=(a_{1i},a_{2i},\cdots,a_{si},a_{s+1,i},\cdots,a_{n-1,i},a_{ni})^{\mathrm{T}}(i=1,2,\cdots,m)$ 为原向量组 $\boldsymbol{\alpha}_1,\boldsymbol{\alpha}_2,\cdots,\boldsymbol{\alpha}_m$ 的延长向量组，则有如下推论．

推论　若一个向量组线性无关，则其延长向量组线性无关．

例 3.13　已知向量 $\boldsymbol{\alpha}_1=(1,2,-1,3)^{\mathrm{T}},\boldsymbol{\alpha}_2=(2,-1,3,5)^{\mathrm{T}},\boldsymbol{\alpha}_3=(-1,a+17,a,-1)^{\mathrm{T}}$，问：$a$ 为何值时，向量组 $\boldsymbol{\alpha}_1,\boldsymbol{\alpha}_2,\boldsymbol{\alpha}_3$ 线性相关、线性无关？

微课：例3.13

解　对矩阵 $(\boldsymbol{\alpha}_1,\boldsymbol{\alpha}_2,\boldsymbol{\alpha}_3)$ 施行初等行变换化为阶梯形矩阵，即

$$(\boldsymbol{\alpha}_1,\boldsymbol{\alpha}_2,\boldsymbol{\alpha}_3)=\begin{pmatrix} 1 & 2 & -1 \\ 2 & -1 & a+17 \\ -1 & 3 & a \\ 3 & 5 & -1 \end{pmatrix}\xrightarrow[\substack{r_3+r_1 \\ r_4-3r_1}]{r_2-2r_1}\begin{pmatrix} 1 & 2 & -1 \\ 0 & -5 & a+19 \\ 0 & 5 & a-1 \\ 0 & -1 & 2 \end{pmatrix}$$

$$\xrightarrow{r_2\leftrightarrow r_4}\begin{pmatrix} 1 & 2 & -1 \\ 0 & -1 & 2 \\ 0 & 5 & a-1 \\ 0 & -5 & a+19 \end{pmatrix}\xrightarrow[r_4-5r_2]{r_3+5r_2}\begin{pmatrix} 1 & 2 & -1 \\ 0 & -1 & 2 \\ 0 & 0 & a+9 \\ 0 & 0 & a+9 \end{pmatrix}\xrightarrow{r_4-r_3}\begin{pmatrix} 1 & 2 & -1 \\ 0 & -1 & 2 \\ 0 & 0 & a+9 \\ 0 & 0 & 0 \end{pmatrix},$$

当 $a+9\neq 0$，即 $a\neq -9$ 时，$r(\boldsymbol{\alpha}_1,\boldsymbol{\alpha}_2,\boldsymbol{\alpha}_3)=3$，由定理 3.4 知，向量组 $\boldsymbol{\alpha}_1,\boldsymbol{\alpha}_2,\boldsymbol{\alpha}_3$ 线性无关；当 $a+9=0$，即 $a=-9$ 时，$r(\boldsymbol{\alpha}_1,\boldsymbol{\alpha}_2,\boldsymbol{\alpha}_3)=2<3$，向量组 $\boldsymbol{\alpha}_1,\boldsymbol{\alpha}_2,\boldsymbol{\alpha}_3$ 线性相关．

同步习题 3.2

基础题

1．设向量 $\boldsymbol{\beta}$ 可由向量组 $\boldsymbol{\alpha}_1,\boldsymbol{\alpha}_2,\cdots,\boldsymbol{\alpha}_m$ 线性表示，但不能由向量组（Ⅰ）$\boldsymbol{\alpha}_1,\boldsymbol{\alpha}_2,\cdots,\boldsymbol{\alpha}_{m-1}$ 线性表示，记向量组（Ⅱ）$\boldsymbol{\alpha}_1,\boldsymbol{\alpha}_2,\cdots,\boldsymbol{\alpha}_{m-1},\boldsymbol{\beta}$，则（　　）．

A．$\boldsymbol{\alpha}_m$ 不能由（Ⅰ）线性表示，也不能由（Ⅱ）线性表示

B．$\boldsymbol{\alpha}_m$ 不能由（Ⅰ）线性表示，但可由（Ⅱ）线性表示

C．$\boldsymbol{\alpha}_m$ 可由（Ⅰ）线性表示，也可由（Ⅱ）线性表示

D．$\boldsymbol{\alpha}_m$ 可由（Ⅰ）线性表示，但不能由（Ⅱ）线性表示

2．n 维向量组 $\boldsymbol{\alpha}_1,\boldsymbol{\alpha}_2,\cdots,\boldsymbol{\alpha}_s\,(3\leqslant s\leqslant n)$ 线性无关的充分必要条件是（　　）．

A．存在一组不全为零的数$k_1,k_2,\cdots,k_s$，使$k_1\boldsymbol{\alpha}_1+k_2\boldsymbol{\alpha}_2+\cdots+k_s\boldsymbol{\alpha}_s\neq\mathbf{0}$

B．$\boldsymbol{\alpha}_1,\boldsymbol{\alpha}_2,\cdots,\boldsymbol{\alpha}_s$中任意两个向量都线性无关

C．$\boldsymbol{\alpha}_1,\boldsymbol{\alpha}_2,\cdots,\boldsymbol{\alpha}_s$中存在一个向量，它不能用其余向量线性表示

D．$\boldsymbol{\alpha}_1,\boldsymbol{\alpha}_2,\cdots,\boldsymbol{\alpha}_s$中任意一个向量都不能用其余向量线性表示

3．设$\boldsymbol{A},\boldsymbol{B}$为满足$\boldsymbol{AB}=\mathbf{0}$的任意两个非零矩阵，则必有（　　）.

A．$\boldsymbol{A}$的列向量组线性相关，$\boldsymbol{B}$的行向量组线性相关

B．$\boldsymbol{A}$的列向量组线性相关，$\boldsymbol{B}$的列向量组线性相关

C．$\boldsymbol{A}$的行向量组线性相关，$\boldsymbol{B}$的行向量组线性相关

D．$\boldsymbol{A}$的行向量组线性相关，$\boldsymbol{B}$的列向量组线性相关

4．设$\boldsymbol{A},\boldsymbol{B}$为满足$\boldsymbol{AB}=\boldsymbol{E}$的任意两个矩阵，则必有（　　）.

A．$\boldsymbol{A}$的列向量组线性无关，$\boldsymbol{B}$的行向量组线性无关

B．$\boldsymbol{A}$的列向量组线性无关，$\boldsymbol{B}$的列向量组线性无关

C．$\boldsymbol{A}$的行向量组线性无关，$\boldsymbol{B}$的行向量组线性无关

D．$\boldsymbol{A}$的行向量组线性无关，$\boldsymbol{B}$的列向量组线性无关

5．填空题.

（1）$\boldsymbol{\alpha}_1=(1,1,0)^{\mathrm{T}},\boldsymbol{\alpha}_2=(1,2,0)^{\mathrm{T}},\boldsymbol{\alpha}_3=(1,1,4)^{\mathrm{T}},\boldsymbol{\alpha}_4=(1,1,9)^{\mathrm{T}}$的线性关系是______.

（2）$\boldsymbol{\alpha}_1=(1,1,0,0,1)^{\mathrm{T}},\boldsymbol{\alpha}_2=(0,2,1,0,2)^{\mathrm{T}},\boldsymbol{\alpha}_3=(0,3,0,1,3)^{\mathrm{T}}$的线性关系是______.

（3）设$\boldsymbol{\alpha}_1,\boldsymbol{\alpha}_2,\boldsymbol{\alpha}_3,\boldsymbol{\alpha}_4$线性无关，则$\boldsymbol{\alpha}_1+\boldsymbol{\alpha}_2,\boldsymbol{\alpha}_1+\boldsymbol{\alpha}_3,\boldsymbol{\alpha}_1+\boldsymbol{\alpha}_4,\boldsymbol{\alpha}_2+\boldsymbol{\alpha}_3,\boldsymbol{\alpha}_2+\boldsymbol{\alpha}_4$的线性关系是______.

6．判断下列向量组是否线性相关：$\boldsymbol{\alpha}_1=(1,2,-1,3)^{\mathrm{T}},\boldsymbol{\alpha}_2=(2,1,0,-1)^{\mathrm{T}},\boldsymbol{\alpha}_3=(3,3,-1,2)^{\mathrm{T}}$.

7．已知向量组$\boldsymbol{\alpha}_1=(1,1,1,3)^{\mathrm{T}},\boldsymbol{\alpha}_2=(-1,-3,5,1)^{\mathrm{T}},\boldsymbol{\alpha}_3=(3,2,-1,k+2)^{\mathrm{T}},\boldsymbol{\alpha}_4=(-2,-6,10,k)^{\mathrm{T}}$线性相关，求$k$.

8．已知向量组$\boldsymbol{\alpha}_1,\boldsymbol{\alpha}_2,\boldsymbol{\alpha}_3$线性无关，证明：$\boldsymbol{\alpha}_1+2\boldsymbol{\alpha}_2,2\boldsymbol{\alpha}_1+3\boldsymbol{\alpha}_3,3\boldsymbol{\alpha}_3+\boldsymbol{\alpha}_1$线性无关.

9．已知向量组$\boldsymbol{\alpha}_1,\boldsymbol{\alpha}_2,\cdots,\boldsymbol{\alpha}_m$线性无关，证明：$\boldsymbol{\beta}_1=\boldsymbol{\alpha}_1,\boldsymbol{\beta}_2=\boldsymbol{\alpha}_1+\boldsymbol{\alpha}_2,\cdots,\boldsymbol{\beta}_m=\boldsymbol{\alpha}_1+\boldsymbol{\alpha}_2+\cdots+\boldsymbol{\alpha}_m$线性无关.

10．已知$\boldsymbol{\alpha}_1,\boldsymbol{\alpha}_2,\boldsymbol{\alpha}_3$线性无关，且$km\neq1$，证明：向量组$k\boldsymbol{\alpha}_2-\boldsymbol{\alpha}_1,m\boldsymbol{\alpha}_3-\boldsymbol{\alpha}_2,\boldsymbol{\alpha}_1-\boldsymbol{\alpha}_3$线性无关.

提高题

1．设n维向量组$\boldsymbol{\alpha}_1,\boldsymbol{\alpha}_2,\cdots,\boldsymbol{\alpha}_n$，证明：$\boldsymbol{\alpha}_1,\boldsymbol{\alpha}_2,\cdots,\boldsymbol{\alpha}_n$线性无关的充要条件是任意$n$维列向量都可以由它们线性表示.

2．设$\boldsymbol{\alpha}_1,\boldsymbol{\alpha}_2,\cdots,\boldsymbol{\alpha}_s$均为$n$维列向量，$\boldsymbol{A}$是$m\times n$矩阵，下列选项正确的是（　　）.

A．若$\boldsymbol{\alpha}_1,\boldsymbol{\alpha}_2,\cdots,\boldsymbol{\alpha}_s$线性相关，则$\boldsymbol{A\alpha}_1,\boldsymbol{A\alpha}_2,\cdots,\boldsymbol{A\alpha}_s$线性相关

B．若$\boldsymbol{\alpha}_1,\boldsymbol{\alpha}_2,\cdots,\boldsymbol{\alpha}_s$线性相关，则$\boldsymbol{A\alpha}_1,\boldsymbol{A\alpha}_2,\cdots,\boldsymbol{A\alpha}_s$线性无关

C. 若 $\boldsymbol{\alpha}_1,\boldsymbol{\alpha}_2,\cdots,\boldsymbol{\alpha}_s$ 线性无关，则 $\boldsymbol{A\alpha}_1,\boldsymbol{A\alpha}_2,\cdots,\boldsymbol{A\alpha}_s$ 线性相关

D. 若 $\boldsymbol{\alpha}_1,\boldsymbol{\alpha}_2,\cdots,\boldsymbol{\alpha}_s$ 线性无关，则 $\boldsymbol{A\alpha}_1,\boldsymbol{A\alpha}_2,\cdots,\boldsymbol{A\alpha}_s$ 线性无关

3. 设 $\boldsymbol{A}$ 是 n 阶矩阵，$\boldsymbol{\alpha}_1$ 是 n 维非零列向量，若 $\boldsymbol{A\alpha}_1=2\boldsymbol{\alpha}_1$，$\boldsymbol{A\alpha}_2=2\boldsymbol{\alpha}_2+\boldsymbol{\alpha}_1$，$\boldsymbol{A\alpha}_3=2\boldsymbol{\alpha}_3+\boldsymbol{\alpha}_2$. 证明：向量组 $\boldsymbol{\alpha}_1,\boldsymbol{\alpha}_2,\boldsymbol{\alpha}_3$ 线性无关.

4. 设向量组 $\boldsymbol{\alpha}_1,\boldsymbol{\alpha}_2,\cdots,\boldsymbol{\alpha}_s(s\geqslant 2)$ 线性无关，且 $\boldsymbol{\beta}_1=\boldsymbol{\alpha}_1+\boldsymbol{\alpha}_2,\boldsymbol{\beta}_2=\boldsymbol{\alpha}_2+\boldsymbol{\alpha}_3,\cdots,\boldsymbol{\beta}_{s-1}=\boldsymbol{\alpha}_{s-1}+\boldsymbol{\alpha}_s$, $\boldsymbol{\beta}_s=\boldsymbol{\alpha}_s+\boldsymbol{\alpha}_1$，讨论向量组 $\boldsymbol{\beta}_1,\boldsymbol{\beta}_2,\cdots,\boldsymbol{\beta}_s$ 的线性相关性.

3.3 极大线性无关组和秩

n 维基本单位向量组 $\boldsymbol{e}_1,\boldsymbol{e}_2,\cdots,\boldsymbol{e}_n$ 是线性无关的，而且任意一个 n 维向量都可由它们线性表示. 很自然的一个问题是，在一个向量组中，具备上述性质的部分组是什么样的呢？这就是本节要学习的内容，向量组的极大线性无关组和向量组的秩.

3.3.1 极大线性无关组和向量组的秩

定义 3.6 在向量组 $\boldsymbol{\alpha}_1,\boldsymbol{\alpha}_2,\cdots,\boldsymbol{\alpha}_m$ 中，选取 r 个向量 $\boldsymbol{\alpha}_{i_1},\boldsymbol{\alpha}_{i_2},\cdots,\boldsymbol{\alpha}_{i_r}$，如果满足

（1）$\boldsymbol{\alpha}_{i_1},\boldsymbol{\alpha}_{i_2},\cdots,\boldsymbol{\alpha}_{i_r}$ 线性无关；

（2）$\boldsymbol{\alpha}_1,\boldsymbol{\alpha}_2,\cdots,\boldsymbol{\alpha}_m$ 中任意一个向量都可由 $\boldsymbol{\alpha}_{i_1},\boldsymbol{\alpha}_{i_2},\cdots,\boldsymbol{\alpha}_{i_r}$ 线性表示，

则称 $\boldsymbol{\alpha}_{i_1},\boldsymbol{\alpha}_{i_2},\cdots,\boldsymbol{\alpha}_{i_r}$ 是向量组 $\boldsymbol{\alpha}_1,\boldsymbol{\alpha}_2,\cdots,\boldsymbol{\alpha}_m$ 的一个极大线性无关组，简称为极大无关组.

若 $\boldsymbol{\alpha}_{i_1},\boldsymbol{\alpha}_{i_2},\cdots,\boldsymbol{\alpha}_{i_r}$ 是向量组 $\boldsymbol{\alpha}_1,\boldsymbol{\alpha}_2,\cdots,\boldsymbol{\alpha}_m$ 的一个极大无关组，由定义，向量组中任意向量都可由 $\boldsymbol{\alpha}_{i_1},\boldsymbol{\alpha}_{i_2},\cdots,\boldsymbol{\alpha}_{i_r}$ 线性表示，再结合线性相关性的性质 3.6 可知，任意 $r+1$ 个向量都是线性相关的. 反之，若向量组 $\boldsymbol{\alpha}_1,\boldsymbol{\alpha}_2,\cdots,\boldsymbol{\alpha}_m$ 中的任意 $r+1$ 个向量都是线性相关的，则由上述极大无关组定义可知，任意向量 $\boldsymbol{\alpha}_i$ 都可由 $\boldsymbol{\alpha}_{i_1},\boldsymbol{\alpha}_{i_2},\cdots,\boldsymbol{\alpha}_{i_r}$ 线性表示 . 所以，我们得到极大无关组的等价定义.

定义 3.7 在向量组 $\boldsymbol{\alpha}_1,\boldsymbol{\alpha}_2,\cdots,\boldsymbol{\alpha}_m$ 中，如果存在 r 个向量 $\boldsymbol{\alpha}_{i_1},\boldsymbol{\alpha}_{i_2},\cdots,\boldsymbol{\alpha}_{i_r}$ 满足

（1）$\boldsymbol{\alpha}_{i_1},\boldsymbol{\alpha}_{i_2},\cdots,\boldsymbol{\alpha}_{i_r}$ 线性无关，

（2）$\boldsymbol{\alpha}_1,\boldsymbol{\alpha}_2,\cdots,\boldsymbol{\alpha}_m$ 中任意 $r+1$ 个向量都线性相关，

则称 $\boldsymbol{\alpha}_{i_1},\boldsymbol{\alpha}_{i_2},\cdots,\boldsymbol{\alpha}_{i_r}$ 是向量组 $\boldsymbol{\alpha}_1,\boldsymbol{\alpha}_2,\cdots,\boldsymbol{\alpha}_m$ 的一个极大线性无关组.

由等价定义可知，极大线性无关组就是向量组中个数最多的、线性无关的部分组.

需要注意的是，若向量组是线性无关的，那么极大无关组是唯一的，就是向量组本身. 若向量组是线性相关的，则极大无关组不一定唯一. 例如向量组 $\boldsymbol{\alpha}_1=(1,0)^{\mathrm{T}},\boldsymbol{\alpha}_2=(0,1)^{\mathrm{T}},\boldsymbol{\alpha}_3=(2,3)^{\mathrm{T}}$ 是线性相关的，任意两个向量线性无关，所以，任意两个向量都是极大无关组.

由极大无关组的定义还可以得到，向量组和它的任意一个极大无关组都是等价的，进而同一向量组的任意两个极大无关组是等价的. 当向量组线性相关时，其极大无关组不唯一，但是由性质 3.6 极大无关组所含向量的个数是唯一的.

微课：定义 3.8

定义 3.8 向量组 $\boldsymbol{\alpha}_1,\boldsymbol{\alpha}_2,\cdots,\boldsymbol{\alpha}_m$ 的极大无关组所含向量的个数称为向量组的秩，记为 $r(\boldsymbol{\alpha}_1,\boldsymbol{\alpha}_2,\cdots,\boldsymbol{\alpha}_m)$.

只含有零向量的向量组没有极大无关组，规定秩为零.

由定义可知，向量组 $\boldsymbol{\alpha}_1,\boldsymbol{\alpha}_2,\cdots,\boldsymbol{\alpha}_m$ 线性无关的充要条件是秩等于 m，线性相关的充要条件是秩小于 m.

定理 3.6 等价的向量组有相同的秩.

证明 设向量组 $\boldsymbol{\alpha}_1,\boldsymbol{\alpha}_2,\cdots,\boldsymbol{\alpha}_m$ 和 $\boldsymbol{\beta}_1,\boldsymbol{\beta}_2,\cdots,\boldsymbol{\beta}_s$ 等价，两个向量组的秩分别为为 r_1,r_2. 因为 $\boldsymbol{\alpha}_1,\boldsymbol{\alpha}_2,\cdots,\boldsymbol{\alpha}_m$ 可由 $\boldsymbol{\beta}_1,\boldsymbol{\beta}_2,\cdots,\boldsymbol{\beta}_s$ 线性表示，即 $\boldsymbol{\alpha}_1,\boldsymbol{\alpha}_2,\cdots,\boldsymbol{\alpha}_m$ 的极大无关组可由 $\boldsymbol{\beta}_1,\boldsymbol{\beta}_2,\cdots,\boldsymbol{\beta}_s$ 线性表示，进而可由 $\boldsymbol{\beta}_1,\boldsymbol{\beta}_2,\cdots,\boldsymbol{\beta}_s$ 的极大无关组线性表示. 由线性相关性的性质 3.6，$r_1\leqslant r_2$，同理可得，$r_2\leqslant r_1$. 所以，两个向量组的秩相同.

需要注意的是，若两个向量组的秩相同，这两个向量组未必等价. 例如，一个向量 $\boldsymbol{\alpha}=(1,0)^{\mathrm{T}}$ 构成的向量组的秩为 1，一个向量 $\boldsymbol{\beta}=(0,1)^{\mathrm{T}}$ 构成的向量组的秩也为 1，但是显然二者不等价.

【即时提问 3.3】矩阵的等价和向量组的等价的区别是什么？

对于特殊的向量组，比如，全体 n 维向量构成的向量组，记为 $\mathbf{R}^n$，则单位向量组 $\boldsymbol{e}_1=(1,0,\cdots,0)^{\mathrm{T}},\boldsymbol{e}_2=(0,1,\cdots,0)^{\mathrm{T}},\cdots,\boldsymbol{e}_n=(0,0,\cdots,1)^{\mathrm{T}}$ 为 $\mathbf{R}^n$ 的一个极大无关组，$\mathbf{R}^n$ 的秩为 n. 那么，对于一般的向量组，如何求出它的极大无关组和秩呢？

3.3.2 向量组的秩和矩阵的秩的关系

对于 $m\times n$ 矩阵 $\boldsymbol{A}$，我们称 $\boldsymbol{A}$ 的 m 个 n 维行向量构成的向量组为 $\boldsymbol{A}$ 的行向量组，称 n 个 m 维列向量构成的向量组为 $\boldsymbol{A}$ 的列向量组，并分别称它们的秩为 $\boldsymbol{A}$ 的行秩和列秩.

定理 3.7 设 $\boldsymbol{A}$ 为 $m\times n$ 矩阵，则 $\boldsymbol{A}$ 的秩等于 $\boldsymbol{A}$ 的行秩，也等于 $\boldsymbol{A}$ 的列秩.

微课：定理3.7

证明 令 $\boldsymbol{A}=(\boldsymbol{\alpha}_1,\boldsymbol{\alpha}_2,\cdots,\boldsymbol{\alpha}_n)$，设 $r(\boldsymbol{A})=r$，根据矩阵秩的定义，存在 r 阶子式 $D_r\neq 0$. 若 D_r 位于 $\boldsymbol{A}$ 中的第 $s_1,s_2,\cdots,s_r$ 列上，这里 $s_1<s_2<\cdots<s_r$，则由 $\boldsymbol{A}$ 的 r 个列向量 $\boldsymbol{\alpha}_{s_1},\boldsymbol{\alpha}_{s_2},\cdots,\boldsymbol{\alpha}_{s_r}$ 构成的矩阵 $\boldsymbol{A}_1=(\boldsymbol{\alpha}_{s_1},\boldsymbol{\alpha}_{s_2}\cdots,\boldsymbol{\alpha}_{s_r})$，其秩 $r(\boldsymbol{A}_1)=r$. 故 $\boldsymbol{\alpha}_{s_1},\boldsymbol{\alpha}_{s_2},\cdots,\boldsymbol{\alpha}_{s_r}$ 线性无关.

再从矩阵 $\boldsymbol{A}$ 的列向量组中任取 r+1 个，记这 r+1 个列向量构成的矩阵为 $\boldsymbol{A}_2$，显然 $r(\boldsymbol{A}_2)\leqslant r(\boldsymbol{A})=r<r+1$，故 $\boldsymbol{A}$ 的列向量组中任意的 r+1 个向量线性相关. 于是 $\boldsymbol{\alpha}_{s_1},\boldsymbol{\alpha}_{s_2},\cdots,\boldsymbol{\alpha}_{s_r}$ 是 $\boldsymbol{\alpha}_1,\boldsymbol{\alpha}_2,\cdots,\boldsymbol{\alpha}_n$ 的一个极大无关组，即 $\boldsymbol{A}$ 的列向量组 $\boldsymbol{\alpha}_1,\boldsymbol{\alpha}_2,\cdots,\boldsymbol{\alpha}_n$ 的秩为 r.

由于 $r(\boldsymbol{A})=r(\boldsymbol{A}^{\mathrm{T}})$，而 $\boldsymbol{A}$ 的行向量组的秩就是 $\boldsymbol{A}^{\mathrm{T}}$ 的列向量组的秩，故 $\boldsymbol{A}$ 的行向量组的秩也等于矩阵 $\boldsymbol{A}$ 的秩. 从而矩阵 $\boldsymbol{A}$ 的秩等于 $\boldsymbol{A}$ 的行秩，也等于 $\boldsymbol{A}$ 的列秩.

由定理的证明过程可知，若 D_r 是矩阵 $\boldsymbol{A}$ 的一个最高阶非零子式，则 D_r 所在的 r 列就是 $\boldsymbol{A}$ 的列向量组的一个极大无关组，而 D_r 所在的 r 行就是 $\boldsymbol{A}$ 的行向量组的一个极大无关组.

例 3.14 求向量组 $\boldsymbol{\alpha}_1=(1,1,4)^{\mathrm{T}},\boldsymbol{\alpha}_2=(1,0,4)^{\mathrm{T}},\boldsymbol{\alpha}_3=(1,2,4)^{\mathrm{T}},\boldsymbol{\alpha}_4=(1,3,4)^{\mathrm{T}}$ 的秩和一个极大无关组，并将其余向量用该极大无关组线性表示.

解 令

$$\boldsymbol{A}=(\boldsymbol{\alpha}_1,\boldsymbol{\alpha}_2,\boldsymbol{\alpha}_3,\boldsymbol{\alpha}_4)=\begin{pmatrix}1&1&1&1\\1&0&2&3\\4&4&4&4\end{pmatrix}.$$

对 $\boldsymbol{A}$ 进行初等行变换，化成行阶梯形为

$$\boldsymbol{A} \to \begin{pmatrix} 1 & 1 & 1 & 1 \\ 0 & 1 & -1 & -2 \\ 0 & 0 & 0 & 0 \end{pmatrix} = \boldsymbol{B},$$

可得 $\boldsymbol{A}$ 的秩为 2，即 $\boldsymbol{A}$ 的列向量组 $\boldsymbol{\alpha}_1,\boldsymbol{\alpha}_2,\boldsymbol{\alpha}_3,\boldsymbol{\alpha}_4$ 的秩为 2.

又因为以 $\boldsymbol{B}$ 的两个非零行的第 1 个非零元为对角元的二阶子式 $\begin{vmatrix} 1 & 1 \\ 0 & 1 \end{vmatrix} \neq 0$，所以，$\boldsymbol{B}$ 的两个非零行的第 1 个非零元所在的列即为 $\boldsymbol{B}$ 的列向量组的一个极大无关组.

由于矩阵 $\boldsymbol{A}$ 进行初等行变换化为矩阵 $\boldsymbol{B}$，即 $\boldsymbol{A}$ 的列向量组和 $\boldsymbol{B}$ 的列向量组有相同的线性关系，所以 $\boldsymbol{\alpha}_1,\boldsymbol{\alpha}_2$ 为 $\boldsymbol{\alpha}_1,\boldsymbol{\alpha}_2,\boldsymbol{\alpha}_3,\boldsymbol{\alpha}_4$ 的一个极大无关组.

为了将 $\boldsymbol{\alpha}_3,\boldsymbol{\alpha}_4$ 用 $\boldsymbol{\alpha}_1,\boldsymbol{\alpha}_2$ 线性表示，我们再对 $\boldsymbol{A}$ 进行初等行变换，化成行最简形为

$$\boldsymbol{A} \to \begin{pmatrix} 1 & 0 & 2 & 3 \\ 0 & 1 & -1 & -2 \\ 0 & 0 & 0 & 0 \end{pmatrix} = \boldsymbol{C}.$$

令 $\boldsymbol{C}=(\boldsymbol{\beta}_1,\boldsymbol{\beta}_2,\boldsymbol{\beta}_3,\boldsymbol{\beta}_4)$，则 $\boldsymbol{\beta}_3=2\boldsymbol{\beta}_1-\boldsymbol{\beta}_2,\boldsymbol{\beta}_4=3\boldsymbol{\beta}_1-2\boldsymbol{\beta}_2$. 因为 $\boldsymbol{A}$ 的列向量组和 $\boldsymbol{C}$ 的列向量组有相同的线性关系，所以 $\boldsymbol{\alpha}_3=2\boldsymbol{\alpha}_1-\boldsymbol{\alpha}_2,\boldsymbol{\alpha}_4=3\boldsymbol{\alpha}_1-2\boldsymbol{\alpha}_2$.

下面我们利用向量组的极大无关组和秩来证明矩阵的秩的两个重要性质.

例 3.15　设 $\boldsymbol{A},\boldsymbol{B}$ 为 $m\times n$ 矩阵，则 $r(\boldsymbol{A}+\boldsymbol{B})\leqslant r(\boldsymbol{A})+r(\boldsymbol{B})$.

证明　令

$$\boldsymbol{A}=(\boldsymbol{\alpha}_1,\boldsymbol{\alpha}_2,\cdots,\boldsymbol{\alpha}_n),\quad \boldsymbol{B}=(\boldsymbol{\beta}_1,\boldsymbol{\beta}_2,\cdots,\boldsymbol{\beta}_n),$$

则

$$\boldsymbol{A}+\boldsymbol{B}=(\boldsymbol{\alpha}_1+\boldsymbol{\beta}_1,\boldsymbol{\alpha}_2+\boldsymbol{\beta}_2,\cdots,\boldsymbol{\alpha}_n+\boldsymbol{\beta}_n).$$

设 $r(\boldsymbol{A})=r_1,r(\boldsymbol{B})=r_2$，由定理 3.7 知，$\boldsymbol{A},\boldsymbol{B}$ 的列向量组的秩分别等于 r_1, r_2，不妨设 $\boldsymbol{A},\boldsymbol{B}$ 的列向量组的极大无关组分别为 $\boldsymbol{\alpha}_1,\boldsymbol{\alpha}_2,\cdots,\boldsymbol{\alpha}_{r_1}$ 和 $\boldsymbol{\beta}_1,\boldsymbol{\beta}_2,\cdots,\boldsymbol{\beta}_{r_2}$. 由极大无关组的定义，$\boldsymbol{A}$ 的列向量组 $\boldsymbol{\alpha}_1,\boldsymbol{\alpha}_2,\cdots,\boldsymbol{\alpha}_n$ 可由 $\boldsymbol{\alpha}_1,\boldsymbol{\alpha}_2,\cdots,\boldsymbol{\alpha}_{r_1}$ 线性表示，$\boldsymbol{B}$ 的列向量组 $\boldsymbol{\beta}_1,\boldsymbol{\beta}_2,\cdots,\boldsymbol{\beta}_n$ 可由 $\boldsymbol{\beta}_1,\boldsymbol{\beta}_2,\cdots,\boldsymbol{\beta}_{r_2}$ 线性表示，从而矩阵 $\boldsymbol{A}+\boldsymbol{B}$ 的列向量组 $\boldsymbol{\alpha}_1+\boldsymbol{\beta}_1,\boldsymbol{\alpha}_2+\boldsymbol{\beta}_2,\cdots,\boldsymbol{\alpha}_n+\boldsymbol{\beta}_n$ 可由向量组 $\boldsymbol{\alpha}_1,\boldsymbol{\alpha}_2,\cdots,\boldsymbol{\alpha}_{r_1},\boldsymbol{\beta}_1,\boldsymbol{\beta}_2,\cdots,\boldsymbol{\beta}_{r_2}$ 线性表示，所以

$$r(\boldsymbol{A}+\boldsymbol{B})\leqslant r(\boldsymbol{\alpha}_1,\boldsymbol{\alpha}_2,\cdots,\boldsymbol{\alpha}_{r_1},\boldsymbol{\beta}_1,\boldsymbol{\beta}_2,\cdots,\boldsymbol{\beta}_{r_2})\leqslant r_1+r_2.$$

例 3.16　设 $\boldsymbol{A}$ 为 $m\times s$ 矩阵，$\boldsymbol{B}$ 为 $s\times n$ 矩阵，则 $r(\boldsymbol{AB})\leqslant \min\{r(\boldsymbol{A}),r(\boldsymbol{B})\}$.

证明　令

$$\boldsymbol{A}=(\boldsymbol{\alpha}_1,\boldsymbol{\alpha}_2,\cdots,\boldsymbol{\alpha}_s),\ \boldsymbol{B}=(b_{ij}),\ \boldsymbol{AB}=(\boldsymbol{\beta}_1,\boldsymbol{\beta}_2,\cdots,\boldsymbol{\beta}_n),$$

则

$$\boldsymbol{AB}=(\boldsymbol{\beta}_1,\boldsymbol{\beta}_2,\cdots,\boldsymbol{\beta}_n)=(\boldsymbol{\alpha}_1,\boldsymbol{\alpha}_2,\cdots,\boldsymbol{\alpha}_s)\begin{pmatrix} b_{11} & \cdots & b_{1n} \\ \vdots & & \vdots \\ b_{s1} & \cdots & b_{sn} \end{pmatrix},$$

即 $\boldsymbol{AB}$ 的列向量组可由 $\boldsymbol{A}$ 的列向量组线性表示，从而，$r(\boldsymbol{AB})\leqslant r(\boldsymbol{A})$.

又因为 $(\boldsymbol{AB})^{\mathrm{T}}=\boldsymbol{B}^{\mathrm{T}}\boldsymbol{A}^{\mathrm{T}}$，则 $r[(\boldsymbol{AB})^{\mathrm{T}}]\leqslant r(\boldsymbol{B}^{\mathrm{T}})$，即 $r(\boldsymbol{AB})\leqslant r(\boldsymbol{B})$．所以 $r(\boldsymbol{AB})\leqslant \min\{r(\boldsymbol{A}), r(\boldsymbol{B})\}$.

同步习题 3.3

基础题

1．若 $\boldsymbol{\alpha}_1,\boldsymbol{\alpha}_2,\cdots,\boldsymbol{\alpha}_r$ 是向量组 $\boldsymbol{\alpha}_1,\boldsymbol{\alpha}_2,\cdots,\boldsymbol{\alpha}_r,\cdots,\boldsymbol{\alpha}_n$ 的极大无关组，则不正确的是（　　）.

A．$\boldsymbol{\alpha}_n$ 可由 $\boldsymbol{\alpha}_1,\boldsymbol{\alpha}_2,\cdots,\boldsymbol{\alpha}_r$ 线性表示　　B．$\boldsymbol{\alpha}_1$ 可由 $\boldsymbol{\alpha}_{r+1},\boldsymbol{\alpha}_{r+2},\cdots,\boldsymbol{\alpha}_n$ 线性表示

C．$\boldsymbol{\alpha}_1$ 可由 $\boldsymbol{\alpha}_1,\boldsymbol{\alpha}_2,\cdots,\boldsymbol{\alpha}_r$ 线性表示　　D．$\boldsymbol{\alpha}_n$ 可由 $\boldsymbol{\alpha}_{r+1},\boldsymbol{\alpha}_{r+2},\cdots,\boldsymbol{\alpha}_n$ 线性表示

2．设 $\boldsymbol{\alpha}_1=(1,1,2,2,1)^{\mathrm{T}},\boldsymbol{\alpha}_2=(0,2,1,5,-1)^{\mathrm{T}},\boldsymbol{\alpha}_3=(2,0,3,-1,3)^{\mathrm{T}}$，$\boldsymbol{\alpha}_4=(1,1,0,4,-1)^{\mathrm{T}}$，则 $r(\boldsymbol{\alpha}_1,\boldsymbol{\alpha}_2,\boldsymbol{\alpha}_3,\boldsymbol{\alpha}_4)=$ ______.

3．已知向量组 $\boldsymbol{\alpha}_1=(1,2,-1,1)^{\mathrm{T}},\boldsymbol{\alpha}_2=(2,0,t,0)^{\mathrm{T}},\boldsymbol{\alpha}_3=(0,-4,5,-2)^{\mathrm{T}}$ 的秩为 2，则 $t=$ ______.

4．求向量组 $\boldsymbol{\alpha}_1=(1,1,1,3)^{\mathrm{T}},\boldsymbol{\alpha}_2=(-1,-3,5,1)^{\mathrm{T}},\boldsymbol{\alpha}_3=(3,2,-1,4)^{\mathrm{T}},\boldsymbol{\alpha}_4=(-2,-6,10,2)^{\mathrm{T}}$ 的秩及一个极大无关组.

5．求向量组 $\boldsymbol{\alpha}_1=(1,-1,2,4)^{\mathrm{T}},\boldsymbol{\alpha}_2=(0,3,1,2)^{\mathrm{T}},\boldsymbol{\alpha}_3=(3,0,7,14)^{\mathrm{T}},\boldsymbol{\alpha}_4=(2,1,5,6)^{\mathrm{T}},\boldsymbol{\alpha}_5=(1,-1,2,0)^{\mathrm{T}}$ 的秩及一个包含 $\boldsymbol{\alpha}_1,\boldsymbol{\alpha}_5$ 的极大无关组，并将其余向量用此极大无关组线性表示.

提高题

1．设矩阵 $\boldsymbol{A}=\begin{pmatrix}1&-1&2&1&0\\2&-2&4&-2&0\\3&0&6&-1&1\\0&3&0&0&1\end{pmatrix}$，求 $\boldsymbol{A}$ 的行向量组的秩和一个极大无关组，并用此极大无关组线性表示其余行向量.

2．设向量组 $\boldsymbol{\alpha}_1=(1+a,1,1,1)^{\mathrm{T}},\boldsymbol{\alpha}_2=(2,2+a,2,2)^{\mathrm{T}},\boldsymbol{\alpha}_3=(3,3,3+a,3)^{\mathrm{T}},\boldsymbol{\alpha}_4=(4,4,4,4+a)^{\mathrm{T}}$，问：何时它们线性相关？当线性相关时，求一个极大无关组，并把其余向量用该极大无关组线性表示.

3．已知向量组（Ⅰ）$\boldsymbol{\alpha}_1,\boldsymbol{\alpha}_2,\boldsymbol{\alpha}_3$；（Ⅱ）$\boldsymbol{\alpha}_1,\boldsymbol{\alpha}_2,\boldsymbol{\alpha}_3,\boldsymbol{\alpha}_4$；（Ⅲ）$\boldsymbol{\alpha}_1,\boldsymbol{\alpha}_2,\boldsymbol{\alpha}_3,\boldsymbol{\alpha}_5$，证明：若向量组（Ⅰ）和（Ⅱ）的秩为 3，向量组（Ⅲ）的秩为 4，则向量组 $\boldsymbol{\alpha}_1,\boldsymbol{\alpha}_2,\boldsymbol{\alpha}_3,\boldsymbol{\alpha}_5-\boldsymbol{\alpha}_4$ 的秩为 4.

3.4 向量空间

3.4.1 向量空间的定义

定义 3.9　设V是n维向量的非空集合，如果V对加法和数乘两种运算都封闭，即

（1）若$\boldsymbol{\alpha}\in V,\boldsymbol{\beta}\in V$，则$\boldsymbol{\alpha}+\boldsymbol{\beta}\in V$，

（2）若$\boldsymbol{\alpha}\in V,k\in\mathbf{R}$，则$k\boldsymbol{\alpha}\in V$，

则称V是$\mathbf{R}$上的向量空间.

例 3.17　全体n维向量的集合$\mathbf{R}^n$构成一向量空间，称为n维向量空间. 特别地，n=1 时，$\mathbf{R}^1$表示一维向量空间，即数轴；n=2 时，$\mathbf{R}^2$表示二维向量空间，即平面；n=3 时，$\mathbf{R}^3$表示三维向量空间，即立体空间.

例 3.18　判断下列集合是否构成向量空间.

（1）$V_1=\{(0,x_2,\cdots,x_n)^{\mathrm{T}}\mid x_2,\cdots,x_n\in\mathbf{R}\}$.

（2）$V_2=\{(1,x_2,\cdots,x_n)^{\mathrm{T}}\mid x_2,\cdots,x_n\in\mathbf{R}\}$.

解（1）V_1构成向量空间.

事实上，任取V_1中的两个向量$\boldsymbol{\alpha}=(0,a_2,\cdots,a_n)^{\mathrm{T}},\boldsymbol{\beta}=(0,b_2,\cdots,b_n)^{\mathrm{T}}$及$k\in\mathbf{R}$，有

$$\boldsymbol{\alpha}+\boldsymbol{\beta}=(0,a_2+b_2,\cdots,a_n+b_n)^{\mathrm{T}}\in V_1,\quad k\boldsymbol{\alpha}=(0,ka_2,\cdots,ka_n)^{\mathrm{T}}\in V_1.$$

（2）V_2不构成向量空间.

事实上，任取V_2中的一个向量$\boldsymbol{\alpha}=(1,a_2,\cdots,a_n)^{\mathrm{T}}$，有$2\boldsymbol{\alpha}=(2,2a_2,\cdots,2a_n)^{\mathrm{T}}\notin V_2$.

例 3.19　设$\boldsymbol{\alpha}_1,\boldsymbol{\alpha}_2,\cdots,\boldsymbol{\alpha}_m$为$m$个$n$维向量，证明集合

$$V=\{\boldsymbol{\xi}\mid\boldsymbol{\xi}=k_1\boldsymbol{\alpha}_1+k_2\boldsymbol{\alpha}_2+\cdots+k_m\boldsymbol{\alpha}_m,k_1,k_2,\cdots,k_m\in\mathbf{R}\}$$

是一个向量空间.

微课：例3.19

证明　任取V中的两个向量

$$\boldsymbol{\xi}_1=k_1\boldsymbol{\alpha}_1+k_2\boldsymbol{\alpha}_2+\cdots+k_m\boldsymbol{\alpha}_m,\quad\boldsymbol{\xi}_2=l_1\alpha_1+l_2\boldsymbol{\alpha}_2+\cdots+l_m\boldsymbol{\alpha}_m,$$

以及$s\in\mathbf{R}$，有

$$\boldsymbol{\xi}_1+\boldsymbol{\xi}_2=(k_1+l_1)\boldsymbol{\alpha}_1+(k_2+l_2)\boldsymbol{\alpha}_2+\cdots+(k_m+l_m)\boldsymbol{\alpha}_m\in V,$$

$$s\boldsymbol{\xi}=sk_1\boldsymbol{\alpha}_1+sk_2\boldsymbol{\alpha}_2+\cdots+sk_m\boldsymbol{\alpha}_m\in V.$$

这说明V中的向量对向量的加法和数乘运算具有封闭性，从而构成向量空间. 我们称这个向量空间V是由向量组$\boldsymbol{\alpha}_1,\boldsymbol{\alpha}_2,\cdots,\boldsymbol{\alpha}_m$生成的向量空间.

定义 3.10　设V_1,V_2为向量空间，若$V_1\subseteq V_2$，称V_1是V_2的子空间.

例如，任意向量空间V都有两个子空间，即由零向量构成的零子空间$\{\mathbf{0}\}$和V本身，称为平凡子空间；任意向量空间V都是$\mathbf{R}^n$的子空间，特别地，由n维向量$\boldsymbol{\alpha}_1,\boldsymbol{\alpha}_2,\cdots,\boldsymbol{\alpha}_m$生成的向量空间是$\mathbf{R}^n$的子空间.

定义 3.11　设V是向量空间，若V中有m个向量$\boldsymbol{\alpha}_1,\boldsymbol{\alpha}_2,\cdots,\boldsymbol{\alpha}_m$满足

（1）$\boldsymbol{\alpha}_1,\boldsymbol{\alpha}_2,\cdots,\boldsymbol{\alpha}_m$线性无关；

（2）V中任意一个向量都能由$\boldsymbol{\alpha}_1,\boldsymbol{\alpha}_2,\cdots,\boldsymbol{\alpha}_m$线性表示，

则称$\boldsymbol{\alpha}_1,\boldsymbol{\alpha}_2,\cdots,\boldsymbol{\alpha}_m$为向量空间$V$的一组**基**，向量空间$V$的基中所含的向量个数称为向量空间$V$

的维数，并称 V 为 m 维向量空间.

我们规定零向量空间 $\{\mathbf{0}\}$ 的维数为 0，称为 0 维向量空间，它没有基.

由定义可知，若把向量空间 V 看作向量组，V 的一组基就是一个极大无关组，而维数就是向量组的秩. 而且，若 $\boldsymbol{\alpha}_1,\boldsymbol{\alpha}_2,\cdots,\boldsymbol{\alpha}_m$ 为向量空间 V 的一组基，则 V 可看作由 $\boldsymbol{\alpha}_1,\boldsymbol{\alpha}_2,\cdots,\boldsymbol{\alpha}_m$ 生成的向量空间.

【即时提问 3.4】向量空间的基是唯一的吗？

例 3.20 对于向量空间 $\mathbf{R}^n$，n 维基本单位向量组 $\boldsymbol{e}_1=(1,0,\cdots,0)^{\mathrm{T}},\boldsymbol{e}_2=(0,1,\cdots,0)^{\mathrm{T}},\cdots,\boldsymbol{e}_n=(0,0,\cdots,1)^{\mathrm{T}}$ 是一组基，维数为 n，称为 n 维向量空间.

例 3.21 对于由向量组 $\boldsymbol{\alpha}_1,\boldsymbol{\alpha}_2,\cdots,\boldsymbol{\alpha}_m$ 生成的向量空间 V，$\boldsymbol{\alpha}_1,\boldsymbol{\alpha}_2,\cdots,\boldsymbol{\alpha}_m$ 的极大无关组就是 V 的一组基，$\boldsymbol{\alpha}_1,\boldsymbol{\alpha}_2,\cdots,\boldsymbol{\alpha}_m$ 的秩就是 V 的维数.

*3.4.2 过渡矩阵与坐标变换

定义 3.12 设 $\boldsymbol{\alpha}_1,\boldsymbol{\alpha}_2,\cdots,\boldsymbol{\alpha}_m$ 是 m 维向量空间 V 的一组基，则对 V 中任意向量 $\boldsymbol{\beta}$，存在唯一的一组实数 $x_1,x_2,\cdots,x_m$，使 $\boldsymbol{\beta}=x_1\boldsymbol{\alpha}_1+x_2\boldsymbol{\alpha}_2+\cdots+x_m\boldsymbol{\alpha}_m$，称有序实数组 $(x_1,x_2,\cdots,x_m)^{\mathrm{T}}$ 为向量 $\boldsymbol{\beta}$ 在基 $\boldsymbol{\alpha}_1,\boldsymbol{\alpha}_2,\cdots,\boldsymbol{\alpha}_m$ 下的坐标.

由定义可知，向量空间 $\mathbf{R}^n$ 中任意向量 $\boldsymbol{\alpha}=(a_1,a_2\cdots,a_n)$ 在基 $\boldsymbol{e}_1=(1,0,\cdots,0)^{\mathrm{T}}$，$\boldsymbol{e}_2=(0,1,\cdots,0)^{\mathrm{T}}$，$\cdots$，$\boldsymbol{e}_n=(0,0,\cdots,1)^{\mathrm{T}}$ 下的坐标就是它的分量.

例 3.22 设向量组 $\boldsymbol{\alpha}_1=(1,2,1)^{\mathrm{T}},\boldsymbol{\alpha}_2=(1,3,2)^{\mathrm{T}},\boldsymbol{\alpha}_3=(1,a,3)^{\mathrm{T}}$ 为 $\mathbf{R}^3$ 的一个基，$\boldsymbol{\beta}=(1,1,1)^{\mathrm{T}}$ 在这组基下的坐标为 $(b,c,1)^{\mathrm{T}}$，求 a,b,c.

解 由题意可知 $\boldsymbol{\beta}=b\boldsymbol{\alpha}_1+c\boldsymbol{\alpha}_2+\boldsymbol{\alpha}_3$，代入可得

$$\begin{cases} b+c+1=1, \\ 2b+3c+a=1, \\ b+2c+3=1, \end{cases}$$

解得

$$\begin{cases} a=3, \\ b=2, \\ c=-2. \end{cases}$$

由向量空间的基的定义，任意两组基是等价的. 若 $\boldsymbol{\alpha}_1,\boldsymbol{\alpha}_2,\cdots,\boldsymbol{\alpha}_m$ 和 $\boldsymbol{\beta}_1,\boldsymbol{\beta}_2,\cdots,\boldsymbol{\beta}_m$ 是 m 维向量空间 V 的两组基，则它们可以相互线性表示，从而存在矩阵 $\boldsymbol{C}$，使

$$(\boldsymbol{\beta}_1,\boldsymbol{\beta}_2,\cdots,\boldsymbol{\beta}_m)=(\boldsymbol{\alpha}_1,\boldsymbol{\alpha}_2,\cdots,\boldsymbol{\alpha}_m)\boldsymbol{C}.$$

我们称这个表达式为基变换公式，称矩阵 $\boldsymbol{C}$ 为从基 $\boldsymbol{\alpha}_1,\boldsymbol{\alpha}_2,\cdots,\boldsymbol{\alpha}_m$ 到基 $\boldsymbol{\beta}_1,\boldsymbol{\beta}_2,\cdots,\boldsymbol{\beta}_m$ 的过渡矩阵.

从基 $\boldsymbol{\alpha}_1,\boldsymbol{\alpha}_2,\cdots,\boldsymbol{\alpha}_m$ 到基 $\boldsymbol{\beta}_1,\boldsymbol{\beta}_2,\cdots,\boldsymbol{\beta}_m$ 的过渡矩阵实际上就是向量 $\boldsymbol{\beta}_1,\boldsymbol{\beta}_2,\cdots,\boldsymbol{\beta}_m$ 分别在基 $\boldsymbol{\alpha}_1,\boldsymbol{\alpha}_2,\cdots,\boldsymbol{\alpha}_m$ 下的坐标组成的矩阵，也就是前文定义的表示矩阵.

例 3.23 设 $\boldsymbol{\alpha}_1=(1,1,0)^{\mathrm{T}},\boldsymbol{\alpha}_2=(0,1,1)^{\mathrm{T}},\boldsymbol{\alpha}_3=(0,0,1)^{\mathrm{T}}$ 和 $\boldsymbol{\beta}_1=(1,-1,-1)^{\mathrm{T}},\boldsymbol{\beta}_2=(1,1,-1)^{\mathrm{T}},\boldsymbol{\beta}_3=(-1,1,0)^{\mathrm{T}}$ 是向量空间 $\mathbf{R}^3$ 的两组基.

求由基 $\boldsymbol{\alpha}_1,\boldsymbol{\alpha}_2,\boldsymbol{\alpha}_3$ 到基 $\boldsymbol{\beta}_1,\boldsymbol{\beta}_2,\boldsymbol{\beta}_3$ 的过渡矩阵.

解　设矩阵 $\boldsymbol{C}$ 是由基 $\boldsymbol{\alpha}_1,\boldsymbol{\alpha}_2,\boldsymbol{\alpha}_3$ 到基 $\boldsymbol{\beta}_1,\boldsymbol{\beta}_2,\boldsymbol{\beta}_3$ 的过渡矩阵，则

$$(\boldsymbol{\beta}_1,\boldsymbol{\beta}_2,\boldsymbol{\beta}_3)=(\boldsymbol{\alpha}_1,\boldsymbol{\alpha}_2,\boldsymbol{\alpha}_3)\boldsymbol{C},$$

即

$$\begin{pmatrix}1&1&-1\\-1&1&1\\-1&-1&0\end{pmatrix}=\begin{pmatrix}1&0&0\\1&1&0\\0&1&1\end{pmatrix}\boldsymbol{C}.$$

由于 $\boldsymbol{\alpha}_1,\boldsymbol{\alpha}_2,\boldsymbol{\alpha}_3$ 线性无关，故矩阵

$$\begin{pmatrix}1&0&0\\1&1&0\\0&1&1\end{pmatrix}$$

可逆，因此

$$\begin{aligned}\boldsymbol{C}&=\begin{pmatrix}1&0&0\\1&1&0\\0&1&1\end{pmatrix}^{-1}\begin{pmatrix}1&1&-1\\-1&1&1\\-1&-1&0\end{pmatrix}\\&=\begin{pmatrix}1&0&0\\-1&1&0\\1&-1&1\end{pmatrix}\begin{pmatrix}1&1&-1\\-1&1&1\\-1&-1&0\end{pmatrix}\\&=\begin{pmatrix}1&1&-1\\-2&0&2\\1&-1&-2\end{pmatrix}.\end{aligned}$$

例 3.24　已知 $\mathbf{R}^3$ 的两组基 $\boldsymbol{\alpha}_1=\begin{pmatrix}1\\0\\-1\end{pmatrix},\boldsymbol{\alpha}_2=\begin{pmatrix}2\\1\\1\end{pmatrix},\boldsymbol{\alpha}_3=\begin{pmatrix}1\\1\\1\end{pmatrix}$ 与 $\boldsymbol{\beta}_1=\begin{pmatrix}0\\1\\1\end{pmatrix},\boldsymbol{\beta}_2=\begin{pmatrix}-1\\1\\0\end{pmatrix},\boldsymbol{\beta}_3=\begin{pmatrix}1\\2\\1\end{pmatrix}$.

（1）求由基$\boldsymbol{\alpha}_1,\boldsymbol{\alpha}_2,\boldsymbol{\alpha}_3$到基$\boldsymbol{\beta}_1,\boldsymbol{\beta}_2,\boldsymbol{\beta}_3$的过渡矩阵.

（2）求 $\boldsymbol{\gamma}=(9,6,5)^{\mathrm{T}}$ 在这两组基下的坐标.

微课：例3.24

解（1）设由基$\boldsymbol{\alpha}_1,\boldsymbol{\alpha}_2,\boldsymbol{\alpha}_3$到基$\boldsymbol{\beta}_1,\boldsymbol{\beta}_2,\boldsymbol{\beta}_3$的过渡矩阵为 $\boldsymbol{C}$，则 $(\boldsymbol{\beta}_1,\boldsymbol{\beta}_2,\boldsymbol{\beta}_3)=(\boldsymbol{\alpha}_1,\boldsymbol{\alpha}_2,\boldsymbol{\alpha}_3)\boldsymbol{C}$，故

$$\boldsymbol{C}=(\boldsymbol{\alpha}_1,\boldsymbol{\alpha}_2,\boldsymbol{\alpha}_3)^{-1}(\boldsymbol{\beta}_1,\boldsymbol{\beta}_2,\boldsymbol{\beta}_3)=\begin{pmatrix}1&2&1\\0&1&1\\-1&1&1\end{pmatrix}^{-1}\begin{pmatrix}0&-1&1\\1&1&2\\1&0&1\end{pmatrix}$$

$$=\begin{pmatrix}0&1&-1\\1&-2&1\\-1&3&-1\end{pmatrix}\begin{pmatrix}0&-1&1\\1&1&2\\1&0&1\end{pmatrix}=\begin{pmatrix}0&1&1\\-1&-3&-2\\2&4&4\end{pmatrix}.$$

（2）设 $\boldsymbol{\gamma}$ 在基$\boldsymbol{\beta}_1,\boldsymbol{\beta}_2,\boldsymbol{\beta}_3$下的坐标是 $(y_1,y_2,y_3)^{\mathrm{T}}$，即 $y_1\boldsymbol{\beta}_1+y_2\boldsymbol{\beta}_2+y_3\boldsymbol{\beta}_3=\boldsymbol{\gamma}$，亦即

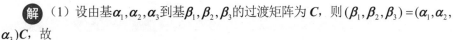

$$\begin{cases}-y_2+y_3=9,\\ y_1+y_2+2y_3=6,\\ y_1+y_3=5,\end{cases}\Rightarrow\begin{cases}y_1=0,\\ y_2=-4,\\ y_3=5.\end{cases}$$

设$\boldsymbol{\gamma}$在基$\boldsymbol{\alpha}_1,\boldsymbol{\alpha}_2,\boldsymbol{\alpha}_3$下的坐标是$(x_1,x_2,x_3)^{\mathrm{T}}$，由坐标变换公式$\boldsymbol{X}=\boldsymbol{CY}$，有

$$(x_1,x_2,x_3)^{\mathrm{T}}=\begin{pmatrix}0&1&1\\-1&-3&-2\\2&4&4\end{pmatrix}\begin{pmatrix}0\\-4\\5\end{pmatrix}=\begin{pmatrix}1\\2\\4\end{pmatrix},$$

可见$\boldsymbol{\gamma}$在两组基下的坐标分别是$(1,2,4)^{\mathrm{T}}$和$(0,-4,5)^{\mathrm{T}}$.

同步习题 3.4

基础题

1. 已知向量组$\boldsymbol{\alpha}_1=(1,-1,1)^{\mathrm{T}},\boldsymbol{\alpha}_2=(1,-2,2)^{\mathrm{T}},\boldsymbol{\alpha}_3=(1,a,5)^{\mathrm{T}}$是向量空间$\mathbf{R}^3$的一个基，求$a$.

2. 已知三维向量空间的一组基为$\boldsymbol{\alpha}_1=(1,1,0)^{\mathrm{T}},\boldsymbol{\alpha}_2=(1,0,1)^{\mathrm{T}},\boldsymbol{\alpha}_3=(0,1,1)^{\mathrm{T}}$，求向量$\boldsymbol{u}=(2,0,0)^{\mathrm{T}}$在上述基下的坐标.

3. 设向量组$\boldsymbol{\alpha}_1=(2,1,-2)^{\mathrm{T}},\boldsymbol{\alpha}_2=(0,3,1)^{\mathrm{T}},\boldsymbol{\alpha}_3=(0,0,k-2)^{\mathrm{T}}$为$\mathbf{R}^3$的一组基，求$k$.

提高题

设向量组$\boldsymbol{\alpha}_1=(1,2,1)^{\mathrm{T}},\boldsymbol{\alpha}_2=(1,3,2)^{\mathrm{T}},\boldsymbol{\alpha}_3=(1,3,3)^{\mathrm{T}}$为$\mathbf{R}^3$的一个基，$\boldsymbol{\beta}=(1,1,1)^{\mathrm{T}}$在这组基下的坐标为$(2,-2,1)^{\mathrm{T}}$. 证明$\boldsymbol{\alpha}_2,\boldsymbol{\alpha}_3,\boldsymbol{\beta}$为$\mathbf{R}^3$的一个基，并求$\boldsymbol{\alpha}_2,\boldsymbol{\alpha}_3,\boldsymbol{\beta}$到$\boldsymbol{\alpha}_1,\boldsymbol{\alpha}_2,\boldsymbol{\alpha}_3$的过渡矩阵.

3.5 向量的内积

在二维向量空间$\mathbf{R}^2$和三维向量空间$\mathbf{R}^3$中，我们借助向量的数量积，给出了向量的长度、夹角等度量性质. 那么，在n维向量空间$\mathbf{R}^n$中，我们借助什么工具来定义n维向量的长度、夹角呢？本节首先将几何空间的数量积推广到n维向量空间$\mathbf{R}^n$，并由此进一步定义$\mathbf{R}^n$中向量的长度、夹角等概念.

3.5.1 向量的内积的定义

定义 3.13 设n维向量空间$\mathbf{R}^n$中的两个向量$\boldsymbol{\alpha}=(a_1,a_2,\cdots,a_n)^{\mathrm{T}},\boldsymbol{\beta}=(b_1,b_2,\cdots,b_n)^{\mathrm{T}}$，称$(\boldsymbol{\alpha},\boldsymbol{\beta})=a_1b_1+a_2b_2+\cdots+a_nb_n$为向量$\boldsymbol{\alpha}$与$\boldsymbol{\beta}$的内积.

由定义可知，内积是向量的一种运算，其结果是一个实数. 特别地，当n=2,3 时，内积即

为解析几何中的数量积.

由内积的定义，容易得到如下的性质.

（1）$(\boldsymbol{\alpha},\boldsymbol{\beta})=(\boldsymbol{\beta},\boldsymbol{\alpha})$.

（2）$(k\boldsymbol{\alpha}+l\boldsymbol{\beta},\boldsymbol{\gamma})=k(\boldsymbol{\alpha},\boldsymbol{\gamma})+l(\boldsymbol{\beta},\boldsymbol{\gamma})$.

（3）$(\boldsymbol{\alpha},\boldsymbol{\alpha})\geqslant 0$，当且仅当$\boldsymbol{\alpha}=\mathbf{0}$时，有$(\boldsymbol{\alpha},\boldsymbol{\alpha})=0$.

用上述性质，可以得到柯西 - 布涅柯夫斯基不等式

$$(\boldsymbol{\alpha},\boldsymbol{\beta})^2\leqslant(\boldsymbol{\alpha},\boldsymbol{\alpha})(\boldsymbol{\beta},\boldsymbol{\beta}).$$

下面我们利用内积定义 n 维向量的长度.

定义 3.14　设 n 维向量 $\boldsymbol{\alpha}=(a_1,a_2,\cdots,a_n)^{\mathrm{T}}$，令

$$\|\boldsymbol{\alpha}\|=\sqrt{(\boldsymbol{\alpha},\boldsymbol{\alpha})}=\sqrt{a_1^{\ 2}+a_2^{\ 2}+\cdots+a_n^{\ 2}},$$

称$\|\boldsymbol{\alpha}\|$为向量$\boldsymbol{\alpha}$的长度（或范数）.

由定义，可以得到关于向量长度的下列性质.

（1）非负性：$\|\boldsymbol{\alpha}\|\geqslant 0$，当且仅当 $\boldsymbol{\alpha}=\mathbf{0}$时，有$\|\boldsymbol{\alpha}\|=0$；

（2）齐次性：$\|\lambda\boldsymbol{\alpha}\|=|\lambda|\,\|\boldsymbol{\alpha}\|$;

（3）三角不等式：$\|\boldsymbol{\alpha}+\boldsymbol{\beta}\|\leqslant\|\boldsymbol{\alpha}\|+\|\boldsymbol{\beta}\|$.

证明　根据长度的定义，（1）和（2）是显然成立的．下面证明（3）.

由内积的定义，

$$\|\boldsymbol{\alpha}+\boldsymbol{\beta}\|^2=(\boldsymbol{\alpha}+\boldsymbol{\beta},\boldsymbol{\alpha}+\boldsymbol{\beta})=(\boldsymbol{\alpha},\boldsymbol{\alpha})+2(\boldsymbol{\alpha},\boldsymbol{\beta})+(\boldsymbol{\beta},\boldsymbol{\beta}),$$

根据柯西 - 布涅柯夫斯基不等式，可得

$$|(\boldsymbol{\alpha},\boldsymbol{\beta})|\leqslant\sqrt{(\boldsymbol{\alpha},\boldsymbol{\alpha})(\boldsymbol{\beta},\boldsymbol{\beta})}.$$

从而

$$\begin{aligned}\|\boldsymbol{\alpha}+\boldsymbol{\beta}\|^2&\leqslant(\boldsymbol{\alpha},\boldsymbol{\alpha})+2\sqrt{(\boldsymbol{\alpha},\boldsymbol{\alpha})(\boldsymbol{\beta},\boldsymbol{\beta})}+(\boldsymbol{\beta},\boldsymbol{\beta})\\&=\|\boldsymbol{\alpha}\|^2+2\|\boldsymbol{\alpha}\|\,\|\boldsymbol{\beta}\|+\|\boldsymbol{\beta}\|^2\\&=(\|\boldsymbol{\alpha}\|+\|\boldsymbol{\beta}\|)^2,\end{aligned}$$

即

$$\|\boldsymbol{\alpha}+\boldsymbol{\beta}\|\leqslant\|\boldsymbol{\alpha}\|+\|\boldsymbol{\beta}\|.$$

当$\|\boldsymbol{\alpha}\|=1$时，称$\boldsymbol{\alpha}$为单位向量.

如果$\boldsymbol{\alpha}\neq\mathbf{0}$，令$\boldsymbol{e}=\dfrac{\boldsymbol{\alpha}}{\|\boldsymbol{\alpha}\|}$，则向量$\boldsymbol{e}$的长度

$$\|\boldsymbol{e}\|=\left\|\frac{\boldsymbol{\alpha}}{\|\boldsymbol{\alpha}\|}\right\|=\frac{1}{\|\boldsymbol{\alpha}\|}\|\boldsymbol{\alpha}\|=1,$$

即$\boldsymbol{e}$是一个单位向量．我们把这一过程称为向量$\boldsymbol{\alpha}$的单位化.

当 n 维向量$\boldsymbol{\alpha}\neq\mathbf{0},\boldsymbol{\beta}\neq\mathbf{0}$时，由柯西 - 布涅柯夫斯基不等式可得

$$\left|\frac{(\boldsymbol{\alpha},\boldsymbol{\beta})}{\sqrt{(\boldsymbol{\alpha},\boldsymbol{\alpha})(\boldsymbol{\beta},\boldsymbol{\beta})}}\right|\leqslant 1,$$

由此可定义两个向量的夹角.

定义 3.15 设 n 维向量 $\boldsymbol{\alpha}\neq\mathbf{0},\boldsymbol{\beta}\neq\mathbf{0}$,

$$\theta=\arccos\frac{(\boldsymbol{\alpha},\boldsymbol{\beta})}{\|\boldsymbol{\alpha}\|\,\|\boldsymbol{\beta}\|}$$

称为向量 $\boldsymbol{\alpha}$ 和 $\boldsymbol{\beta}$ 的夹角.

例 3.25 求四维向量 $\boldsymbol{\alpha}=(1,2,2,3)^{\mathrm{T}}$ 和 $\boldsymbol{\beta}=(3,1,5,1)^{\mathrm{T}}$ 的夹角.

解

$$\|\boldsymbol{\alpha}\|=\sqrt{1^2+2^2+2^2+3^2}=3\sqrt{2},$$

$$\|\boldsymbol{\beta}\|=\sqrt{3^2+1^2+5^2+1^2}=6,$$

$$(\boldsymbol{\alpha},\boldsymbol{\beta})=1\times3+2\times1+2\times5+3\times1=18,$$

从而夹角

$$\theta=\arccos\frac{(\boldsymbol{\alpha},\boldsymbol{\beta})}{\|\boldsymbol{\alpha}\|\,\|\boldsymbol{\beta}\|}=\arccos\frac{\sqrt{2}}{2}=\frac{\pi}{4}.$$

3.5.2 向量组的正交规范化

定义 3.16 若向量 $\boldsymbol{\alpha}$ 和 $\boldsymbol{\beta}$ 的内积为零，即 $(\boldsymbol{\alpha},\boldsymbol{\beta})=0$，则称 $\boldsymbol{\alpha}$ 和 $\boldsymbol{\beta}$ 正交.

由定义，零向量与任何向量都正交. 而且，若 $\boldsymbol{\alpha}$ 和 $\boldsymbol{\beta}$ 正交，则夹角为 $\frac{\pi}{2}$，即正交的几何意义为垂直，所以，$\boldsymbol{\alpha}$ 和 $\boldsymbol{\beta}$ 正交，可以记为 $\boldsymbol{\alpha}\perp\boldsymbol{\beta}$.

【即时提问 3.5】什么向量可以和任何向量都正交?

定义 3.17 若一个非零向量组的任意两个向量都是正交的，则称该向量组为正交向量组. 若正交向量组的每一个向量都是单位向量，则称为标准正交向量组.

特别地，如果标准正交向量组的秩等于向量空间的维数，则称该标准正交向量组为标准正交基.

例如，n 维基本单位向量组 $\boldsymbol{e}_1=(1,0,\cdots,0)^{\mathrm{T}},\boldsymbol{e}_2=(0,1,\cdots,0)^{\mathrm{T}},\cdots,\boldsymbol{e}_n=(0,0,\cdots,1)^{\mathrm{T}}$ 是 n 维向量空间 $\mathbf{R}^n$ 中的一组标准正交基.

又如，四维向量组 $\boldsymbol{\alpha}_1=(1,0,0,0)^{\mathrm{T}},\boldsymbol{\alpha}_2=(0,1,0,0)^{\mathrm{T}},\boldsymbol{\alpha}_3=\left(0,0,\frac{\sqrt{2}}{2},\frac{\sqrt{2}}{2}\right)^{\mathrm{T}}$，$\boldsymbol{\alpha}_4=\left(0,0,\frac{\sqrt{2}}{2},-\frac{\sqrt{2}}{2}\right)^{\mathrm{T}}$ 是四维向量空间 $\mathbf{R}^4$ 的一组标准正交基.

关于正交向量组，有如下重要性质.

定理 3.8 设 n 维向量组 $\boldsymbol{\alpha}_1,\boldsymbol{\alpha}_2,\cdots,\boldsymbol{\alpha}_m$ 是正交向量组，则 $\boldsymbol{\alpha}_1,\boldsymbol{\alpha}_2,\cdots,\boldsymbol{\alpha}_m$ 是线性无关的.

微课：定理3.8

证明 设有一组数 $k_1,k_2,\cdots,k_m$，使

$$k_i\boldsymbol{\alpha}_1+k_2\boldsymbol{\alpha}_2+\cdots+k_m\boldsymbol{\alpha}_m=\mathbf{0},$$

用 $\boldsymbol{\alpha}_i(i=1,2,\cdots,m)$ 分别和上式两端做内积，当 $i\neq j$ 时，$(\boldsymbol{\alpha}_i,\boldsymbol{\alpha}_j)=0$，所以有

$$k_i(\boldsymbol{\alpha}_i,\boldsymbol{\alpha}_i)=0,\ \ i=1,2,\cdots,m.$$

又因为 $\boldsymbol{\alpha}_i \neq \mathbf{0}(i=1,2,\cdots,m)$，有$(\boldsymbol{\alpha}_i,\boldsymbol{\alpha}_i)\neq 0$所以 $k_i=0(i=1,2,\cdots,m)$，即 $\boldsymbol{\alpha}_1,\boldsymbol{\alpha}_2,\cdots,\boldsymbol{\alpha}_m$ 线性无关.

现在的问题是，给定线性无关的向量组，如何变成与之等价的标准正交向量组，或者，给定向量空间的一组基，如何变成与之等价的标准正交基？这就是下面要介绍的施密特正交化方法.

设 $\boldsymbol{\alpha}_1,\boldsymbol{\alpha}_2,\cdots,\boldsymbol{\alpha}_s$ 线性无关，令

$$\boldsymbol{\beta}_1=\boldsymbol{\alpha}_1,\ \boldsymbol{\beta}_2=\boldsymbol{\alpha}_2-\frac{(\boldsymbol{\alpha}_2,\boldsymbol{\beta}_1)}{(\boldsymbol{\beta}_1,\boldsymbol{\beta}_1)}\boldsymbol{\beta}_1,\ \cdots,$$

$$\boldsymbol{\beta}_s=\boldsymbol{\alpha}_s-\frac{(\boldsymbol{\alpha}_s,\boldsymbol{\beta}_1)}{(\boldsymbol{\beta}_1,\boldsymbol{\beta}_1)}\boldsymbol{\beta}_1-\frac{(\boldsymbol{\alpha}_s,\boldsymbol{\beta}_2)}{(\boldsymbol{\beta}_2,\boldsymbol{\beta}_2)}\boldsymbol{\beta}_2-\cdots-\frac{(\boldsymbol{\alpha}_s,\boldsymbol{\beta}_{s-1})}{(\boldsymbol{\beta}_{s-1},\boldsymbol{\beta}_{s-1})}\boldsymbol{\beta}_{s-1},$$

则 $\boldsymbol{\beta}_1,\boldsymbol{\beta}_2,\cdots,\boldsymbol{\beta}_s$ 是与 $\boldsymbol{\alpha}_1,\boldsymbol{\alpha}_2,\cdots,\boldsymbol{\alpha}_s$ 等价的正交向量组.

再令

$$\boldsymbol{\gamma}_1=\frac{\boldsymbol{\beta}_1}{\|\boldsymbol{\beta}_1\|},\boldsymbol{\gamma}_2=\frac{\boldsymbol{\beta}_2}{\|\boldsymbol{\beta}_2\|},\cdots,\boldsymbol{\gamma}_s=\frac{\boldsymbol{\beta}_s}{\|\boldsymbol{\beta}_s\|},$$

则 $\boldsymbol{\gamma}_1,\boldsymbol{\gamma}_2,\cdots,\boldsymbol{\gamma}_s$ 是与 $\boldsymbol{\alpha}_1,\boldsymbol{\alpha}_2,\cdots,\boldsymbol{\alpha}_s$ 等价的标准正交向量组.

上述过程称为向量组 $\boldsymbol{\alpha}_1,\boldsymbol{\alpha}_2,\cdots,\boldsymbol{\alpha}_s$ 的正交规范化过程.

例 3.26　设 $\boldsymbol{\alpha}_1=(1,1,1)^{\mathrm{T}},\boldsymbol{\alpha}_2=(0,1,1)^{\mathrm{T}},\boldsymbol{\alpha}_3=(0,0,1)^{\mathrm{T}}$，用施密特正交化方法将该向量组正交规范化.

微课：例3.26

解　令

$$\boldsymbol{\beta}_1=\boldsymbol{\alpha}_1=(1,1,1)^{\mathrm{T}},$$

$$\boldsymbol{\beta}_2=\boldsymbol{\alpha}_2-\frac{(\boldsymbol{\alpha}_2,\boldsymbol{\beta}_1)}{(\boldsymbol{\beta}_1,\boldsymbol{\beta}_1)}\boldsymbol{\beta}_1=\left(-\frac{2}{3},\frac{1}{3},\frac{1}{3}\right)^{\mathrm{T}},$$

$$\boldsymbol{\beta}_3=\boldsymbol{\alpha}_3-\frac{(\boldsymbol{\alpha}_3,\boldsymbol{\beta}_1)}{(\boldsymbol{\beta}_1,\boldsymbol{\beta}_1)}\boldsymbol{\beta}_1-\frac{(\boldsymbol{\alpha}_3,\boldsymbol{\beta}_2)}{(\boldsymbol{\beta}_2,\boldsymbol{\beta}_2)}\boldsymbol{\beta}_2=\left(0,-\frac{1}{2},\frac{1}{2}\right)^{\mathrm{T}}.$$

再令

$$\boldsymbol{\gamma}_1=\frac{\boldsymbol{\beta}_1}{\|\boldsymbol{\beta}_1\|}=\frac{1}{\sqrt{3}}(1,1,1)^{\mathrm{T}},\boldsymbol{\gamma}_2=\frac{\boldsymbol{\beta}_2}{\|\boldsymbol{\beta}_2\|}=\frac{1}{\sqrt{6}}(-2,1,1)^{\mathrm{T}},\boldsymbol{\gamma}_3=\frac{\boldsymbol{\beta}_3}{\|\boldsymbol{\beta}_3\|}=\sqrt{2}\left(0,-\frac{1}{2},\frac{1}{2}\right)^{\mathrm{T}},$$

则 $\boldsymbol{\gamma}_1,\boldsymbol{\gamma}_2,\boldsymbol{\gamma}_3$ 即为所求.

3.5.3　正交矩阵

向量空间 V 的一个基 $\boldsymbol{\alpha}_1,\boldsymbol{\alpha}_2,\cdots,\boldsymbol{\alpha}_m$ 是标准正交基的充分必要条件是

$$(\boldsymbol{\alpha}_i,\boldsymbol{\alpha}_j)=\begin{cases}1, & i=j,\\ 0, & i\neq j,\end{cases}\quad i,j=1,2,\cdots,m.$$

故 $\boldsymbol{e}_1,\boldsymbol{e}_2,\cdots,\boldsymbol{e}_n$ 是 n 维向量空间 $\mathbf{R}^n$ 的标准正交基，记 $\boldsymbol{A}=(\boldsymbol{e}_1,\boldsymbol{e}_2,\cdots,\boldsymbol{e}_n)$，则有

$$\boldsymbol{A}^{\mathrm{T}}\boldsymbol{A}=\begin{pmatrix}\boldsymbol{e}_1^{\mathrm{T}}\\ \boldsymbol{e}_2^{\mathrm{T}}\\ \vdots\\ \boldsymbol{e}_n^{\mathrm{T}}\end{pmatrix}(\boldsymbol{e}_1,\boldsymbol{e}_2,\cdots,\boldsymbol{e}_n)=\boldsymbol{E}.$$

定义 3.18 如果 n 阶实方阵 $\boldsymbol{A}$ 满足 $\boldsymbol{A}^{\mathrm{T}}\boldsymbol{A}=\boldsymbol{E}$，则称 $\boldsymbol{A}$ 为正交矩阵.

由定义容易证明 n 阶正交矩阵 $\boldsymbol{A}$ 具有以下性质.

性质 3.7 设 $\boldsymbol{A}$ 为 n 阶正交矩阵，则

（1）$\boldsymbol{A}$ 的行列式为 1 或 -1；

（2）$\boldsymbol{A}$ 为可逆矩阵，且 $\boldsymbol{A}^{-1}=\boldsymbol{A}^{\mathrm{T}}$；

（3）$\boldsymbol{A}$ 的列向量组是 $\mathbf{R}^n$ 的一个标准正交基.

同步习题 3.5

基础题

1．求下列向量的夹角.

（1）$\boldsymbol{\alpha}=(2,1,3,2)^{\mathrm{T}},\boldsymbol{\beta}=(1,2,-2,1)^{\mathrm{T}}$.

（2）$\boldsymbol{\alpha}=(1,2,2,3)^{\mathrm{T}},\boldsymbol{\beta}=(3,1,5,1)^{\mathrm{T}}$.

2．将下列向量组标准正交化.

（1）$\boldsymbol{\alpha}_1=(1,1,1)^{\mathrm{T}},\boldsymbol{\alpha}_2=(1,2,3)^{\mathrm{T}},\boldsymbol{\alpha}_3=(1,4,9)^{\mathrm{T}}$.

（2）$\boldsymbol{\alpha}_1=(1,0,-1,1)^{\mathrm{T}},\boldsymbol{\alpha}_2=(1,-1,0,1)^{\mathrm{T}},\boldsymbol{\alpha}_3=(-1,1,1,0)^{\mathrm{T}}$.

3．设 $\boldsymbol{\alpha}_1=(1,2,3)^{\mathrm{T}}$，求非零向量 $\boldsymbol{\alpha}_2,\boldsymbol{\alpha}_3$，使 $\boldsymbol{\alpha}_1,\boldsymbol{\alpha}_2,\boldsymbol{\alpha}_3$ 为三维向量空间的一组正交基.

4．设 $\boldsymbol{\alpha}_1=(1,1,1)^{\mathrm{T}}$，$\boldsymbol{\alpha}_2=(1,-1,-1)^{\mathrm{T}}$，求与 $\boldsymbol{\alpha}_1,\boldsymbol{\alpha}_2$ 均正交的单位向量 $\boldsymbol{\beta}$，并求与向量组 $\boldsymbol{\alpha}_1,\boldsymbol{\alpha}_2,\boldsymbol{\beta}$ 等价的标准正交向量组.

提高题

1．已知 n 维向量组 $\boldsymbol{\alpha}_1,\boldsymbol{\alpha}_2,\cdots,\boldsymbol{\alpha}_n$ 线性无关，若向量 $\boldsymbol{\beta}$ 与 $\boldsymbol{\alpha}_1,\boldsymbol{\alpha}_2,\cdots,\boldsymbol{\alpha}_n$ 都正交，证明 $\boldsymbol{\beta}$ 为零向量.

2．已知向量组 $\boldsymbol{\alpha}_1,\boldsymbol{\alpha}_2,\cdots,\boldsymbol{\alpha}_m$ 线性无关，若非零向量 $\boldsymbol{\beta}$ 与 $\boldsymbol{\alpha}_1,\boldsymbol{\alpha}_2,\cdots,\boldsymbol{\alpha}_m$ 都正交，证明 $\boldsymbol{\alpha}_1,\boldsymbol{\alpha}_2,\cdots,\boldsymbol{\alpha}_m,\boldsymbol{\beta}$ 线性无关.

3.6 运用MATLAB解决向量问题

MATLAB 可以识别数字及一些特殊常量，包括本章讲解的向量．本节内容主要是学习运用 MATLAB 解决向量问题.

由向量的定义可以看出，向量是一种特殊形式的矩阵，因此，向量的生成方法仍然可以采用直接输入法．而且，矩阵运算对向量同样适用.

3.6.1 判断向量组的线性相关性

在 MATLAB 中，利用向量组构成矩阵的秩可以判定该向量组是否线性相关，一般步骤如下.

（1）将向量组按列排成矩阵 $\boldsymbol{A}$.

（2）利用命令“rank(A)”求出向量组的秩.

例 3.27　判断向量组 $\boldsymbol{\alpha}_1=\begin{pmatrix}1\\1\\1\end{pmatrix}$，$\boldsymbol{\alpha}_2=\begin{pmatrix}2\\2\\2\end{pmatrix}$，$\boldsymbol{\alpha}_3=\begin{pmatrix}3\\5\\7\end{pmatrix}$的线性相关性.

解

```
>> A=[1,1,1;2,2,2;3,5,7];
>> R=rank(A)
R =
     2
```

于是，$r(\boldsymbol{A})=2<3$，从而该向量组线性相关.

3.6.2 求极大无关组

在 MATLAB 中，要求一向量组的极大无关组，一般步骤如下.

（1）将向量组按列排成矩阵 $\boldsymbol{A}$.

（2）利用命令“rref(A)”将矩阵 $\boldsymbol{A}$ 化成行最简形.

例 3.28　求向量组 $\boldsymbol{\alpha}_1=\begin{pmatrix}1\\2\\3\\0\end{pmatrix}$，$\boldsymbol{\alpha}_2=\begin{pmatrix}-1\\-1\\-3\\1\end{pmatrix}$，$\boldsymbol{\alpha}_3=\begin{pmatrix}5\\0\\15\\-10\end{pmatrix}$，$\boldsymbol{\alpha}_4=\begin{pmatrix}-2\\1\\-6\\5\end{pmatrix}$，$\boldsymbol{\alpha}_5=\begin{pmatrix}2\\0\\5\\-4\end{pmatrix}$的一个极大无关组，并将不属于极大无关组的向量用极大无关组线性表示.

解

```
>> A=[1,2,3,0;-1,-1,-3,1;5,0,15,-10;-2,1,-6,5;2,0,5,-4]';
>> B=rref(A)
B =
     1     0    -5     3     0
     0     1   -10     5     0
     0     0     0     0     1
     0     0     0     0     0
```

由行最简形矩阵 $\boldsymbol{B}$ 可以看出，$\boldsymbol{\alpha}_1,\boldsymbol{\alpha}_2,\boldsymbol{\alpha}_5$ 是向量组 $\boldsymbol{\alpha}_1,\boldsymbol{\alpha}_2,\boldsymbol{\alpha}_3,\boldsymbol{\alpha}_4,\boldsymbol{\alpha}_5$ 的极大无关组，且有 $\boldsymbol{\alpha}_3=-5\boldsymbol{\alpha}_1-10\boldsymbol{\alpha}_2+0\cdot\boldsymbol{\alpha}_5$，$\boldsymbol{\alpha}_4=3\boldsymbol{\alpha}_1+5\boldsymbol{\alpha}_2+0\cdot\boldsymbol{\alpha}_5$.

3.6.3 将向量组正交规范化

在 MATLAB 中，利用函数命令“qr”可以对向量组进行正交规范化 . 一般步骤如下：

（1）将向量组按列排成矩阵 $\boldsymbol{A}$.

（2）利用命令“[Q,R]=qr(A)”可得矩阵 $\boldsymbol{Q}$.

矩阵 $\boldsymbol{Q}$ 的列向量组就是所求的规范正交化向量组.

例 3.29 将向量组$\boldsymbol{\alpha}_1=\begin{pmatrix}1\\1\\-1\end{pmatrix},\boldsymbol{\alpha}_2=\begin{pmatrix}0\\4\\1\end{pmatrix},\boldsymbol{\alpha}_3=\begin{pmatrix}-2\\1\\1\end{pmatrix}$正交规范化.

微课：例3.29

解

```
>> A=[1,1,-1;0,4,1;-2,1,1]';
>> [Q,R]=qr(A)
Q =
   -0.5774    0.2673    0.7715
   -0.5774   -0.8018   -0.1543
    0.5774   -0.5345    0.6172
R =
   -1.7321   -1.7321    1.1547
         0   -3.7417   -1.8708
         0         0   -1.0801
```

于是，$\boldsymbol{\xi}_1=\begin{pmatrix}-0.577\,4\\-0.577\,4\\0.577\,4\end{pmatrix},\boldsymbol{\xi}_2=\begin{pmatrix}0.267\,3\\-0.801\,8\\-0.534\,5\end{pmatrix},\boldsymbol{\xi}_3=\begin{pmatrix}0.771\,5\\-0.154\,3\\0.617\,2\end{pmatrix}$为所求的正交规范向量组. 我们还可以利用下述命令验证$\boldsymbol{\xi}_1,\boldsymbol{\xi}_2,\boldsymbol{\xi}_3$的正交规范性.

```
>> Q'*Q
ans =
      1.0000    0.0000    0.0000
      0.0000    1.0000    0.0000
      0.0000    0.0000    1.0000
```

即 $\boldsymbol{Q}$ 是一个正交矩阵，所以 $\boldsymbol{\xi}_1,\boldsymbol{\xi}_2,\boldsymbol{\xi}_3$ 是正交规范化向量组.

第 3 章思维导图

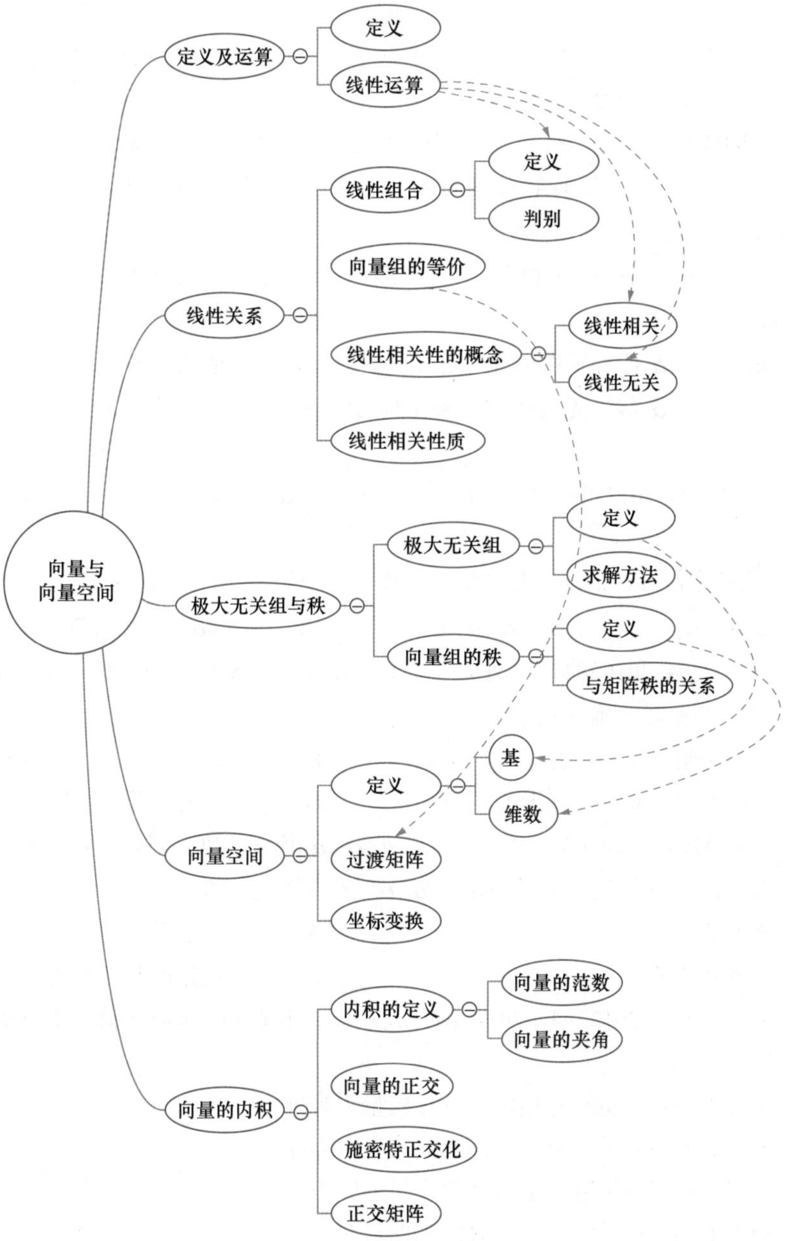

本章小结

中国数学学者

个人成就

数学家，教育家，中国科学院院士，曾任浙江大学教授，复旦大学教授、校长、名誉校长，全国政协副主席．苏步青主要从事微分几何学、计算几何学研究，创立了国内外公认的微分几何学派．

苏步青

第3章总复习题

1. 选择题：（1）～（5）小题，每小题4分，共20分．下列每小题给出的4个选项中，只有一个选项是符合题目要求的．

（1）（2003304）设$\boldsymbol{\alpha}_1,\boldsymbol{\alpha}_2,\cdots,\boldsymbol{\alpha}_s$均为$n$维向量，下列结论不正确的是（　　）．

A．若对于任意一组不全为零的数$k_1,k_2,\cdots,k_s$，都有$k_1\boldsymbol{\alpha}_1+k_2\boldsymbol{\alpha}_2+\cdots+k_s\boldsymbol{\alpha}_s\neq\mathbf{0}$，则$\boldsymbol{\alpha}_1,\boldsymbol{\alpha}_2,\cdots,\boldsymbol{\alpha}_s$线性无关

B．若$\boldsymbol{\alpha}_1,\boldsymbol{\alpha}_2,\cdots,\boldsymbol{\alpha}_s$线性相关，则对于任意一组不全为零的数$k_1,k_2,\cdots,k_s$，都有$k_1\boldsymbol{\alpha}_1+k_2\boldsymbol{\alpha}_2+\cdots+k_s\boldsymbol{\alpha}_s=\mathbf{0}$

C．$\boldsymbol{\alpha}_1,\boldsymbol{\alpha}_2,\cdots,\boldsymbol{\alpha}_s$线性无关的充分必要条件是此向量组的秩为$s$

D．$\boldsymbol{\alpha}_1,\boldsymbol{\alpha}_2,\cdots,\boldsymbol{\alpha}_s$线性无关的必要条件是其中任意两个向量线性无关

（2）（2012104, 2012204, 2012304）设$\boldsymbol{\alpha}_1=\begin{pmatrix}0\\0\\c_1\end{pmatrix},\boldsymbol{\alpha}_2=\begin{pmatrix}0\\1\\c_2\end{pmatrix},\boldsymbol{\alpha}_3=\begin{pmatrix}1\\-1\\c_3\end{pmatrix},\boldsymbol{\alpha}_4=\begin{pmatrix}-1\\1\\c_4\end{pmatrix}$，其中$c_1,c_2,c_3,c_4$为任意常数，则下列向量组一定线性相关的是（　　）．

A．$\boldsymbol{\alpha}_1,\boldsymbol{\alpha}_2,\boldsymbol{\alpha}_3$　　B．$\boldsymbol{\alpha}_1,\boldsymbol{\alpha}_2,\boldsymbol{\alpha}_4$　　C．$\boldsymbol{\alpha}_1,\boldsymbol{\alpha}_3,\boldsymbol{\alpha}_4$　　D．$\boldsymbol{\alpha}_2,\boldsymbol{\alpha}_3,\boldsymbol{\alpha}_4$

（3）（2010204, 2010304）设向量组（Ⅰ）$\boldsymbol{\alpha}_1,\boldsymbol{\alpha}_2,\cdots,\boldsymbol{\alpha}_r$可由向量组（Ⅱ）$\boldsymbol{\beta}_1,\boldsymbol{\beta}_2,\cdots,\boldsymbol{\beta}_s$线性表示，下列命题正确的是（　　）．

A．若向量组（Ⅰ）线性无关，则$r\leqslant s$　　B．若向量组（Ⅰ）线性相关，则$r>s$

C．若向量组（Ⅱ）线性无关，则$r\leqslant s$　　D．若向量组（Ⅱ）线性相关，则$r>s$

（4）（2014104, 2014204, 2014304）设$\boldsymbol{\alpha}_1,\boldsymbol{\alpha}_2,\boldsymbol{\alpha}_3$均为三维向量，则对任意常数$k,l$，向量组$\boldsymbol{\alpha}_1+k\boldsymbol{\alpha}_3,\boldsymbol{\alpha}_2+l\boldsymbol{\alpha}_3$线性无关是向量组$\boldsymbol{\alpha}_1,\boldsymbol{\alpha}_2,\boldsymbol{\alpha}_3$线性无关的（　　）．

A．必要非充分条件　　B．充分非必要条件

C．充分必要条件　　D．既非充分也非必要条件

（5）（2013104，2013204，2013304）设矩阵$\boldsymbol{A},\boldsymbol{B},\boldsymbol{C}$均为$n$阶矩阵，若$\boldsymbol{AB}=\boldsymbol{C}$，且$\boldsymbol{B}$可逆，则（　　）．

A．矩阵$\boldsymbol{C}$的行向量组与矩阵$\boldsymbol{A}$的行向量组等价

B．矩阵$\boldsymbol{C}$的列向量组与矩阵$\boldsymbol{A}$的列向量组等价

C．矩阵$\boldsymbol{C}$的行向量组与矩阵$\boldsymbol{B}$的行向量组等价

D．矩阵$\boldsymbol{C}$的行向量组与矩阵$\boldsymbol{B}$的列向量组等价

2. 填空题：（6）～（10）小题，每小题4分，共20分．

（6）（2005304）已知向量组$\boldsymbol{\alpha}_1=(2,1,1,1)^{\mathrm{T}}$，$\boldsymbol{\alpha}_2=(2,1,a,a)^{\mathrm{T}}$，$\boldsymbol{\alpha}_3=(3,2,1,a)^{\mathrm{T}}$，$\boldsymbol{\alpha}_4=(4,3,2,1)^{\mathrm{T}}$线性相关，且$a\neq1$，则$a$为______．

（7）（2017104, 2017304）设矩阵$\boldsymbol{A}=\begin{pmatrix}1&0&1\\1&1&2\\0&1&1\end{pmatrix}$，$\boldsymbol{\alpha}_1,\boldsymbol{\alpha}_2,\boldsymbol{\alpha}_3$为线性无关的三维列向量

组，则向量组 $A\boldsymbol{\alpha}_1, A\boldsymbol{\alpha}_2, A\boldsymbol{\alpha}_3$ 的秩为 ______ .

（8）（2007104 改编）设向量组 $\boldsymbol{\alpha}_1,\boldsymbol{\alpha}_2,\boldsymbol{\alpha}_3$ 线性无关，则向量组 $\boldsymbol{\alpha}_1+\boldsymbol{\alpha}_2$，$\boldsymbol{\alpha}_2+\boldsymbol{\alpha}_3,\boldsymbol{\alpha}_3+\boldsymbol{\alpha}_1$ 的线性关系是 ______ .

微课：总复习题（8）

（9）（2010104）设 $\boldsymbol{\alpha}_1=(1,2,-1,0)^{\mathrm T}$，$\boldsymbol{\alpha}_2=(1,1,0,2)^{\mathrm T}$，$\boldsymbol{\alpha}_3=(2,1,1,a)^{\mathrm T}$. 若由 $\boldsymbol{\alpha}_1,\boldsymbol{\alpha}_2,\boldsymbol{\alpha}_3$ 生成的向量空间的维数为 2，则 $a=$ ______ .

（10）（2003104）从 $\mathbf{R}^2$ 的基 $\boldsymbol{\alpha}_1=(1,0)^{\mathrm T},\boldsymbol{\alpha}_2=(1,-1)^{\mathrm T}$ 到基 $\boldsymbol{\beta}_1=(1,1)^{\mathrm T},\boldsymbol{\beta}_2=(1,2)^{\mathrm T}$ 的过渡矩阵为 ______ .

3. 解答题：（11）～（16）小题，每小题 10 分，共 60 分．解答时应写出文字说明、证明过程或演算步骤.

（11）（2011111, 2011211, 2011311）设向量组 $\boldsymbol{\alpha}_1=(1,0,1)^{\mathrm T}$, $\boldsymbol{\alpha}_2=(0,1,1)^{\mathrm T}$, $\boldsymbol{\alpha}_3=(1,3,5)^{\mathrm T}$，不能由向量组 $\boldsymbol{\beta}_1=(1,1,1)^{\mathrm T}$, $\boldsymbol{\beta}_2=(1,2,3)^{\mathrm T}$, $\boldsymbol{\beta}_3=(3,4,a)^{\mathrm T}$ 线性表示.

① 求 a 的值.

② 将 $\boldsymbol{\beta}_1,\boldsymbol{\beta}_2,\boldsymbol{\beta}_3$ 用 $\boldsymbol{\alpha}_1,\boldsymbol{\alpha}_2,\boldsymbol{\alpha}_3$ 线性表示.

（12）（2015111）设向量组 $\boldsymbol{\alpha}_1,\boldsymbol{\alpha}_2,\boldsymbol{\alpha}_3$ 为 $\mathbf{R}^3$ 的一个基，$\boldsymbol{\beta}_1=2\boldsymbol{\alpha}_1+2k\boldsymbol{\alpha}_3$，$\boldsymbol{\beta}_2=2\boldsymbol{\alpha}_2$，$\boldsymbol{\beta}_3=\boldsymbol{\alpha}_1+(k+1)\boldsymbol{\alpha}_3$.

① 证明向量组 $\boldsymbol{\beta}_1,\boldsymbol{\beta}_2,\boldsymbol{\beta}_3$ 为 $\mathbf{R}^3$ 的一个基.

② 当 k 为何值时，存在非零向量 $\boldsymbol{\xi}$ 在基 $\boldsymbol{\alpha}_1,\boldsymbol{\alpha}_2,\boldsymbol{\alpha}_3$ 与基 $\boldsymbol{\beta}_1,\boldsymbol{\beta}_2,\boldsymbol{\beta}_3$ 下的坐标相同，并求所有的 $\boldsymbol{\xi}$.

（13）（2019111）设向量组 $\boldsymbol{\alpha}_1=(1,2,1)^{\mathrm T},\boldsymbol{\alpha}_2=(1,3,2)^{\mathrm T},\boldsymbol{\alpha}_3=(1,a,3)^{\mathrm T}$ 为 $\mathbf{R}^3$ 的一个基，$\boldsymbol{\beta}=(1,1,1)^{\mathrm T}$ 在这个基下的坐标为 $(b,c,1)^{\mathrm T}$.

① 求 a, b, c.

② 证明 $\boldsymbol{\alpha}_2,\boldsymbol{\alpha}_3,\boldsymbol{\beta}$ 为 $\mathbf{R}^3$ 的一个基，并求 $\boldsymbol{\alpha}_2,\boldsymbol{\alpha}_3,\boldsymbol{\beta}$ 到 $\boldsymbol{\alpha}_1,\boldsymbol{\alpha}_2,\boldsymbol{\alpha}_3$ 的过渡矩阵.

微课：总复习题（13）

（14）（1998104）设 $\boldsymbol{A}$ 是 n 阶矩阵，$\boldsymbol{\alpha}$ 是 n 维列向量，若 $\boldsymbol{A}^{m-1}\boldsymbol{\alpha}\neq\mathbf{0}$，$\boldsymbol{A}^m\boldsymbol{\alpha}=\mathbf{0}$，证明：向量组 $\boldsymbol{\alpha},\boldsymbol{A\alpha},\boldsymbol{A}^2\boldsymbol{\alpha},\cdots,\boldsymbol{A}^{m-1}\boldsymbol{\alpha}$ 线性无关.

（15）（2019211, 2019311）设向量组（Ⅰ）$\boldsymbol{\alpha}_1=(1,1,4)^{\mathrm T},\boldsymbol{\alpha}_2=(1,0,4)^{\mathrm T},\boldsymbol{\alpha}_3=(1,2,a^2+3)^{\mathrm T}$；（Ⅱ）$\boldsymbol{\beta}_1=(1,1,a+3)^{\mathrm T},\boldsymbol{\beta}_2=(0,2,1-a)^{\mathrm T},\boldsymbol{\beta}_3=(1,3,a^2+3)^{\mathrm T}$.

若向量组（Ⅰ）与向量组（Ⅱ）等价，求 a 的值，并将 $\boldsymbol{\beta}_3$ 用 $\boldsymbol{\alpha}_1,\boldsymbol{\alpha}_2,\boldsymbol{\alpha}_3$ 线性表示.

（16）（2000207）已知向量组 $\boldsymbol{\beta}_1=\begin{pmatrix}0\\1\\-1\end{pmatrix},\boldsymbol{\beta}_2=\begin{pmatrix}a\\2\\1\end{pmatrix},\boldsymbol{\beta}_3=\begin{pmatrix}b\\1\\0\end{pmatrix}$ 与向量组 $\boldsymbol{\alpha}_1=\begin{pmatrix}1\\2\\-3\end{pmatrix},\boldsymbol{\alpha}_2=\begin{pmatrix}3\\0\\1\end{pmatrix}$，$\boldsymbol{\alpha}_3=\begin{pmatrix}9\\6\\-7\end{pmatrix}$ 具有相同的秩，且 $\boldsymbol{\beta}_3$ 可由 $\boldsymbol{\alpha}_1,\boldsymbol{\alpha}_2,\boldsymbol{\alpha}_3$ 线性表示，求 a,b 的值.

04

第 4 章 线性方程组

在科学技术和经济分析中，许多问题的数学模型都可归结为线性方程组的问题. 线性方程组中变量个数与方程个数不一定相等，对线性方程组的解的研究在理论上和实际应用上都是十分重要的. 一般线性方程组都可以用高斯消元法即加减消元法，即对线性方程组的增广矩阵进行初等变换（主要进行初等行变换，必要时可交换系数矩阵的两列，此时只改变解的顺序），来求解线性方程组. 这种方法简明，可操作性强，有效地解决了一般线性方程组的求解问题. 本章将详细讨论线性方程组的有解条件、求解方法、解之间的关系及与之有关的一些问题.

本章导学

4.1 齐次线性方程组

本节将对齐次线性方程组的性质和解的情况进行介绍.

4.1.1 引例

方程组

$$\begin{cases} a_{11}x_1 + a_{12}x_2 + \cdots + a_{1n}x_n = 0, \\ a_{21}x_1 + a_{22}x_2 + \cdots + a_{2n}x_n = 0, \\ \quad\cdots\cdots\cdots \\ a_{m1}x_1 + a_{m2}x_2 + \cdots + a_{mn}x_n = 0 \end{cases} \tag{4.1}$$

称为 n 个未知量 m 个方程的齐次线性方程组，其中 $x_1, x_2, \cdots, x_n$ 表示 n 个未知量，常数 a_{ij} $(i=1,2,\cdots,m; j=1,2,\cdots,n)$称为方程组的系数. 系数 a_{ij} 的第 1 个下标 i 表示 a_{ij} 所在的第 i 个方程，第 2 个下标 j 表示它是未知量 x_j 的系数.

记

$$\boldsymbol{A} = \begin{pmatrix} a_{11} & a_{12} & \cdots & a_{1n} \\ a_{21} & a_{22} & \cdots & a_{2n} \\ \vdots & \vdots & & \vdots \\ a_{m1} & a_{m2} & \cdots & a_{mn} \end{pmatrix},\ \boldsymbol{X} = \begin{pmatrix} x_1 \\ x_2 \\ \vdots \\ x_n \end{pmatrix},$$

则式（4.1）可表示为

$$\boldsymbol{AX} = \boldsymbol{0}. \tag{4.2}$$

式（4.2）称为齐次线性方程组的矩阵形式，$\boldsymbol{A}$ 称为系数矩阵.

若 $x_1=c_1,x_2=c_2,\cdots,x_n=c_n$ 满足齐次线性方程组 $\boldsymbol{AX}=\boldsymbol{0}$，则称 $c_1,c_2,\cdots,c_n$ 是该方程组的解. 列向量 $(c_1,c_2,\cdots,c_n)^{\mathrm{T}}$ 称为齐次线性方程组 $\boldsymbol{AX}=\boldsymbol{0}$ 的解向量.

我们知道，$(0,0,\cdots,0)^{\mathrm{T}}$ 为齐次线性方程组 $\boldsymbol{AX}=\boldsymbol{0}$ 的解，称为零解. 若非零列向量 $(c_1,c_2,\cdots,c_n)^{\mathrm{T}}$ 为 $\boldsymbol{AX}=\boldsymbol{0}$ 的解，则称为非零解.

本节的重点是讨论齐次线性方程组 $\boldsymbol{AX}=\boldsymbol{0}$ 是否有非零解.

4.1.2 齐次线性方程组解的性质

性质 4.1 若 $\boldsymbol{\xi}_1,\boldsymbol{\xi}_2$ 是齐次线性方程组 $\boldsymbol{AX}=\boldsymbol{0}$ 的解，则 $\boldsymbol{\xi}_1+\boldsymbol{\xi}_2$ 也是 $\boldsymbol{AX}=\boldsymbol{0}$ 的解.

证明 因为 $\boldsymbol{A\xi}_1=\boldsymbol{0},\boldsymbol{A\xi}_2=\boldsymbol{0}$，两式相加得 $\boldsymbol{A}(\boldsymbol{\xi}_1+\boldsymbol{\xi}_2)=\boldsymbol{A\xi}_1+\boldsymbol{A\xi}_2=\boldsymbol{0}$.

性质 4.2 若 $\boldsymbol{\xi}$ 是齐次线性方程组 $\boldsymbol{AX}=\boldsymbol{0}$ 的解，k 为实数，则 $k\boldsymbol{\xi}$ 也是 $\boldsymbol{AX}=\boldsymbol{0}$ 的解.

微课：性质 4.1与性质4.2

证明 由 $\boldsymbol{A\xi}=\boldsymbol{0}$ 可推出 $\boldsymbol{A}(k\boldsymbol{\xi})=k\cdot\boldsymbol{A\xi}=\boldsymbol{0}$.

上述两个性质结合向量空间的定义可以看出，若齐次线性方程组 $\boldsymbol{AX}=\boldsymbol{0}$ 有非零解，则一定有无数个非零解，且解向量的集合构成向量空间，我们称此非空集合为 $\boldsymbol{AX}=\boldsymbol{0}$ 的解空间或矩阵 $\boldsymbol{A}$ 的零子空间，记为 $V=\{\boldsymbol{\xi}\,|\,\boldsymbol{A\xi}=\boldsymbol{0}\}$.

此时，求 $\boldsymbol{AX}=\boldsymbol{0}$ 的所有非零解，只需寻找解空间 V 的一组基，则 $\boldsymbol{AX}=\boldsymbol{0}$ 的所有解均可用这组基的线性组合来表示，为了讨论方便，引入基础解系的定义.

4.1.3 齐次线性方程组的基础解系

定义 4.1 若齐次线性方程组 $\boldsymbol{AX}=\boldsymbol{0}$ 的解 $\boldsymbol{\xi}_1,\boldsymbol{\xi}_2,\cdots,\boldsymbol{\xi}_s$ 满足

（1）$\boldsymbol{\xi}_1,\boldsymbol{\xi}_2,\cdots,\boldsymbol{\xi}_s$ 线性无关，

（2）方程组的任一解可以由 $\boldsymbol{\xi}_1,\boldsymbol{\xi}_2,\cdots,\boldsymbol{\xi}_s$ 线性表示，

则称 $\boldsymbol{\xi}_1,\boldsymbol{\xi}_2,\cdots,\boldsymbol{\xi}_s$ 是 $\boldsymbol{AX}=\boldsymbol{0}$ 的一个基础解系.

定理 4.1 设 $\boldsymbol{A}$ 是 $m\times n$ 矩阵，$r(\boldsymbol{A})=r<n$，则齐次线性方程组 $\boldsymbol{AX}=\boldsymbol{0}$ 的基础解系存在，且基础解系中所含解向量的个数为 $n-r$.

证明 由定理 2.1 知 $m\times n$ 矩阵 $\boldsymbol{A}$ 总可以经过若干次初等行变换化为行最简形矩阵，不妨设为

$$\boldsymbol{B}=\begin{pmatrix} 1 & 0 & \cdots & 0 & b_{1,r+1} & b_{1,r+2} & \cdots & b_{1n} \\ 0 & 1 & \cdots & 0 & b_{2,r+1} & b_{2,r+2} & \cdots & b_{2n} \\ \vdots & \vdots & & \vdots & \vdots & \vdots & & \vdots \\ 0 & 0 & \cdots & 1 & b_{r,r+1} & b_{r,r+2} & \cdots & b_{rn} \\ 0 & 0 & \cdots & 0 & 0 & 0 & \cdots & 0 \\ \vdots & \vdots & & \vdots & \vdots & \vdots & & \vdots \\ 0 & 0 & \cdots & 0 & 0 & 0 & \cdots & 0 \end{pmatrix},$$

$\boldsymbol{BX}=\boldsymbol{0}$ 与 $\boldsymbol{AX}=\boldsymbol{0}$ 为同解方程组，$\boldsymbol{BX}=\boldsymbol{0}$ 为

$$\begin{cases} x_1 + b_{1,r+1}x_{r+1} + b_{1,r+2}x_{r+2} + \cdots + b_{1n}x_n = 0, \\ x_2 + b_{2,r+1}x_{r+1} + b_{2,r+2}x_{r+2} + \cdots + b_{2n}x_n = 0, \\ \qquad \cdots\cdots\cdots \\ x_r + b_{r,r+1}x_{r+1} + b_{r,r+2}x_{r+2} + \cdots + b_{rn}x_n = 0, \end{cases}$$

即

$$\begin{cases} x_1 = -b_{1,r+1}x_{r+1} - b_{1,r+2}x_{r+2} - \cdots - b_{1n}x_n, \\ x_2 = -b_{2,r+1}x_{r+1} - b_{2,r+2}x_{r+2} - \cdots - b_{2n}x_n, \\ \qquad \cdots\cdots\cdots \\ x_r = -b_{r,r+1}x_{r+1} - b_{r,r+2}x_{r+2} - \cdots - b_{rn}x_n, \end{cases}$$

因为未知量 $x_1, x_2, \cdots, x_r$ 由 $x_{r+1}, x_{r+2}, \cdots, x_n$ 唯一确定，所以称 $x_1, x_2, \cdots, x_r$ 为真未知量，称 x_{r+1}, $x_{r+2}, \cdots, x_n$ 为自由未知量．对自由未知量 $x_{r+1}, x_{r+2}, \cdots, x_n$ 分别取

$$\begin{pmatrix} x_{r+1} \\ x_{r+2} \\ \vdots \\ x_n \end{pmatrix} = \begin{pmatrix} 1 \\ 0 \\ \vdots \\ 0 \end{pmatrix}, \begin{pmatrix} 0 \\ 1 \\ \vdots \\ 0 \end{pmatrix}, \cdots, \begin{pmatrix} 0 \\ 0 \\ \vdots \\ 1 \end{pmatrix},$$

可解得

$$\begin{pmatrix} x_1 \\ x_2 \\ \vdots \\ x_r \end{pmatrix} = \begin{pmatrix} -b_{1,r+1} \\ -b_{2,r+1} \\ \vdots \\ -b_{r,r+1} \end{pmatrix}, \begin{pmatrix} -b_{1,r+2} \\ -b_{2,r+2} \\ \vdots \\ -b_{r,r+2} \end{pmatrix}, \cdots, \begin{pmatrix} -b_{1n} \\ -b_{2n} \\ \vdots \\ -b_{rn} \end{pmatrix},$$

故得方程组的解为

$$\boldsymbol{\xi}_1 = (-b_{1,r+1}, -b_{2,r+1}, \cdots, -b_{r,r+1}, 1, 0, \cdots, 0)^{\mathrm{T}},$$

$$\boldsymbol{\xi}_2 = (-b_{1,r+2}, -b_{2,r+2}, \cdots, -b_{r,r+2}, 0, 1, \cdots, 0)^{\mathrm{T}},$$

$$\cdots\cdots\cdots$$

$$\boldsymbol{\xi}_{n-r} = (-b_{1n}, -b_{2n}, \cdots, -b_{rn}, 0, 0, \cdots, 1)^{\mathrm{T}}.$$

下面证明这 $n-r$ 个向量构成齐次线性方程组的基础解系．

首先，上述每个向量中下方的 $n-r$ 个分量构成 $n-r$ 阶的单位矩阵，从而得这 $n-r$ 个向量线性无关．

其次，方程组 $\boldsymbol{AX}=\boldsymbol{0}$ 的任一解 $\boldsymbol{\xi}$ 可由 $\boldsymbol{\xi}_1, \boldsymbol{\xi}_2, \cdots, \boldsymbol{\xi}_{n-r}$ 线性表示．

事实上，设 $\boldsymbol{\xi} = (k_1, k_2, \cdots, k_r, k_{r+1}, \cdots, k_n)^{\mathrm{T}}$ 是方程组 $\boldsymbol{AX}=\boldsymbol{0}$ 的任一解，令

$$\boldsymbol{\xi}_0 = k_{r+1}\boldsymbol{\xi}_1 + k_{r+2}\boldsymbol{\xi}_2 + \cdots + k_n\boldsymbol{\xi}_{n-r},$$

由性质 4.1、性质 4.2 知，$\boldsymbol{\xi}_0$ 也是 $\boldsymbol{AX}=\boldsymbol{0}$ 的解向量，且 $\boldsymbol{\xi}_0$ 的后 $n-r$ 个分量与 $\boldsymbol{\xi}$ 的后 $n-r$ 个分量相同，由自由未知量的一组确定值唯一确定方程组 $\boldsymbol{AX}=\boldsymbol{0}$ 的一个解向量知 $\boldsymbol{\xi}=\boldsymbol{\xi}_0$，故 $\boldsymbol{\xi} = k_{r+1}\boldsymbol{\xi}_1 + k_{r+2}\boldsymbol{\xi}_2 + \cdots + k_n\boldsymbol{\xi}_{n-r}$.

推论 1　设齐次线性方程组 $\boldsymbol{AX}=\boldsymbol{0}$，其中 $\boldsymbol{A}$ 为 $m \times n$ 矩阵．

（1）当 $r(\boldsymbol{A})=n$ 时，方程组有唯一解.

（2）当 $r(\boldsymbol{A})=r<n$ 时，方程组有无穷多解，其通解为 $c_1\boldsymbol{\xi}_1+c_2\boldsymbol{\xi}_2+\cdots+c_{n-r}\boldsymbol{\xi}_{n-r}$，其中 $\boldsymbol{\xi}_1,\boldsymbol{\xi}_2,\cdots,\boldsymbol{\xi}_{n-r}$ 为基础解系，$c_1,c_2,\cdots,c_{n-r}$ 为任意常数.

推论 2　n 个方程 n 个未知量的齐次线性方程组 $\boldsymbol{AX}=\boldsymbol{0}$ 有非零解的充要条件是 $|\boldsymbol{A}|=0$.

【即时提问 4.1】若 $r(\boldsymbol{A}_{m\times n})=m$，则齐次线性方程组 $\boldsymbol{AX}=\boldsymbol{0}$ 只有零解. 上述说法是否正确？请说明理由.

例 4.1　求方程组

$$\begin{cases}x_1+2x_2-x_3=0,\\2x_1+3x_2+x_3=0,\\4x_1+7x_2-x_3=0\end{cases}$$

的解.

解　对系数矩阵 $\boldsymbol{A}$ 作初等行变换化为行最简形，有

$$\boldsymbol{A}=\begin{pmatrix}1&2&-1\\2&3&1\\4&7&-1\end{pmatrix}\xrightarrow[r_3-4r_1]{r_2-2r_1}\begin{pmatrix}1&2&-1\\0&-1&3\\0&-1&3\end{pmatrix}\xrightarrow{r_3-r_2}\begin{pmatrix}1&2&-1\\0&-1&3\\0&0&0\end{pmatrix}$$

$$\xrightarrow{r_1+2r_2}\begin{pmatrix}1&0&5\\0&-1&3\\0&0&0\end{pmatrix}\xrightarrow{r_2\times(-1)}\begin{pmatrix}1&0&5\\0&1&-3\\0&0&0\end{pmatrix}.$$

同解方程组为

$$\begin{cases}x_1=-5x_3,\\x_2=3x_3,\end{cases}$$

自由未知量取 x_3，令 $x_3=1$，得基础解系为 $\boldsymbol{\xi}=(-5,3,1)^{\mathrm{T}}$.

故该方程组的通解为 $c\boldsymbol{\xi}=c(-5,3,1)^{\mathrm{T}}$，其中 c 为任意常数.

例 4.2　求齐次线性方程组

$$\begin{cases}x_1+x_2+x_3-x_4=0,\\2x_1+3x_2+x_3-x_4=0,\\3x_1+4x_2+2x_3-2x_4=0\end{cases}$$

微课：例4.2

的基础解系和通解.

解　对系数矩阵 $\boldsymbol{A}$ 作初等行变换化为行最简形，有

$$\boldsymbol{A}=\begin{pmatrix}1&1&1&-1\\2&3&1&-1\\3&4&2&-2\end{pmatrix}\xrightarrow[r_3-3r_1]{r_2-2r_1}\begin{pmatrix}1&1&1&-1\\0&1&-1&1\\0&1&-1&1\end{pmatrix}$$

$$\xrightarrow{r_3-r_2}\begin{pmatrix}1&1&1&-1\\0&1&-1&1\\0&0&0&0\end{pmatrix}\xrightarrow{r_1-r_2}\begin{pmatrix}1&0&2&-2\\0&1&-1&1\\0&0&0&0\end{pmatrix}.$$

同解方程组为

$$\begin{cases} x_1 = -2x_3 + 2x_4, \\ x_2 = x_3 - x_4, \end{cases}$$

自由未知量取x_3,x_4，令

$$\begin{pmatrix} x_3 \\ x_4 \end{pmatrix} = \begin{pmatrix} 1 \\ 0 \end{pmatrix}, \begin{pmatrix} 0 \\ 1 \end{pmatrix},$$

得基础解系为$\boldsymbol{\xi}_1 = (-2,1,1,0)^{\mathrm{T}}, \boldsymbol{\xi}_2 = (2,-1,0,1)^{\mathrm{T}}$.

故该方程组的通解为$c_1\boldsymbol{\xi}_1 + c_2\boldsymbol{\xi}_2$，其中$c_1,c_2$为任意常数.

例 4.3 设$\boldsymbol{\alpha}_1,\boldsymbol{\alpha}_2,\cdots,\boldsymbol{\alpha}_s$为齐次线性方程组$\boldsymbol{AX}=\boldsymbol{0}$的一个基础解系，$\boldsymbol{\beta}_1 = t_1\boldsymbol{\alpha}_1 + t_2\boldsymbol{\alpha}_2, \boldsymbol{\beta}_2 = t_1\boldsymbol{\alpha}_2 + t_2\boldsymbol{\alpha}_3, \cdots, \boldsymbol{\beta}_s = t_1\boldsymbol{\alpha}_s + t_2\boldsymbol{\alpha}_1$，其中$t_1,t_2$为实常数. 问：$t_1,t_2$满足什么关系时，$\boldsymbol{\beta}_1,\boldsymbol{\beta}_2,\cdots,\boldsymbol{\beta}_s$也为$\boldsymbol{AX}=\boldsymbol{0}$的基础解系.

解 由于$\boldsymbol{\beta}_i (i=1,2,\cdots,s)$为$\boldsymbol{\alpha}_1,\boldsymbol{\alpha}_2,\cdots,\boldsymbol{\alpha}_s$的线性组合，所以$\boldsymbol{\beta}_i (i=1,2,\cdots,s)$均为$\boldsymbol{AX}=\boldsymbol{0}$的解.

设$k_1\boldsymbol{\beta}_1 + k_2\boldsymbol{\beta}_2 + \cdots + k_s\boldsymbol{\beta}_s = \boldsymbol{0}$，即$(t_2k_s + t_1k_1)\boldsymbol{\alpha}_1 + (t_2k_1 + t_1k_2)\boldsymbol{\alpha}_2 + \cdots + (t_2k_{s-1} + t_1k_s)\boldsymbol{\alpha}_s = \boldsymbol{0}$. 由于$\boldsymbol{\alpha}_1,\boldsymbol{\alpha}_2,\cdots,\boldsymbol{\alpha}_s$线性无关，所以

$$\begin{cases} t_2k_s + t_1k_1 = 0, \\ t_2k_1 + t_1k_2 = 0, \\ \cdots\cdots\cdots \\ t_2k_{s-1} + t_1k_s = 0, \end{cases}$$

其系数行列式

$$\begin{vmatrix} t_1 & 0 & 0 & \cdots & t_2 \\ t_2 & t_1 & 0 & \cdots & 0 \\ 0 & t_2 & t_1 & \cdots & 0 \\ \vdots & \vdots & \vdots & & \vdots \\ 0 & 0 & 0 & t_2 & t_1 \end{vmatrix} = t_1^s + (-1)^{s+1}t_2^s,$$

当且仅当s为偶数，$t_1 \neq \pm t_2$时，或s为奇数，$t_1 \neq -t_2$时，方程组只有零解，$k_1 = k_2 = \cdots = k_s = 0$，$\boldsymbol{\beta}_1,\boldsymbol{\beta}_2,\cdots,\boldsymbol{\beta}_s$线性无关，从而构成方程组的一个基础解系.

例 4.4（配方问题） 在化工、医药等行业经常涉及配方问题，在不考虑各种成分之间可能发生的某些化学反应的前提下，配方问题可使用线性方程组的理论来求解.

设配方由 4 种原料A,B,C,D混合而成，现有 2 个配方. 在第 1 个配方中，4 种原料按质量的比例为 2：3：1：1；在第 2 个配方中，4 种原料按质量的比例为 1：2：1：2. 现在需要配制 4 种原料按质量的比例为 4：7：3：5 的第 3 个配方. 试研究第 3 个配方能否由第 1、第 2 个配方按一定比例配制而成.

解 将第 1、第 2、第 3 个配方的成分比例看作向量，令

$$\boldsymbol{\alpha}_1 = (2,3,1,1)^{\mathrm{T}}, \boldsymbol{\alpha}_2 = (1,2,1,2)^{\mathrm{T}}, \boldsymbol{\beta} = (4,7,3,5)^{\mathrm{T}}.$$

假设需要第 1 个配方x_1份和第 2 个配方x_2份以便配制成第 3 个配方x_3份，则有线性方程组$\boldsymbol{\alpha}_1x_1 + \boldsymbol{\alpha}_2x_2 = \boldsymbol{\beta}x_3$，即$\boldsymbol{\alpha}_1x_1 + \boldsymbol{\alpha}_2x_2 - \boldsymbol{\beta}x_3 = \boldsymbol{0}$，也即

$$\begin{cases}2x_1+x_2-4x_3=0,\\3x_1+2x_2-7x_3=0,\\x_1+x_2-3x_3=0,\\x_1+2x_2-5x_3=0.\end{cases}$$

对此齐次线性方程组的系数矩阵 $\boldsymbol{A}$ 作初等行变换化为行最简形，有

$$\boldsymbol{A}=\begin{pmatrix}2&1&-4\\3&2&-7\\1&1&-3\\1&2&-5\end{pmatrix}\xrightarrow[r_2\leftrightarrow r_4]{r_1\leftrightarrow r_3}\begin{pmatrix}1&1&-3\\1&2&-5\\2&1&-4\\3&2&-7\end{pmatrix}\xrightarrow[\substack{r_3-2r_1\\r_4-3r_1}]{r_2-r_1}\begin{pmatrix}1&1&-3\\0&1&-2\\0&-1&2\\0&-1&2\end{pmatrix}$$

$$\xrightarrow[r_4+r_2]{r_3+r_2}\begin{pmatrix}1&1&-3\\0&1&-2\\0&0&0\\0&0&0\end{pmatrix}\xrightarrow{r_1-r_2}\begin{pmatrix}1&0&-1\\0&1&-2\\0&0&0\\0&0&0\end{pmatrix}.$$

同解方程组为

$$\begin{cases}x_1=x_3,\\x_2=2x_3,\end{cases}$$

自由未知量取 x_3，令 $x_3=1$，得基础解系为 $\boldsymbol{\xi}=(1,2,1)^{\mathrm{T}}$．取最小正整数解 $x_1=1,x_2=2,x_3=1$ 即可完成配方的配制．

同步习题 4.1

基础题

1．齐次线性方程组 $\boldsymbol{AX}=\boldsymbol{0}$ 仅有零解的充要条件是（　　）．

A．系数矩阵 $\boldsymbol{A}$ 的行向量组线性无关

B．系数矩阵 $\boldsymbol{A}$ 的列向量组线性无关

C．系数矩阵 $\boldsymbol{A}$ 的行向量组线性相关

D．系数矩阵 $\boldsymbol{A}$ 的列向量组线性相关

2．设齐次线性方程组 $\boldsymbol{AX}=\boldsymbol{0}$ 有非零解，$\boldsymbol{A}=\begin{pmatrix}1&2&3\\2&t&1\\-1&3&2\\-2&1&-1\end{pmatrix}$，则 $t=$ ______．

3．如果五元线性方程组 $\boldsymbol{AX}=\boldsymbol{0}$ 的同解方程组是 $\begin{cases}x_1=-3x_2,\\x_2=0,\end{cases}$ 则有 $r(\boldsymbol{A})=$ ______，自由未知量的个数为 ______ 个，$\boldsymbol{AX}=\boldsymbol{0}$ 的基础解系有 ______ 个解向量．

4．要使 $\boldsymbol{\xi}_1=(1,0,2)^{\mathrm{T}},\boldsymbol{\xi}_2=(0,1,-1)^{\mathrm{T}}$ 都是线性方程组 $\boldsymbol{AX}=\boldsymbol{0}$ 的解，只需要系数矩阵

为（　　）.

A. $(-2\ \ 1\ \ 1)$　　B. $\begin{pmatrix}2 & 0 & -1\\0 & 1 & 1\end{pmatrix}$　　C. $\begin{pmatrix}-1 & 0 & 2\\0 & 1 & -1\end{pmatrix}$　　D. $\begin{pmatrix}0 & 1 & -1\\4 & -2 & 2\\0 & 1 & 1\end{pmatrix}$

5. 设$\boldsymbol{A}$是n阶方阵，$r(\boldsymbol{A})=n-3$，且$\boldsymbol{\alpha}_1,\boldsymbol{\alpha}_2,\boldsymbol{\alpha}_3$是线性方程组$\boldsymbol{AX}=\boldsymbol{0}$的3个线性无关的解向量，则$\boldsymbol{AX}=\boldsymbol{0}$的基础解系为（　　）.

A. $\boldsymbol{\alpha}_1+\boldsymbol{\alpha}_2,\boldsymbol{\alpha}_2+\boldsymbol{\alpha}_3,\boldsymbol{\alpha}_3+\boldsymbol{\alpha}_1$　　B. $\boldsymbol{\alpha}_2-\boldsymbol{\alpha}_1,\boldsymbol{\alpha}_3-\boldsymbol{\alpha}_2,\boldsymbol{\alpha}_1-\boldsymbol{\alpha}_3$

C. $2\boldsymbol{\alpha}_2-\boldsymbol{\alpha}_1,\dfrac{1}{2}\boldsymbol{\alpha}_3-\boldsymbol{\alpha}_2,\boldsymbol{\alpha}_1-\boldsymbol{\alpha}_3$　　D. $\boldsymbol{\alpha}_1+\boldsymbol{\alpha}_2+\boldsymbol{\alpha}_3,\boldsymbol{\alpha}_3-\boldsymbol{\alpha}_2,-\boldsymbol{\alpha}_1-2\boldsymbol{\alpha}_3$

6. 求齐次线性方程组的基础解系：

$$\begin{cases}x_1+x_2+x_5=0,\\x_1+x_2-x_3=0,\\x_3+x_4+x_5=0.\end{cases}$$

7. 求齐次线性方程组的基础解系和通解：

$$\begin{cases}x_1-x_2+5x_3-x_4+x_5=0,\\x_1+x_2-2x_3+3x_4-x_5=0,\\3x_1-x_2+8x_3+x_4+2x_5=0,\\x_1+3x_2-9x_3+7x_4-3x_5=0.\end{cases}$$

8. 设$\boldsymbol{A}=\begin{pmatrix}1 & 2 & 1 & 2\\0 & 1 & t & t\\1 & t & 0 & 1\end{pmatrix}$，且方程组$\boldsymbol{AX}=\boldsymbol{0}$的基础解系中含有2个解向量，求$\boldsymbol{AX}=\boldsymbol{0}$的通解.

提高题

1. 设$\boldsymbol{A}=(a_{ij})_{n\times n}$，且$|\boldsymbol{A}|=0$，但$\boldsymbol{A}$中某元素的代数余子式$A_{kl}\neq 0$，则齐次线性方程组$\boldsymbol{AX}=\boldsymbol{0}$的基础解系中所含向量的个数为（　　）.

A. 1　　B. k　　C. l　　D. n

2. 设$\boldsymbol{A}$为$m\times n$矩阵，则齐次线性方程组$\boldsymbol{AX}=\boldsymbol{0}$有结论（　　）.

A. 当$m\geqslant n$时，方程组只有零解

B. 当$m<n$时，方程组有非零解，且基础解系中含$n-m$个线性无关的解向量

C. 若$\boldsymbol{A}$有n阶子式不为零，则方程组只有零解

D. 若$\boldsymbol{A}$所有$n-1$阶子式不为零，则方程组只有零解

3. 设$\boldsymbol{\eta}_1,\boldsymbol{\eta}_2,\boldsymbol{\eta}_3$为线性方程组$\boldsymbol{AX}=\boldsymbol{0}$的一个基础解系，则下面也是该方程组基础解系的是（　　）.

A. $\eta_1-\eta_3, 3\eta_2-\eta_3, -\eta_1-3\eta_2+2\eta_3$

B. $\eta_1+2\eta_2+\eta_3, \eta_1+\eta_2, \eta_2+\eta_3$

C. 与 η_1,η_2,η_3 等价的同维向量组 $\alpha_1,\alpha_2,\alpha_3,\alpha_4$

D. 与 η_1,η_2,η_3 等价的同维向量组 β_1,β_2,β_3

4. 设齐次线性方程组

$$\begin{cases} ax_1+bx_2+bx_3+\cdots+bx_n=0, \\ bx_1+ax_2+bx_3+\cdots+bx_n=0, \\ \quad\cdots\cdots\cdots \\ bx_1+bx_2+bx_3+\cdots+ax_n=0. \end{cases}$$

其中 $a\neq0, b\neq0, n\geqslant2$．问：$a,b$ 为何值时，方程组仅有零解、有无穷多解？在有无穷多解时，用基础解系表示全部解．

4.2 非齐次线性方程组

由 1.4 节的内容可知，克莱姆法则仅适用于方程的个数与未知量的个数相同的情况．一般情况下，方程的个数与未知量的个数不相同，此时克莱姆法则就失效了，本节讨论此类非齐次线性方程组的求解问题．

4.2.1 非齐次线性方程组的基本概念

m 个方程 n 个未知量的方程组

$$\begin{cases} a_{11}x_1+a_{12}x_2+\cdots+a_{1n}x_n=b_1, \\ a_{21}x_1+a_{22}x_2+\cdots+a_{2n}x_n=b_2, \\ \quad\cdots\cdots\cdots \\ a_{m1}x_1+a_{m2}x_2+\cdots+a_{mn}x_n=b_m, \end{cases} \tag{4.3}$$

其中 $b_1,b_2,\cdots,b_m$ 不全为 0，称为非齐次线性方程组，其中 $x_1,x_2,\cdots,x_n$ 表示 n 个未知量，常数 a_{ij} $(i=1,2,\cdots,m; j=1,2,\cdots,n)$ 称为系数，b_i $(i=1,2,\cdots,m)$ 称为方程组的常数项．记

$$\boldsymbol{A}=\begin{pmatrix} a_{11} & a_{12} & \cdots & a_{1n} \\ a_{21} & a_{22} & \cdots & a_{2n} \\ \vdots & \vdots & & \vdots \\ a_{m1} & a_{m2} & \cdots & a_{mn} \end{pmatrix},\ \boldsymbol{X}=\begin{pmatrix} x_1 \\ x_2 \\ \vdots \\ x_n \end{pmatrix},\ \boldsymbol{b}=\begin{pmatrix} b_1 \\ b_2 \\ \vdots \\ b_m \end{pmatrix},$$

则式（4.3）可表示为

$$\boldsymbol{AX}=\boldsymbol{b}. \tag{4.4}$$

式（4.4）称为非齐次线性方程组的矩阵形式，$\boldsymbol{A}$ 称为系数矩阵．

非齐次线性方程组 $\boldsymbol{AX}=\boldsymbol{b}$ 对应的齐次线性方程组 $\boldsymbol{AX}=\boldsymbol{0}$ 称为 $\boldsymbol{AX}=\boldsymbol{b}$ 的导出组．

$m\times(n+1)$ 矩阵

$$\overline{A}=\begin{pmatrix} a_{11} & a_{12} & \cdots & a_{1n} & b_1 \\ a_{21} & a_{22} & \cdots & a_{2n} & b_2 \\ \vdots & \vdots & & \vdots & \vdots \\ a_{m1} & a_{m2} & \cdots & a_{mn} & b_m \end{pmatrix}=(\boldsymbol{\alpha}_1,\boldsymbol{\alpha}_2,\cdots,\boldsymbol{\alpha}_n,\boldsymbol{b})$$

称为非齐次线性方程组 $\boldsymbol{AX}=\boldsymbol{b}$ 的增广矩阵.

非齐次线性方程组 $\boldsymbol{AX}=\boldsymbol{b}$ 不同于齐次线性方程组 $\boldsymbol{AX}=\boldsymbol{0}$，$\boldsymbol{AX}=\boldsymbol{0}$ 至少有一个零解，而非齐次线性方程组 $\boldsymbol{AX}=\boldsymbol{b}$ 并不能保证有解.

当方程组 $\boldsymbol{AX}=\boldsymbol{b}$ 有解时，就称方程组是相容的，否则就称方程组不相容.

4.2.2 非齐次线性方程组解的性质

性质 4.3 若 $\boldsymbol{\eta}_1,\boldsymbol{\eta}_2$ 是非齐次线性方程组 $\boldsymbol{AX}=\boldsymbol{b}$ 的解，则 $\boldsymbol{\eta}_1-\boldsymbol{\eta}_2$ 为导出组 $\boldsymbol{AX}=\boldsymbol{0}$ 的解.

证明 因为 $\boldsymbol{A\eta}_1=\boldsymbol{b},\boldsymbol{A\eta}_2=\boldsymbol{b}$，则 $\boldsymbol{A}(\boldsymbol{\eta}_1-\boldsymbol{\eta}_2)=\boldsymbol{A\eta}_1-\boldsymbol{A\eta}_2=\boldsymbol{b}-\boldsymbol{b}=\boldsymbol{0}$.

性质 4.4 若 $\boldsymbol{\eta}$ 是非齐次线性方程组 $\boldsymbol{AX}=\boldsymbol{b}$ 的解，$\boldsymbol{\xi}$ 是对应导出组 $\boldsymbol{AX}=\boldsymbol{0}$ 的解，则 $\boldsymbol{\eta}+\boldsymbol{\xi}$ 是 $\boldsymbol{AX}=\boldsymbol{b}$ 的解.

证明 由 $\boldsymbol{AX}=\boldsymbol{b}$ 及 $\boldsymbol{A\xi}=\boldsymbol{0}$ 可推出 $\boldsymbol{A}(\boldsymbol{\eta}+\boldsymbol{\xi})=\boldsymbol{A\eta}+\boldsymbol{A\xi}=\boldsymbol{b}$.

非齐次线性方程组 $\boldsymbol{AX}=\boldsymbol{b}$ 的全部解称为通解，根据以上两个性质可以得到非齐次线性方程组解的结构定理.

微课：性质 4.3与定理4.2

定理 4.2 设 $\boldsymbol{\eta}^*$ 是非齐次线性方程组 $\boldsymbol{AX}=\boldsymbol{b}$ 的一个特解，$\boldsymbol{\xi}_1,\boldsymbol{\xi}_2,\cdots,\boldsymbol{\xi}_{n-r}$ 是对应导出组 $\boldsymbol{AX}=\boldsymbol{0}$ 的一个基础解系，$r=r(\boldsymbol{A})$，则非齐次线性方程组 $\boldsymbol{AX}=\boldsymbol{b}$ 的通解为

$$\boldsymbol{\eta}^*+c_1\boldsymbol{\xi}_1+c_2\boldsymbol{\xi}_2+\cdots+c_{n-r}\boldsymbol{\xi}_{n-r},$$

其中 $c_1,c_2,\cdots,c_{n-r}$ 为任意常数.

证明 设 $\boldsymbol{\eta}$ 是非齐次线性方程组 $\boldsymbol{AX}=\boldsymbol{b}$ 的任一解，根据性质4.3得 $\boldsymbol{\eta}-\boldsymbol{\eta}^*$ 为导出组 $\boldsymbol{AX}=\boldsymbol{0}$ 的解，从而存在常数 $c_1,c_2,\cdots,c_{n-r}$，使 $\boldsymbol{\eta}-\boldsymbol{\eta}^*=c_1\boldsymbol{\xi}_1+c_2\boldsymbol{\xi}_2+\cdots+c_{n-r}\boldsymbol{\xi}_{n-r}$，即 $\boldsymbol{\eta}=\boldsymbol{\eta}^*+c_1\boldsymbol{\xi}_1+c_2\boldsymbol{\xi}_2+\cdots+c_{n-r}\boldsymbol{\xi}_{n-r}$.

4.2.3 非齐次线性方程组的解法

定理 4.3 非齐次线性方程组 $\boldsymbol{AX}=\boldsymbol{b}$，当系数矩阵 $\boldsymbol{A}$ 的秩与增广矩阵 $\overline{\boldsymbol{A}}$ 的秩满足以下条件时，有

（1）若 $r(\boldsymbol{A})\neq r(\overline{\boldsymbol{A}})$，则线性方程组 $\boldsymbol{AX}=\boldsymbol{b}$ 无解；

（2）若 $r(\boldsymbol{A})=r(\overline{\boldsymbol{A}})=n$，则线性方程组 $\boldsymbol{AX}=\boldsymbol{b}$ 有唯一解；

（3）若 $r(\boldsymbol{A})=r(\overline{\boldsymbol{A}})=r<n$，则线性方程组 $\boldsymbol{AX}=\boldsymbol{b}$ 有无穷多解. 若 $\boldsymbol{\eta}^*$ 是非齐次线性方程组 $\boldsymbol{AX}=\boldsymbol{b}$ 的一个特解，$\boldsymbol{\xi}_1,\boldsymbol{\xi}_2,\cdots,\boldsymbol{\xi}_{n-r}$ 为导出组 $\boldsymbol{AX}=\boldsymbol{0}$ 的基础解系，则通解可表示为

$$\boldsymbol{\eta}^*+c_1\boldsymbol{\xi}_1+c_2\boldsymbol{\xi}_2+\cdots+c_{n-r}\boldsymbol{\xi}_{n-r},$$

其中 $c_1,c_2,\cdots,c_{n-r}$ 为任意常数.

证明 为方便叙述，不妨假设增广矩阵 $\overline{\boldsymbol{A}}=(\boldsymbol{\alpha}_1,\boldsymbol{\alpha}_2,\cdots,\boldsymbol{\alpha}_n,\boldsymbol{b})$ 的行最简形为

$$\begin{pmatrix} 1 & 0 & \cdots & 0 & b_{1,r+1} & \cdots & b_{1n} & d_1 \\ 0 & 1 & \cdots & 0 & b_{2,r+1} & \cdots & b_{2n} & d_2 \\ \vdots & \vdots & & \vdots & \vdots & & \vdots & \vdots \\ 0 & 0 & \cdots & 1 & b_{r,r+1} & \cdots & b_{rn} & d_r \\ 0 & 0 & \cdots & 0 & 0 & \cdots & 0 & d_{r+1} \\ \vdots & \vdots & & \vdots & \vdots & & \vdots & \vdots \\ 0 & 0 & \cdots & 0 & 0 & \cdots & 0 & 0 \end{pmatrix}.$$

（1）若 $r(\boldsymbol{A}) \neq r(\overline{\boldsymbol{A}})$，即 $d_{r+1} \neq 0$，此时第 $r+1$ 行对应矛盾的方程 $0 = d_{r+1}$，故线性方程组无解.

（2）若 $r(\boldsymbol{A}) = r(\overline{\boldsymbol{A}}) = n$，$\overline{\boldsymbol{A}} = (\boldsymbol{\alpha}_1, \boldsymbol{\alpha}_2, \cdots, \boldsymbol{\alpha}_n, \boldsymbol{b})$ 的行最简形为

$$\begin{pmatrix} 1 & 0 & \cdots & 0 & d_1 \\ 0 & 1 & \cdots & 0 & d_2 \\ \vdots & \vdots & & \vdots & \vdots \\ 0 & 0 & \cdots & 1 & d_n \end{pmatrix}.$$

此时线性方程组有唯一解

$$\begin{cases} x_1 = d_1, \\ x_2 = d_2, \\ \quad\vdots \\ x_n = d_n, \end{cases} \quad \text{或写为} \quad \begin{pmatrix} x_1 \\ x_2 \\ \vdots \\ x_n \end{pmatrix} = \begin{pmatrix} d_1 \\ d_2 \\ \vdots \\ d_n \end{pmatrix}.$$

（3）若 $r(\boldsymbol{A}) = r(\overline{\boldsymbol{A}}) = r < n$，增广矩阵 $\overline{\boldsymbol{A}} = (\boldsymbol{\alpha}_1, \boldsymbol{\alpha}_2, \cdots, \boldsymbol{\alpha}_n, \boldsymbol{b})$ 的行最简形为

$$\begin{pmatrix} 1 & 0 & \cdots & 0 & b_{1,r+1} & \cdots & b_{1n} & d_1 \\ 0 & 1 & \cdots & 0 & b_{2,r+1} & \cdots & b_{2n} & d_2 \\ \vdots & \vdots & & \vdots & \vdots & & \vdots & \vdots \\ 0 & 0 & \cdots & 1 & b_{r,r+1} & \cdots & b_{rn} & d_r \\ 0 & 0 & \cdots & 0 & 0 & \cdots & 0 & 0 \\ \vdots & \vdots & & \vdots & \vdots & & \vdots & \vdots \\ 0 & 0 & \cdots & 0 & 0 & \cdots & 0 & 0 \end{pmatrix},$$

与 $\boldsymbol{AX} = \boldsymbol{b}$ 同解的线性方程组为

$$\begin{cases} x_1 \qquad\qquad + b_{1,r+1}x_{r+1} + b_{1,r+2}x_{r+2} + \cdots + b_{1n}x_n = d_1, \\ \qquad x_2 \qquad + b_{2,r+1}x_{r+1} + b_{2,r+2}x_{r+2} + \cdots + b_{2n}x_n = d_2, \\ \qquad\qquad\cdots\cdots\cdots \\ \qquad\qquad x_r + b_{r,r+1}x_{r+1} + b_{r,r+2}x_{r+2} + \cdots + b_{rn}x_n = d_r, \end{cases}$$

即

$$\begin{cases} x_1 = -b_{1,r+1}x_{r+1} - b_{1,r+2}x_{r+2} - \cdots - b_{1n}x_n + d_1, \\ x_2 = -b_{2,r+1}x_{r+1} - b_{2,r+2}x_{r+2} - \cdots - b_{2n}x_n + d_2, \\ \qquad\cdots\cdots\cdots \\ x_r = -b_{r,r+1}x_{r+1} - b_{r,r+2}x_{r+2} - \cdots - b_{rn}x_n + d_r. \end{cases}$$

令自由未知量$x_{r+1}=c_1,x_{r+2}=c_2,\cdots,x_n=c_{n-r}$，得到$\boldsymbol{AX}=\boldsymbol{b}$的一组解，即

$$\begin{cases}x_1=-b_{1,r+1}c_1-b_{1,r+2}c_2-\cdots-b_{1n}c_{n-r}+d_1,\\ x_2=-b_{2,r+1}c_1-b_{2,r+2}c_2-\cdots-b_{2n}c_{n-r}+d_2,\\ \qquad\cdots\cdots\cdots\\ x_r=-b_{r,r+1}c_1-b_{r,r+2}c_2-\cdots-b_{rn}c_{n-r}+d_r,\\ x_{r+1}=\quad c_1,\\ x_{r+2}=\qquad c_2,\\ \qquad\cdots\cdots\cdots\\ x_n=\qquad\qquad c_{n-r},\end{cases}$$

或写成

$$\begin{pmatrix}x_1\\ \vdots\\ x_r\\ x_{r+1}\\ \vdots\\ x_n\end{pmatrix}=\begin{pmatrix}-b_{1,r+1}c_1-\cdots-b_{1n}c_{n-r}+d_1\\ \vdots\\ -b_{r,r+1}c_1-\cdots-b_{rn}c_{n-r}+d_r\\ c_1\\ \vdots\\ c_{n-r}\end{pmatrix}=c_1\begin{pmatrix}-b_{1,r+1}\\ \vdots\\ -b_{r,r+1}\\ 1\\ \vdots\\ 0\end{pmatrix}+\cdots+c_{n-r}\begin{pmatrix}-b_{1n}\\ \vdots\\ -b_{rn}\\ 0\\ \vdots\\ 1\end{pmatrix}+\begin{pmatrix}d_1\\ \vdots\\ d_r\\ 0\\ \vdots\\ 0\end{pmatrix},$$

其中$c_1,c_2,\cdots,c_{n-r}$为任意常数．因此，$\boldsymbol{AX}=\boldsymbol{b}$不仅有解，且有无穷多解．

【即时提问 4.2】若线性方程组$\boldsymbol{AX}=\boldsymbol{b}\ (\boldsymbol{b}\neq\boldsymbol{0})$有无穷多解，则齐次线性方程组$\boldsymbol{AX}=\boldsymbol{0}$也有无穷多解．上述说法是否正确？请说明理由．

例 4.5 求解方程组：

$$\begin{cases}x_1+2x_2-x_3=1,\\ 2x_1+3x_2+x_3=0,\\ 4x_1+7x_2-x_3=2.\end{cases}$$

微课：例4.5

解 $\overline{\boldsymbol{A}}=\left(\begin{array}{ccc:c}1&2&-1&1\\2&3&1&0\\4&7&-1&2\end{array}\right)\to\left(\begin{array}{ccc:c}1&2&-1&1\\0&-1&3&-2\\0&-1&3&-2\end{array}\right)\to\left(\begin{array}{ccc:c}1&2&-1&1\\0&-1&3&-2\\0&0&0&0\end{array}\right)$

$\to\left(\begin{array}{ccc:c}1&0&5&-3\\0&-1&3&-2\\0&0&0&0\end{array}\right)\to\left(\begin{array}{ccc:c}1&0&5&-3\\0&1&-3&2\\0&0&0&0\end{array}\right).$

$r(\overline{\boldsymbol{A}})=r(\boldsymbol{A})=2$，$n=3\Rightarrow$导出组的基础解系含 1 个解向量．

齐次同解方程组为$\begin{cases}x_1=-5x_3,\\ x_2=3x_3,\end{cases}$ 基础解系为$\boldsymbol{\xi}=(-5,3,1)^{\mathrm{T}}$．

非齐次同解方程组为$\begin{cases}x_1=-5x_3-3,\\ x_2=3x_3+2,\end{cases}$ 特解为$\boldsymbol{\eta}^*=(-3,2,0)^{\mathrm{T}}$．

故通解为$\boldsymbol{\eta}^*+c\boldsymbol{\xi}=(-3,2,0)^{\mathrm{T}}+c(-5,3,1)^{\mathrm{T}}$，$c$为任意常数．

例 4.6　已知线性方程组 $\begin{cases} x_1 + x_2 - 2x_3 + 3x_4 = 0, \\ 2x_1 + x_2 - 6x_3 + 4x_4 = -1, \\ 3x_1 + 2x_2 + px_3 + 7x_4 = -1, \\ x_1 - x_2 - 6x_3 - x_4 = t, \end{cases}$ 讨论参数 p, t 取何值时，方程组有解、无解；当有解时，试用导出组的基础解系表示通解.

解

$$\bar{A} = \begin{pmatrix} 1 & 1 & -2 & 3 & 0 \\ 2 & 1 & -6 & 4 & -1 \\ 3 & 2 & p & 7 & -1 \\ 1 & -1 & -6 & -1 & t \end{pmatrix} \to \begin{pmatrix} 1 & 1 & -2 & 3 & 0 \\ 0 & -1 & -2 & -2 & -1 \\ 0 & -1 & p+6 & -2 & -1 \\ 0 & -2 & -4 & -4 & t \end{pmatrix}$$

$$\to \begin{pmatrix} 1 & 1 & -2 & 3 & 0 \\ 0 & 1 & 2 & 2 & 1 \\ 0 & 0 & p+8 & 0 & 0 \\ 0 & 0 & 0 & 0 & t+2 \end{pmatrix} \to \begin{pmatrix} 1 & 0 & -4 & 1 & -1 \\ 0 & 1 & 2 & 2 & 1 \\ 0 & 0 & p+8 & 0 & 0 \\ 0 & 0 & 0 & 0 & t+2 \end{pmatrix}.$$

（1）当 $t \neq -2$ 时，$r(\boldsymbol{A}) \neq r(\bar{\boldsymbol{A}})$，方程组无解.

（2）当 $t = -2$ 时，$r(\boldsymbol{A}) = r(\bar{\boldsymbol{A}})$，方程组有解.

① 若 $p = -8$，

$$\bar{A} \to \begin{pmatrix} 1 & 0 & -4 & 1 & -1 \\ 0 & 1 & 2 & 2 & 1 \\ 0 & 0 & 0 & 0 & 0 \\ 0 & 0 & 0 & 0 & 0 \end{pmatrix},$$

同解方程组为 $\begin{cases} x_1 = 4x_3 - x_4 - 1, \\ x_2 = -2x_3 - 2x_4 + 1, \end{cases}$ 可得通解 $x = \begin{pmatrix} -1 \\ 1 \\ 0 \\ 0 \end{pmatrix} + c_1 \begin{pmatrix} 4 \\ -2 \\ 1 \\ 0 \end{pmatrix} + c_2 \begin{pmatrix} -1 \\ -2 \\ 0 \\ 1 \end{pmatrix}$（$c_1, c_2$ 为任意常数）.

② 若 $p \neq -8$，

$$\bar{A} \to \begin{pmatrix} 1 & 0 & -4 & 1 & -1 \\ 0 & 1 & 2 & 2 & 1 \\ 0 & 0 & 1 & 0 & 0 \\ 0 & 0 & 0 & 0 & 0 \end{pmatrix} \to \begin{pmatrix} 1 & 0 & 0 & 1 & -1 \\ 0 & 1 & 0 & 2 & 1 \\ 0 & 0 & 1 & 0 & 0 \\ 0 & 0 & 0 & 0 & 0 \end{pmatrix},$$

同解方程组为 $\begin{cases} x_1 = -x_4 - 1, \\ x_2 = -2x_4 + 1, \\ x_3 = 0, \end{cases}$ 可得通解 $x = \begin{pmatrix} -1 \\ 1 \\ 0 \\ 0 \end{pmatrix} + c \begin{pmatrix} -1 \\ -2 \\ 0 \\ 1 \end{pmatrix}$（$c$ 为任意常数）.

例 4.7　试证：方程组 $\begin{cases} x_1 - x_2 = a_1, \\ x_2 - x_3 = a_2, \\ x_3 - x_4 = a_3, \\ x_4 - x_5 = a_4, \\ x_5 - x_1 = a_5 \end{cases}$ 有解的充要条件是 $\sum_{i=1}^{5} a_i = 0$.

证明 $\bar{A}=\begin{pmatrix}1&-1&0&0&0&a_1\\0&1&-1&0&0&a_2\\0&0&1&-1&0&a_3\\0&0&0&1&-1&a_4\\-1&0&0&0&1&a_5\end{pmatrix}\to\begin{pmatrix}1&-1&0&0&0&a_1\\0&1&-1&0&0&a_2\\0&0&1&-1&0&a_3\\0&0&0&1&-1&a_4\\0&-1&0&0&1&a_1+a_5\end{pmatrix}$

$$\to\begin{pmatrix}1&-1&0&0&0&a_1\\0&1&-1&0&0&a_2\\0&0&1&-1&0&a_3\\0&0&0&1&-1&a_4\\0&0&-1&0&1&a_1+a_2+a_5\end{pmatrix}.$$

继续对上述矩阵作初等行变换，将第 3、第 4 行加至第 5 行，得

$$\bar{A}\to\begin{pmatrix}1&-1&0&0&0&a_1\\0&1&-1&0&0&a_2\\0&0&1&-1&0&a_3\\0&0&0&1&-1&a_4\\0&0&0&0&0&\sum_{i=1}^{5}a_i\end{pmatrix},$$

所以方程组有解的充要条件为$r(A)=r(\bar{A})$，即$\sum_{i=1}^{5}a_i=0$.

例 4.8（交通网络流量分析问题） 对城市道路网中每条道路、每个交叉路口的车流量进行调查，是分析、评价及改善城市交通状况的基础．根据实际车流量信息可以设计流量控制方案，必要时设置单行线，以免车辆长时间拥堵．

某城市单行线如图 4.1 所示，其中的数字表示该路段每小时按箭头方向行驶的车流量（单位：辆），假设每条道路都是单行线，每个交叉路口进入和离开的车辆数目相等，建立确定每条道路流量的线性方程组．

（1）为了唯一确定未知车流量，还需要增加哪几条道路的流量信息？

（2）当 x_4=350 时，确定x_1,x_2,x_3的值．

（3）当 x_4=200 时，单行线该如何改动才合理？

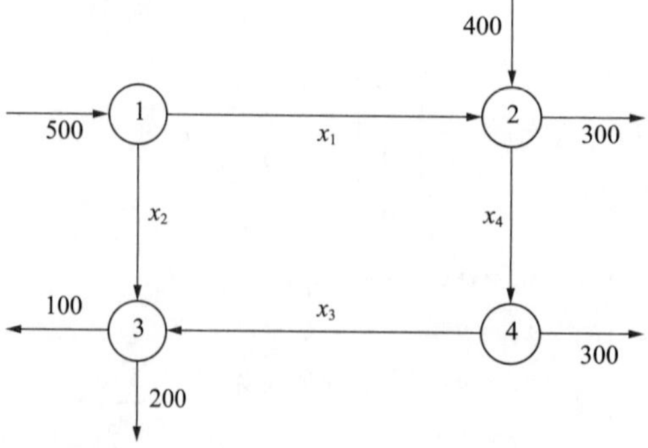

图 4.1

解　（1）根据图 4.1 和上述假设，在①②③④这 4 个路口进出车辆数目分别满足

$$\begin{cases} 500=x_1+x_2, \\ 400+x_1=x_4+300, \\ x_2+x_3=100+200, \\ x_4=x_3+300. \end{cases}$$

对线性方程组的增广矩阵进行初等变换化为行最简形，有

$$(\boldsymbol{A},\boldsymbol{b})=\begin{pmatrix} 1 & 1 & 0 & 0 & 500 \\ 1 & 0 & 0 & -1 & -100 \\ 0 & 1 & 1 & 0 & 300 \\ 0 & 0 & -1 & 1 & 300 \end{pmatrix} \xrightarrow{\text{初等行变换}} \begin{pmatrix} 1 & 0 & 0 & -1 & -100 \\ 0 & 1 & 0 & 1 & 600 \\ 0 & 0 & 1 & -1 & -300 \\ 0 & 0 & 0 & 0 & 0 \end{pmatrix}.$$

由此可得

$$\begin{cases} x_1=x_4-100, \\ x_2=-x_4+600, \\ x_3=x_4-300. \end{cases}$$

由此可知，为了唯一确定未知车流量，只要增加 x_4 的流量信息即可.

（2）当 x_4=350 时，可确定 x_1=250， x_2=250， x_3=50 .

（3）若 x_4=200， 则 x_1=100， x_2=400， $x_3=-100<0$，这表明单行线“③←④”应改为“③→④”才合理.

同步习题 4.2

基础题

1．设方程组 $\begin{pmatrix} a & 1 & 1 \\ 1 & a & 1 \\ 1 & 1 & a \end{pmatrix}\begin{pmatrix} x_1 \\ x_2 \\ x_3 \end{pmatrix}=\begin{pmatrix} 1 \\ 1 \\ -2 \end{pmatrix}$ 有无穷多个解，则 $a=$______.

2．若线性方程组 $\begin{cases} x_1+x_2=-a_1, \\ x_2+x_3=a_2, \\ x_3+x_4=-a_3, \\ x_4+x_1=a_4 \end{cases}$ 有解，则常数 a_1,a_2,a_3,a_4 应满足条件______.

3．非齐次线性方程组 $\boldsymbol{AX}=\boldsymbol{b}$ 中未知量个数为 n，方程个数为 m，系数矩阵 $\boldsymbol{A}$ 的秩为 r，则（　　）.

A． $r=m$ 时，方程组 $\boldsymbol{AX}=\boldsymbol{b}$ 有解

B． $r=n$ 时，方程组 $\boldsymbol{AX}=\boldsymbol{b}$ 有唯一解

C． $m=n$ 时，方程组 $\boldsymbol{AX}=\boldsymbol{b}$ 有唯一解

D． $r<n$ 时，方程组 $\boldsymbol{AX}=\boldsymbol{b}$ 有无穷多解

4．设$\boldsymbol{A}$是$m\times n$矩阵，$\boldsymbol{AX}=\boldsymbol{0}$是非齐次线性方程组$\boldsymbol{AX}=\boldsymbol{b}$所对应的齐次线性方程组，则下列结论正确的是（　　）.

A．若$\boldsymbol{AX}=\boldsymbol{0}$仅有零解，则$\boldsymbol{AX}=\boldsymbol{b}$有唯一解

B．若$\boldsymbol{AX}=\boldsymbol{0}$有非零解，则$\boldsymbol{AX}=\boldsymbol{b}$有无穷多解

C．若$\boldsymbol{AX}=\boldsymbol{b}$有无穷多解，则$\boldsymbol{AX}=\boldsymbol{0}$有非零解

D．若$\boldsymbol{AX}=\boldsymbol{b}$有无穷多解，则$\boldsymbol{AX}=\boldsymbol{0}$只有零解

5．设$\boldsymbol{A}$是$m\times n$矩阵，非齐次线性方程组$\boldsymbol{AX}=\boldsymbol{b}$有解的充分条件是（　　）.

A．$r(\boldsymbol{A})=m$　　　　B．$\boldsymbol{A}$的行向量组线性相关

C．$r(\boldsymbol{A})=n$　　　　D．$\boldsymbol{A}$的列向量组线性相关

6．设n阶矩阵$\boldsymbol{A}$的伴随矩阵$\boldsymbol{A}^*\neq\boldsymbol{O}$，若$\xi_1,\xi_2,\xi_3,\xi_4$是非齐次线性方程组$\boldsymbol{AX}=\boldsymbol{b}$的互不相等的解，则对应的齐次线性方程组$\boldsymbol{AX}=\boldsymbol{0}$的基础解系（　　）.

A．不存在

B．仅含1个非零解向量

C．含有2个线性无关的解向量

D．含有3个线性无关的解向量

7．求线性方程组的通解：

$$\begin{cases}x_1+5x_2-x_3-x_4=-1,\\x_1-2x_2+x_3+3x_4=3,\\3x_1+8x_2-x_3+x_4=1,\\x_1-9x_2+3x_3+7x_4=7.\end{cases}$$

8．对于线性方程组

$$\begin{cases}\lambda x_1+x_2+x_3=\lambda-3,\\x_1+\lambda x_2+x_3=-2,\\x_1+x_2+\lambda x_3=-2,\end{cases}$$

讨论λ取何值时，方程组无解、有唯一解和有无穷多解，在方程组有无穷多解时，试用其导出组的基础解系表示通解.

9．设有齐次线性方程组

$$\begin{cases}(1+a)x_1+x_2+x_3+x_4=0,\\2x_1+(2+a)x_2+2x_3+2x_4=0,\\3x_1+3x_2+(3+a)x_3+3x_4=0,\\4x_1+4x_2+4x_3+(4+a)x_4=0.\end{cases}$$

试讨论a取何值时，该方程组有非零解，并求出其通解.

提高题

1．设矩阵 $A=\begin{pmatrix}1&1&1\\1&2&a\\1&4&a^2\end{pmatrix}$，$b=\begin{pmatrix}1\\d\\d^2\end{pmatrix}$．若集合 $\Omega=\{1,2\}$，则线性方程组 $AX=b$ 有无穷多解的充分必要条件为（　　）．

A．$a\notin\Omega$，$d\notin\Omega$　　B．$a\notin\Omega$，$d\in\Omega$

C．$a\in\Omega$，$d\notin\Omega$　　D．$a\in\Omega$，$d\in\Omega$

2．设 A 是 n 阶矩阵，α 为 n 维列向量，若 $r\begin{pmatrix}A&\alpha\\\alpha^{\mathrm T}&0\end{pmatrix}=r(A)$，则线性方程组（　　）．

A．$AX=\alpha$ 必有无穷多解　　B．$AX=\alpha$ 必有唯一解

C．$\begin{pmatrix}A&\alpha\\\alpha^{\mathrm T}&0\end{pmatrix}\begin{pmatrix}x\\y\end{pmatrix}=0$ 仅有零解　　D．$\begin{pmatrix}A&\alpha\\\alpha^{\mathrm T}&0\end{pmatrix}\begin{pmatrix}x\\y\end{pmatrix}=0$ 必有非零解

3．已知非齐次线性方程组

$$\begin{cases}x_1+x_2+x_3+x_4=-1,\\4x_1+3x_2+5x_3-x_4=-1,\\ax_1+x_2+3x_3+bx_4=1\end{cases}$$

有 3 个线性无关的解．

（1）证明：方程组系数矩阵 A 的秩 $r(A)=2$．

（2）求 a,b 的值及方程组的通解．

4．设 $A=(a_{ij})_{3\times3}$ 满足条件：（1）$a_{ij}=A_{ij}$（$i,j=1,2,3$），其中 A_{ij} 是元素 a_{ij} 的代数余子式；（2）$a_{33}=-1$．求方程组 $AX=b$ 的解，其中 $b=(0,0,1)^{\mathrm T}$．

4.3　线性方程组的应用

线性方程组是线性代数的重要内容，与向量组、矩阵方程有密切的关系．线性方程组及其求解方法在经济分析领域和大多数理工科专业课程（如“电路分析”“信号与线性系统分析”“数学建模”等）中被广泛应用．其相关问题可以通过建立数学模型转化为线性方程组或一阶常系数线性微分方程组，进行求解．

4.3.1　向量组与线性方程组

对于非齐次线性方程组 $AX=b$，记系数矩阵 $A=(\alpha_1,\alpha_2,\cdots,\alpha_n)$，即

$$\alpha_1=\begin{pmatrix}a_{11}\\a_{21}\\\vdots\\a_{m1}\end{pmatrix},\alpha_2=\begin{pmatrix}a_{12}\\a_{22}\\\vdots\\a_{m2}\end{pmatrix},\cdots,\alpha_n=\begin{pmatrix}a_{1n}\\a_{2n}\\\vdots\\a_{mn}\end{pmatrix},$$

则导出组 $\boldsymbol{AX}=\boldsymbol{0}$ 可化为

$$x_1\boldsymbol{\alpha}_1+x_2\boldsymbol{\alpha}_2+\cdots+x_n\boldsymbol{\alpha}_n=\boldsymbol{0}, \tag{4.5}$$

式（4.5）称为齐次方程组 $\boldsymbol{AX}=\boldsymbol{0}$ 的向量形式.

方程组 $\boldsymbol{AX}=\boldsymbol{b}$ 可化为

$$x_1\boldsymbol{\alpha}_1+x_2\boldsymbol{\alpha}_2+\cdots+x_n\boldsymbol{\alpha}_n=\boldsymbol{b}, \tag{4.6}$$

式（4.6）称为非齐次线性方程组的向量形式.

定理 4.4 齐次线性方程组 $\boldsymbol{AX}=\boldsymbol{0}$ 有唯一零解的充分必要条件是系数矩阵 $\boldsymbol{A}$ 的列向量组线性无关.

证明 先证必要性.

已知齐次线性方程组 $\boldsymbol{AX}=\boldsymbol{0}$ 有唯一零解，即当且仅当 $x_1=0,x_2=0,\cdots,x_n=0$ 时，$x_1\boldsymbol{\alpha}_1+x_2\boldsymbol{\alpha}_2+\cdots+x_n\boldsymbol{\alpha}_n=\boldsymbol{0}$ 成立，根据定义 3.5 知矩阵 $\boldsymbol{A}$ 的列向量组线性无关.

再证充分性.

若矩阵 $\boldsymbol{A}$ 的列向量组线性无关，由定义可得，当 $x_1=0,x_2=0,\cdots,x_n=0$ 时，$x_1\boldsymbol{\alpha}_1+x_2\boldsymbol{\alpha}_2+\cdots+x_n\boldsymbol{\alpha}_n=\boldsymbol{0}$，即 $\boldsymbol{AX}=\boldsymbol{0}$ 只有唯一零解.

推论 齐次线性方程组 $\boldsymbol{AX}=\boldsymbol{0}$ 有非零解的充分必要条件是矩阵 $\boldsymbol{A}$ 的列向量组线性相关.

定理 4.5 非齐次线性方程组 $\boldsymbol{AX}=\boldsymbol{b}$ 有解的充分必要条件是向量 $\boldsymbol{b}$ 可由系数矩阵 $\boldsymbol{A}$ 的列向量组线性表示.

证明 必要性.

已知非齐次线性方程组 $\boldsymbol{AX}=\boldsymbol{b}$ 有解，即存在 $x_1,x_2,\cdots,x_n$ 满足 $x_1\boldsymbol{\alpha}_1+x_2\boldsymbol{\alpha}_2+\cdots+x_n\boldsymbol{\alpha}_n=\boldsymbol{b}$，从而向量 $\boldsymbol{b}$ 可由系数矩阵 $\boldsymbol{A}$ 的列向量组线性表示.

充分性.

若向量 $\boldsymbol{b}$ 可由系数矩阵 $\boldsymbol{A}$ 的列向量组线性表示，则存在 $x_1,x_2,\cdots,x_n$ 满足 $\boldsymbol{b}=x_1\boldsymbol{\alpha}_1+x_2\boldsymbol{\alpha}_2+\cdots+x_n\boldsymbol{\alpha}_n$，即

$$(\boldsymbol{\alpha}_1,\boldsymbol{\alpha}_2,\cdots,\boldsymbol{\alpha}_n)\begin{pmatrix}x_1\\x_2\\\vdots\\x_n\end{pmatrix}=\boldsymbol{b},$$

记 $\boldsymbol{A}=(\boldsymbol{\alpha}_1,\boldsymbol{\alpha}_2,\cdots,\boldsymbol{\alpha}_n)$，$\boldsymbol{X}=\begin{pmatrix}x_1\\x_2\\\vdots\\x_n\end{pmatrix}$，则上式变为 $\boldsymbol{AX}=\boldsymbol{b}$，由 $x_1,x_2,\cdots,x_n$ 的存在性知非齐次线性方程组 $\boldsymbol{AX}=\boldsymbol{b}$ 有解.

推论 已知 m 维向量 $\boldsymbol{b}$ 及 m 维向量组 $\boldsymbol{\alpha}_1,\boldsymbol{\alpha}_2,\cdots,\boldsymbol{\alpha}_n$，记 $\boldsymbol{A}=(\boldsymbol{\alpha}_1,\boldsymbol{\alpha}_2,\cdots,\boldsymbol{\alpha}_n)$，$\overline{\boldsymbol{A}}=(\boldsymbol{\alpha}_1,\boldsymbol{\alpha}_2,\cdots,\boldsymbol{\alpha}_n,\boldsymbol{b})$.

（1）若 $r(\boldsymbol{A})\neq r(\overline{\boldsymbol{A}})$，则向量 $\boldsymbol{b}$ 不能由向量组 $\boldsymbol{\alpha}_1,\boldsymbol{\alpha}_2,\cdots,\boldsymbol{\alpha}_n$ 线性表示.

（2）若 $r(\boldsymbol{A})=r(\overline{\boldsymbol{A}})=n$，则向量 $\boldsymbol{b}$ 可由向量组 $\boldsymbol{\alpha}_1,\boldsymbol{\alpha}_2,\cdots,\boldsymbol{\alpha}_n$ 唯一线性表示.

（3）若 $r(\boldsymbol{A})=r(\bar{\boldsymbol{A}})<n$，则向量 $\boldsymbol{b}$ 可由向量组 $\boldsymbol{\alpha}_1,\boldsymbol{\alpha}_2,\cdots,\boldsymbol{\alpha}_n$ 线性表示，但表示式不唯一.

【即时提问 4.3】设 $\boldsymbol{A}$ 为 n 阶方阵，$\boldsymbol{b}$ 为 n 维非零向量，$\boldsymbol{x}_1$ 为 $\boldsymbol{AX}=\boldsymbol{b}$ 的解，$\boldsymbol{\alpha}_1,\boldsymbol{\alpha}_2,\cdots,\boldsymbol{\alpha}_r$ 为 $\boldsymbol{AX}=\boldsymbol{0}$ 的基础解系，则 $r(\boldsymbol{x}_1,\boldsymbol{\alpha}_1,\boldsymbol{\alpha}_2,\cdots,\boldsymbol{\alpha}_r)=r+1$．上述说法是否正确？请说明理由.

例 4.9　已知 $\boldsymbol{\alpha}_1=(1,0,2,3),\boldsymbol{\alpha}_2=(1,1,3,5),\boldsymbol{\alpha}_3=(1,-1,a+2,1),\boldsymbol{\alpha}_4=(1,2,4,a+8),\boldsymbol{\beta}=(1,1,b+3,5)$.

（1）a,b 为何值时，$\boldsymbol{\beta}$ 不能表示成 $\boldsymbol{\alpha}_1,\boldsymbol{\alpha}_2,\boldsymbol{\alpha}_3,\boldsymbol{\alpha}_4$ 的线性组合？

（2）a,b 为何值时，$\boldsymbol{\beta}$ 可由 $\boldsymbol{\alpha}_1,\boldsymbol{\alpha}_2,\boldsymbol{\alpha}_3,\boldsymbol{\alpha}_4$ 唯一线性表示？写出该表示式.

解　设 $\boldsymbol{\beta}=k_1\boldsymbol{\alpha}_1+k_2\boldsymbol{\alpha}_2+k_3\boldsymbol{\alpha}_3+k_4\boldsymbol{\alpha}_4$，则

$$\begin{cases}k_1+k_2+k_3+k_4=1,\\ k_2-k_3+2k_4=1,\\ 2k_1+3k_2+(a+2)k_3+4k_4=b+3,\\ 3k_1+5k_2+k_3+(a+8)k_4=5.\end{cases}$$

$$\begin{pmatrix}1&1&1&1&1\\0&1&-1&2&1\\2&3&a+2&4&b+3\\3&5&1&a+8&5\end{pmatrix}\to\begin{pmatrix}1&1&1&1&1\\0&1&-1&2&1\\0&1&a&2&b+1\\0&2&-2&a+5&2\end{pmatrix}\to\begin{pmatrix}1&1&1&1&1\\0&1&-1&2&1\\0&0&a+1&0&b\\0&0&0&a+1&0\end{pmatrix}.$$

（1）当 $a=-1,b\neq 0$ 时，$\boldsymbol{\beta}$ 不能表示成 $\boldsymbol{\alpha}_1,\boldsymbol{\alpha}_2,\boldsymbol{\alpha}_3,\boldsymbol{\alpha}_4$ 的线性组合.

（2）当 $a\neq -1$ 时，表示式唯一，且 $\boldsymbol{\beta}=-\dfrac{2b}{a+1}\boldsymbol{\alpha}_1+\dfrac{a+b+1}{a+1}\boldsymbol{\alpha}_2+\dfrac{b}{a+1}\boldsymbol{\alpha}_3+0\boldsymbol{\alpha}_4$.

4.3.2　利用线性方程组解的理论求解线性方程组

当问题中的线性方程组没有明确给出，但已知条件与方程组的解向量有关，则考虑用线性方程组解的理论来求解此类问题.

例 4.10　设 n 阶矩阵 $\boldsymbol{A}$ 的各行元素之和均为零，且 $\boldsymbol{A}$ 的秩为 $n-1$，求线性方程组 $\boldsymbol{AX}=\boldsymbol{0}$ 的通解.

微课：例4.10

解　由于 $\boldsymbol{A}$ 的秩为 $n-1$，故 $\boldsymbol{AX}=\boldsymbol{0}$ 的基础解系中解向量的个数为 1.

由 $\boldsymbol{A}=(a_{ij})$ 的各行元素之和均为零，有 $\sum\limits_{j=1}^{n}a_{ij}=0\ (i=1,2,\cdots,n)$，因此，

$\boldsymbol{X}=(1,1,\cdots,1)^{\mathrm{T}}$ 为 $\boldsymbol{AX}=\boldsymbol{0}$ 的解.

于是 $\boldsymbol{AX}=\boldsymbol{0}$ 的通解为 $c(1,1,\cdots,1)^{\mathrm{T}}$，其中 c 为任意常数.

注　当一个向量组只含一个向量时，若该向量是零向量，则线性相关；若该向量为非零向量，则线性无关.

例 4.11　已知 $\boldsymbol{\alpha}=(0,1,0)^{\mathrm{T}},\boldsymbol{\beta}=(-3,2,2)^{\mathrm{T}}$ 是线性方程组 $\begin{cases}x_1-x_2+2x_3=-1,\\ 3x_1+x_2+4x_3=1,\\ ax_1+bx_2+cx_3=d\end{cases}$ 的两个解，求此方程组的通解.

解 由已知得$A=\begin{pmatrix}1&-1&2\\3&1&4\\a&b&c\end{pmatrix}$，$\boldsymbol{\alpha},\boldsymbol{\beta}$为$AX=b$的两个不同解，则方程组有解且不唯一，故有$r(A)=r(\bar{A})<3$.

A的二阶子式$\begin{vmatrix}1&-1\\3&1\end{vmatrix}\neq 0$，可知$r(A)\geqslant 2$，由于$r(A)\leqslant 2$，故$r(A)=2$.

$AX=0$的基础解系中含有向量个数为$3-r(A)=1$.

$\xi=\boldsymbol{\alpha}-\boldsymbol{\beta}=(0,1,0)^{\mathrm T}-\boldsymbol{\beta}(-3,2,2)^{\mathrm T}=(3,-1,-2)^{\mathrm T}\neq \mathbf{0}$为基础解系.

故此方程组的通解为$k\xi+\boldsymbol{\alpha}=k(3,-1,-2)^{\mathrm T}+(0,1,0)^{\mathrm T}$，$k$为任意常数.

4.3.3 矩阵方程与线性方程组

1. $AB=0$与齐次线性方程组

定理 4.6 设A是$m\times n$矩阵，B是$n\times s$矩阵，若$AB=0$，则B的列向量均为齐次线性方程组$AX=0$的解向量.

微课：定理4.6

证明 记$B=(\beta_1,\beta_2,\cdots,\beta_s)$，则$AB=A(\beta_1,\beta_2,\cdots,\beta_s)=(A\beta_1,A\beta_2,\cdots,A\beta_s)$.
$AB=0$化为$(A\beta_1,A\beta_2,\cdots,A\beta_s)=(0,0,\cdots,0)$.

根据矩阵相等的定义得$A\beta_1=0,A\beta_2=0,\cdots,A\beta_s=0$，这说明$B$的列向量$\beta_1,\beta_2,\cdots,\beta_s$均为方程组$AX=0$的解向量.

推论 设A是$m\times n$矩阵，B是$n\times s$矩阵，若$AB=0$，且$B\neq 0$，则齐次线性方程组$AX=0$有非零解.

例 4.12 设$A=\begin{pmatrix}-1&2&-2\\-4&t&3\\3&1&-1\end{pmatrix}$，$B$为三阶非零矩阵，且$AB=O$，求$t$.

解 由$AB=O$且$B\neq O$，说明齐次线性方程组$AX=0$有非零解.

对于3×3矩阵A，要使$AX=0$有非零解，其等价条件是$|A|=0$.

$$|A|=\begin{vmatrix}-1&2&-2\\-4&t&3\\3&1&-1\end{vmatrix}=\begin{vmatrix}-1&0&0\\-4&t+3&11\\3&0&-7\end{vmatrix}=7(t+3)=0,$$

故$t=-3$.

2. 解矩阵方程

设有矩阵方程$AX=B$，若A可逆，可将方程两边同时左乘A^{-1}，可得解$X=A^{-1}B$. 利用初等变换的性质，如果对矩阵(A,B)作初等行变换，只要把A化为E，就可以把B化$A^{-1}B$，即得$X=A^{-1}B$，此时X是唯一的.

若A不是方阵，或不可逆时，可以令$X=(X_1,X_2,\cdots,X_s)$，$B=(b_1,b_2,\cdots,b_s)$，这里$X_1,X_2,\cdots,X_s,b_1,b_2,\cdots,b_s$为列向量，由已知化为$s$个方程组$AX_i=b_i$，$i=1,2,\cdots,s$，解出$X_1,X_2,\cdots,X_s$，此时$X$不唯一，这里就不再论述了（此方法对于$A$是可逆矩阵也适用）.

例 4.13 设 $\boldsymbol{\alpha}=\begin{pmatrix}1\\2\\1\end{pmatrix}$，$\boldsymbol{\beta}=\begin{pmatrix}1\\\frac{1}{2}\\0\end{pmatrix}$，$\boldsymbol{\gamma}=\begin{pmatrix}0\\0\\8\end{pmatrix}$，$\boldsymbol{A}=\boldsymbol{\alpha}\boldsymbol{\beta}^{\mathrm{T}}$，$\boldsymbol{B}=\boldsymbol{\beta}^{\mathrm{T}}\boldsymbol{\alpha}$，其中 $\boldsymbol{\beta}^{\mathrm{T}}$ 是 $\boldsymbol{\beta}$ 的转置，求解方程 $2\boldsymbol{B}^2\boldsymbol{A}^2\boldsymbol{X}=\boldsymbol{A}^4\boldsymbol{X}+\boldsymbol{B}^4\boldsymbol{X}+\boldsymbol{\gamma}$.

解 由题设得 $\boldsymbol{A}=\begin{pmatrix}1\\2\\1\end{pmatrix}\left(1,\frac{1}{2},0\right)=\begin{pmatrix}1&\frac{1}{2}&0\\2&1&0\\1&\frac{1}{2}&0\end{pmatrix}$，$\boldsymbol{B}=\left(1,\frac{1}{2},0\right)\begin{pmatrix}1\\2\\1\end{pmatrix}=2$.

又 $\boldsymbol{A}^2=\boldsymbol{\alpha}\boldsymbol{\beta}^{\mathrm{T}}\boldsymbol{\alpha}\boldsymbol{\beta}^{\mathrm{T}}=\boldsymbol{\alpha}(\boldsymbol{\beta}^{\mathrm{T}}\boldsymbol{\alpha})\boldsymbol{\beta}^{\mathrm{T}}=2A$，$\boldsymbol{A}^4=8A$，代入原方程，得 $16\boldsymbol{AX}=8\boldsymbol{AX}+16\boldsymbol{X}+\boldsymbol{\gamma}$，即 $8(\boldsymbol{A}-2\boldsymbol{E})\boldsymbol{X}=\boldsymbol{\gamma}$（其中 $\boldsymbol{E}$ 是三阶单位矩阵），也即 $(\boldsymbol{A}-2\boldsymbol{E})\boldsymbol{X}=\frac{1}{8}\boldsymbol{\gamma}$.

$$\boldsymbol{A}-2\boldsymbol{E}=\begin{pmatrix}-1&\frac{1}{2}&0\\2&-1&0\\1&\frac{1}{2}&-2\end{pmatrix}.$$

令 $\boldsymbol{X}=(x_1,x_2,x_3)^{\mathrm{T}}$，有

$$\begin{pmatrix}-1&\frac{1}{2}&0\\2&-1&0\\1&\frac{1}{2}&-2\end{pmatrix}\begin{pmatrix}x_1\\x_2\\x_3\end{pmatrix}=\begin{pmatrix}0\\0\\1\end{pmatrix},$$

得到非齐次线性方程组

$$\begin{cases}-x_1+\frac{1}{2}x_2=0,\\2x_1-x_2=0,\\x_1+\frac{1}{2}x_2-2x_3=1.\end{cases}$$

可得

$$\begin{pmatrix}-1&\frac{1}{2}&0&0\\2&-1&0&0\\1&\frac{1}{2}&-2&1\end{pmatrix}\to\begin{pmatrix}1&-\frac{1}{2}&0&0\\0&1&-2&1\\0&0&0&0\end{pmatrix}\to\begin{pmatrix}1&0&-1&\frac{1}{2}\\0&1&-2&1\\0&0&0&0\end{pmatrix}.$$

得同解方程组

$$\begin{cases}x_1=x_3+\frac{1}{2},\\x_2=2x_3+1.\end{cases}$$

对应齐次方程组的基础解系为$\boldsymbol{\xi}=(1,2,1)^{\mathrm{T}}$，非齐次方程组的特解为$\boldsymbol{\eta}^*=\left(0,0,-\dfrac{1}{2}\right)^{\mathrm{T}}$，于是所求方程组的解为$\boldsymbol{X}=c\boldsymbol{\xi}+\boldsymbol{\eta}^*=c(1,2,1)^{\mathrm{T}}+\left(0,0,-\dfrac{1}{2}\right)^{\mathrm{T}}$（$c$为任意常数）.

4.3.4 同解与公共解

1. 同解

线性方程组有下列 3 种变换，称为线性方程组的初等变换.

（1）换法变换：交换两个方程的位置.

（2）倍法变换：某个方程的两端同乘以一个非零常数.

（3）消法变换：把一个方程的若干倍加到另一个方程上去.

在线性方程组的 3 种初等变换之下，线性方程组的同解性不变，从而对线性方程组的同解性有以下结论.

（1）齐次线性方程组$\boldsymbol{AX}=\boldsymbol{0}$和$\boldsymbol{BX}=\boldsymbol{0}$同解的充要条件为$r(\boldsymbol{A})=r\begin{pmatrix}\boldsymbol{A}\\ \boldsymbol{B}\end{pmatrix}=r(\boldsymbol{B})$.

（2）非齐次线性方程组$\boldsymbol{AX}=\boldsymbol{b}_1$和$\boldsymbol{BX}=\boldsymbol{b}_2$有解，则它们同解的充要条件为$r(\boldsymbol{A})=r\begin{pmatrix}\boldsymbol{A} & \boldsymbol{b}_1\\ \boldsymbol{B} & \boldsymbol{b}_2\end{pmatrix}=r(\boldsymbol{B})$.

（3）常见的同解方程组如下.

① 若$\boldsymbol{P}$为n阶可逆矩阵，则$\boldsymbol{AX}=\boldsymbol{0}$和$\boldsymbol{PAX}=\boldsymbol{0}$同解，$\boldsymbol{AX}=\boldsymbol{b}$和$\boldsymbol{PAX}=\boldsymbol{Pb}$同解，且$r(\boldsymbol{A})=r(\boldsymbol{PA})$.

② 若$\boldsymbol{A}$为$m\times n$型实矩阵，则$\boldsymbol{AX}=\boldsymbol{0}$和$\boldsymbol{A}^{\mathrm{T}}\boldsymbol{AX}=\boldsymbol{0}$同解，且$r(\boldsymbol{A})=r(\boldsymbol{A}^{\mathrm{T}}\boldsymbol{A})$.

③ 若$\boldsymbol{A}$为n阶实对称矩阵，则$\boldsymbol{AX}=\boldsymbol{0}$和$\boldsymbol{A}^2\boldsymbol{X}=\boldsymbol{0}$同解，且$r(\boldsymbol{A})=r(\boldsymbol{A}^2)$.

④ 若$\boldsymbol{A}$为n阶方阵，则$\boldsymbol{A}^n\boldsymbol{X}=\boldsymbol{0}$和$\boldsymbol{A}^{n+1}\boldsymbol{X}=\boldsymbol{0}$同解，且$r(\boldsymbol{A}^n)=r(\boldsymbol{A}^{n+1})$.

现以第 2 种同解方程组为例进行论证.

一方面，若$\boldsymbol{\alpha}$为$\boldsymbol{AX}=\boldsymbol{0}$的解，即$\boldsymbol{A\alpha}=\boldsymbol{0}$，则$\boldsymbol{A}^{\mathrm{T}}\boldsymbol{A\alpha}=\boldsymbol{A}^{\mathrm{T}}\boldsymbol{0}=\boldsymbol{0}$，$\boldsymbol{\alpha}$必为$\boldsymbol{A}^{\mathrm{T}}\boldsymbol{AX}=\boldsymbol{0}$的解. 另一方面，若$\boldsymbol{\beta}$为$\boldsymbol{A}^{\mathrm{T}}\boldsymbol{AX}=\boldsymbol{0}$的解，即$\boldsymbol{A}^{\mathrm{T}}\boldsymbol{A\beta}=\boldsymbol{0}$，两边同乘$\boldsymbol{\beta}^{\mathrm{T}}$，有$\boldsymbol{\beta}^{\mathrm{T}}\boldsymbol{A}^{\mathrm{T}}\boldsymbol{A\beta}=\boldsymbol{0}$.

设$\boldsymbol{A\beta}=\begin{pmatrix}y_1\\ y_2\\ \vdots\\ y_m\end{pmatrix}$，则$(\boldsymbol{A\beta})^{\mathrm{T}}\boldsymbol{A\beta}=y_1^2+y_2^2+\cdots+y_m^2=0$，得$y_1=y_2=\cdots=y_m=0$，即有$\boldsymbol{A\beta}=\boldsymbol{0}$，所以$\boldsymbol{\beta}$必为$\boldsymbol{AX}=\boldsymbol{0}$的解. 故方程组$\boldsymbol{AX}=\boldsymbol{0}$和$\boldsymbol{A}^{\mathrm{T}}\boldsymbol{AX}=\boldsymbol{0}$同解.

例 4.14 设方程组（Ⅰ）$\begin{cases}x_1+2x_2-x_3+x_4=l,\\ 3x_1+mx_2+3x_3+2x_4=-11,\\ 2x_1+2x_2+nx_3+x_4=-4\end{cases}$与方程组（Ⅱ）$\begin{cases}x_1+3x_3=-2,\\ x_2-2x_3=5,\\ x_4=-10\end{cases}$是同解方程组，试确定方程组（Ⅰ）中的参数$l,m,n$的值并求解.

解 （Ⅱ）中令x_3=1，易找到（Ⅱ）的一个特解

$$\boldsymbol{\eta}=\begin{pmatrix}-5\\7\\1\\-10\end{pmatrix},$$

由于（Ⅰ）与（Ⅱ）同解，所以$\boldsymbol{\eta}$满足（Ⅰ）.

把$\boldsymbol{\eta}$代入（Ⅰ）得

$$\begin{cases}-5+14-1-10=l,\\-15+7m+3-20=-11,\\-10+14+n-10=-4,\end{cases}$$

解得

$$\begin{cases}l=-2,\\m=3,\\n=2.\end{cases}$$

将（Ⅰ）与（Ⅱ）合并为一个方程组，对其增广矩阵做初等行变换得

$$\begin{pmatrix}1&0&3&0&-2\\0&1&-2&0&5\\0&0&0&1&-10\\1&2&-1&1&-2\\3&3&3&2&-11\\2&2&2&1&-4\end{pmatrix}\to\begin{pmatrix}1&0&3&0&-2\\0&1&-2&0&5\\0&0&0&1&-10\\0&2&-4&1&0\\0&3&-6&2&-5\\0&2&-4&1&0\end{pmatrix}$$

$$\to\begin{pmatrix}1&0&3&0&-2\\0&1&-2&0&5\\0&0&0&1&-10\\0&0&0&1&-10\\0&0&0&2&-20\\0&0&0&0&0\end{pmatrix}\to\begin{pmatrix}1&0&3&0&-2\\0&1&-2&0&5\\0&0&0&1&-10\\0&0&0&0&0\\0&0&0&0&0\\0&0&0&0&0\end{pmatrix}.$$

对应导出组的同解方程组为$\begin{cases}x_1=-3x_3-2,\\x_2=2x_3+5,\\x_4=-10,\end{cases}$其基础解系为$\begin{pmatrix}-3\\2\\1\\0\end{pmatrix}$，非齐次线性方程组的同解方程组为$\begin{cases}x_1=-3x_3-2,\\x_2=2x_3+5,\\x_4=-10,\end{cases}$得其中一个特解为$\begin{pmatrix}-2\\5\\0\\-10\end{pmatrix}$.

（Ⅰ）与（Ⅱ）同解，其解为$\begin{pmatrix}-2\\5\\0\\-10\end{pmatrix}+k\begin{pmatrix}-3\\2\\1\\0\end{pmatrix}$，$k$为任意常数.

2. 公共解

例 4.15 设线性方程组（Ⅰ）$\begin{cases} x_1+x_2+x_3=0, \\ x_1+2x_2+ax_3=0, \\ x_1+4x_2+a^2x_3=0 \end{cases}$ 与方程（Ⅱ）$x_1+2x_2+x_3=a-1$ 有公共解，求 a 的值及所有公共解.

微课：例4.15

解 联立方程组

$$\begin{cases} x_1+x_2+x_3=0, \\ x_1+2x_2+ax_3=0, \\ x_1+4x_2+a^2x_3=0, \\ x_1+2x_2+x_3=a-1. \end{cases}$$

$$\overline{A}=\begin{pmatrix} 1 & 1 & 1 & 0 \\ 1 & 2 & a & 0 \\ 1 & 4 & a^2 & 0 \\ 1 & 2 & 1 & a-1 \end{pmatrix} \to \begin{pmatrix} 1 & 1 & 1 & 0 \\ 0 & 1 & a-1 & 0 \\ 0 & 3 & a^2-1 & 0 \\ 0 & 1 & 0 & a-1 \end{pmatrix} \to \begin{pmatrix} 1 & 1 & 1 & 0 \\ 0 & 1 & 0 & a-1 \\ 0 & 1 & a-1 & 0 \\ 0 & 3 & a^2-1 & 0 \end{pmatrix}$$

$$\to \begin{pmatrix} 1 & 1 & 1 & 0 \\ 0 & 1 & 0 & a-1 \\ 0 & 0 & a-1 & 1-a \\ 0 & 0 & a^2-1 & -3(a-1) \end{pmatrix} \to \begin{pmatrix} 1 & 1 & 1 & 0 \\ 0 & 1 & 0 & a-1 \\ 0 & 0 & a-1 & 1-a \\ 0 & 0 & 0 & (a-1)(a-2) \end{pmatrix}.$$

因为有解，故 $a=1$ 或者 $a=2$.

当 $a=1$ 时，

$$\overline{A} \to \begin{pmatrix} 1 & 1 & 1 & 0 \\ 0 & 1 & 0 & 0 \\ 0 & 0 & 0 & 0 \\ 0 & 0 & 0 & 0 \end{pmatrix} \to \begin{pmatrix} 1 & 0 & 1 & 0 \\ 0 & 1 & 0 & 0 \\ 0 & 0 & 0 & 0 \\ 0 & 0 & 0 & 0 \end{pmatrix}.$$

同解方程组为 $\begin{cases} x_1=-x_3, \\ x_2=0, \end{cases}$ 公共解为 $k(-1,0,1)^{\mathrm{T}}$.

当 $a=2$ 时，

$$\overline{A} \to \begin{pmatrix} 1 & 1 & 1 & 0 \\ 0 & 1 & 0 & 1 \\ 0 & 0 & 1 & -1 \\ 0 & 0 & 0 & 0 \end{pmatrix} \to \begin{pmatrix} 1 & 0 & 1 & -1 \\ 0 & 1 & 0 & 1 \\ 0 & 0 & 1 & -1 \\ 0 & 0 & 0 & 0 \end{pmatrix} \to \begin{pmatrix} 1 & 0 & 0 & 0 \\ 0 & 1 & 0 & 1 \\ 0 & 0 & 1 & -1 \\ 0 & 0 & 0 & 0 \end{pmatrix}.$$

同解方程组为 $\begin{cases} x_1=0, \\ x_2=1, \\ x_3=-1, \end{cases}$ 有唯一公共解 $(0,1,-1)^{\mathrm{T}}$.

公共解的求解一般包括两种类型，其求解方法如下.

（1）由两个方程组合并为一个新的方程组求公共解.

若已知两个方程组（Ⅰ）（Ⅱ）的一般表达式，只需把这两个方程组（Ⅰ）（Ⅱ）合并为一个新的方程组（Ⅲ），此新的方程组的通解即为已知方程组的公共解．

（2）由同解表达式相等求公共解．

若已知方程组（Ⅰ）的基础解系及方程组（Ⅱ）的一般表达式，则只需把方程组（Ⅰ）的通解代入方程组（Ⅱ）即可求得两个方程组的公共解．

4.3.5　线性方程组应用案例

实际问题 4.1　空间平面与平面的关系．

定理 4.7　已知平面$\Pi_1: a_1x+b_1y+c_1z=d_1$与$\Pi_2: a_2x+b_2y+c_2z=d_2$，记线性方程组

$$\begin{cases} a_1x+b_1y+c_1z=d_1, \\ a_2x+b_2y+c_2z=d_2 \end{cases}$$

的系数矩阵为$\boldsymbol{A}=\begin{pmatrix} a_1 & b_1 & c_1 \\ a_2 & b_2 & c_2 \end{pmatrix}$，增广矩阵为$\overline{\boldsymbol{A}}=\begin{pmatrix} a_1 & b_1 & c_1 & d_1 \\ a_2 & b_2 & c_2 & d_2 \end{pmatrix}$．

（1）若$r(\boldsymbol{A})=r(\overline{\boldsymbol{A}})=2$，则平面$\Pi_1$与$\Pi_2$相交于一条直线．

（2）若$r(\boldsymbol{A})=r(\overline{\boldsymbol{A}})=1$，则平面$\Pi_1$与$\Pi_2$重合．

（3）若$r(\boldsymbol{A})=1$，而$r(\overline{\boldsymbol{A}})=2$，则平面$\Pi_1$与$\Pi_2$平行．

实际问题 4.2　空间直线与平面的关系．

定理 4.8　已知空间直线$L: \begin{cases} a_1x+b_1y+c_1z=d_1, \\ a_2x+b_2y+c_2z=d_2 \end{cases}$与平面$\Pi: ax+by+cz=d$，记线性方程组

$$\begin{cases} a_1x+b_1y+c_1z=d_1, \\ a_2x+b_2y+c_2z=d_2, \\ ax+by+cz=d \end{cases}$$

微课：定理4.8

的系数矩阵为$\boldsymbol{A}=\begin{pmatrix} a_1 & b_1 & c_1 \\ a_2 & b_2 & c_2 \\ a & b & c \end{pmatrix}$，增广矩阵为$\overline{\boldsymbol{A}}=\begin{pmatrix} a_1 & b_1 & c_1 & d_1 \\ a_2 & b_2 & c_2 & d_2 \\ a & b & c & d \end{pmatrix}$．

（1）若$r(\boldsymbol{A})=r(\overline{\boldsymbol{A}})=3$，则直线$L$与平面$\Pi$相交．

（2）若$r(\boldsymbol{A})=2$，而$r(\overline{\boldsymbol{A}})=3$，则直线$L$与平面$\Pi$平行．

（3）若$r(\boldsymbol{A})=r(\overline{\boldsymbol{A}})=2$，则直线$L$在平面$\Pi$上．

实际问题 4.3　生产与生活中的应用问题．

例 4.16（百鸡百钱）　今有百钱买百鸡．鸡翁一值钱五，鸡母一值钱三，鸡雏三值钱一，问：鸡翁、鸡母、鸡雏各几何？

解　设鸡翁、鸡母、鸡雏各买x,y,z只，依题意得方程组

$$\begin{cases} x+y+z=100, \\ 5x+3y+\dfrac{1}{3}z=100, \end{cases} \to \begin{cases} x+y+z=100, \\ 15x+9y+z=300. \end{cases}$$

其增广矩阵为

$$\overline{\boldsymbol{A}}=\begin{pmatrix} 1 & 1 & 1 & 100 \\ 15 & 9 & 1 & 300 \end{pmatrix} \to \begin{pmatrix} 1 & 1 & 1 & 100 \\ 0 & -6 & -14 & -1\,200 \end{pmatrix}$$

$$\rightarrow\begin{pmatrix}1&1&1&100\\0&1&\frac{7}{3}&200\end{pmatrix}\rightarrow\begin{pmatrix}1&0&-\frac{4}{3}&-100\\0&1&\frac{7}{3}&200\end{pmatrix}.$$

同解方程组为

$$\begin{cases}x=\frac{4}{3}z-100,\\y=200-\frac{7}{3}z.\end{cases}$$

考虑 $x,y,z\geqslant 0$，且 x,y,z 必须为非负整数，所以 z 为 3 的倍数，且 $75\leqslant z\leqslant\frac{600}{7}$，所有可能的解为

$$\begin{cases}x=0,\\y=25,\\z=75,\end{cases}\begin{cases}x=4,\\y=18,\\z=78,\end{cases}\begin{cases}x=8,\\y=11,\\z=81,\end{cases}\begin{cases}x=12,\\y=4,\\z=84.\end{cases}$$

例 4.17 一制造商生产 3 种不同的产品A,B,C，每种产品都需要经过两种机器M,N的制作．每种产品每生产 1t，所需使用两部机器的时间如表 4.1 所示（单位：h），机器 M 每星期最多使用 80h，机器N每星期最多使用 60h．假设制作商可以卖出每周制造的所有产品，经营者希望机器持续运转．问：在一周内每一产品需要制造多少吨才能使机器被充分利用？

表 4.1

机器	产品 A	产品 B	产品 C
M	2	3	4
N	2	2	3

解 设产品A,B,C一周生产的吨数分别为 x_1,x_2,x_3，依题意可得方程组

$$\begin{cases}2x_1+3x_2+4x_3=80,\\2x_1+2x_2+3x_3=60.\end{cases}$$

对上述方程组的增广矩阵进行初等行变换，得

$$\overline{\boldsymbol{A}}=\begin{pmatrix}2&3&4&80\\2&2&3&60\end{pmatrix}\rightarrow\begin{pmatrix}1&0&\frac{1}{2}&10\\0&1&1&20\end{pmatrix}.$$

解得方程组的全部解为

$$\begin{cases}x_1=-\frac{1}{2}c+10,\\x_2=-c+20,\\x_3=c.\end{cases}$$

由题意知 $x_1,x_2,x_3\geqslant 0$且为整数，得 $0\leqslant c<20$，且 c 为偶数．

同步习题 4.3

基础题

1．选择题．

（1）设 $\boldsymbol{A}^2=\boldsymbol{E}$，$\boldsymbol{E}$ 为单位矩阵，则下列结论正确的是（　　）．

A．$\boldsymbol{A}-\boldsymbol{E}$ 可逆　　B．$\boldsymbol{A}+\boldsymbol{E}$ 可逆

C．$\boldsymbol{A}\neq\boldsymbol{E}$ 时，$\boldsymbol{A}+\boldsymbol{E}$ 可逆　　D．$\boldsymbol{A}\neq\boldsymbol{E}$ 时，$\boldsymbol{A}+\boldsymbol{E}$ 不可逆

（2）已知 $\boldsymbol{\beta}_1,\boldsymbol{\beta}_2$ 是非齐次线性方程组 $\boldsymbol{AX}=\boldsymbol{b}$ 的两个不同的解，$\boldsymbol{\alpha}_1,\boldsymbol{\alpha}_2$ 是对应齐次线性方程组 $\boldsymbol{AX}=\boldsymbol{0}$ 的基础解系，k_1,k_2 为任意常数，则方程组 $\boldsymbol{AX}=\boldsymbol{b}$ 的通解必是（　　）．

A．$k_1\boldsymbol{\alpha}_1+k_2(\boldsymbol{\alpha}_1+\boldsymbol{\alpha}_2)+\dfrac{\boldsymbol{\beta}_1-\boldsymbol{\beta}_2}{2}$　　B．$k_1\boldsymbol{\alpha}_1+k_2(\boldsymbol{\alpha}_1-\boldsymbol{\alpha}_2)+\dfrac{\boldsymbol{\beta}_1+\boldsymbol{\beta}_2}{2}$

C．$k_1\boldsymbol{\alpha}_1+k_2(\boldsymbol{\beta}_1+\boldsymbol{\beta}_2)+\dfrac{\boldsymbol{\beta}_1-\boldsymbol{\beta}_2}{2}$　　D．$k_1\boldsymbol{\alpha}_1+k_2(\boldsymbol{\beta}_1-\boldsymbol{\beta}_2)+\dfrac{\boldsymbol{\beta}_1+\boldsymbol{\beta}_2}{2}$

（3）设 $\boldsymbol{A}$ 为 $m\times n$ 矩阵，则与 $\boldsymbol{AX}=\boldsymbol{b}$ 同解的方程组是（　　）．

A．$m=n$ 时，$\boldsymbol{A}^{\mathrm{T}}\boldsymbol{X}=\boldsymbol{b}$

B．$\boldsymbol{QAX}=\boldsymbol{Qb}$，其中 $\boldsymbol{Q}$ 为可逆矩阵

C．$r(\boldsymbol{A})=r(\overline{\boldsymbol{A}})$，由 $\boldsymbol{AX}=\boldsymbol{b}$ 前 r 个方程组成的方程组

D．$r(\boldsymbol{A})=r(\boldsymbol{C})$，$\boldsymbol{C}_{m\times n}\boldsymbol{X}=\boldsymbol{b}$

（4）设 $\boldsymbol{A}$ 为 n 阶实矩阵，$\boldsymbol{A}^{\mathrm{T}}$ 是 $\boldsymbol{A}$ 的转置矩阵，则对于线性方程组（Ⅰ）$\boldsymbol{AX}=\boldsymbol{0}$ 和（Ⅱ）$\boldsymbol{A}^{\mathrm{T}}\boldsymbol{AX}=\boldsymbol{0}$ 必有（　　）．

A．（Ⅱ）的解是（Ⅰ）的解，（Ⅰ）的解也是（Ⅱ）的解

B．（Ⅱ）的解是（Ⅰ）的解，但（Ⅰ）的解不是（Ⅱ）的解

C．（Ⅱ）的解不是（Ⅰ）的解，（Ⅰ）的解不是（Ⅱ）的解

D．（Ⅰ）的解是（Ⅱ）的解，但（Ⅱ）的解不是（Ⅰ）的解

2．设四元非齐次方程组 $\boldsymbol{AX}=\boldsymbol{b}$ 的系数矩阵 $\boldsymbol{A}$ 的秩为 3，$\boldsymbol{\eta}_1,\boldsymbol{\eta}_2,\boldsymbol{\eta}_3$ 是它的 3 个特解，且 $\boldsymbol{\eta}_1=(2,3,4,5)^{\mathrm{T}}$，$\boldsymbol{\eta}_2+\boldsymbol{\eta}_3=(1,2,3,4)^{\mathrm{T}}$，求 $\boldsymbol{AX}=\boldsymbol{b}$ 的通解．

3．设方程组（Ⅰ）为 $\begin{cases}x_1+x_4=0,\\x_2+x_3=0,\end{cases}$ 方程组（Ⅱ）为 $\begin{cases}x_1+2x_3=0,\\2x_2+x_4=0,\end{cases}$ 求（Ⅰ）与（Ⅱ）的公共解．

4．已知方程组 $\begin{pmatrix}\lambda&1&1\\0&\lambda-1&0\\1&1&\lambda\end{pmatrix}\begin{pmatrix}x_1\\x_2\\x_3\end{pmatrix}=\begin{pmatrix}a\\1\\1\end{pmatrix}$ 存在两个不同解．

（1）求 λ,a．

（2）求其通解．

5．已知 $\boldsymbol{\alpha}_1=(1,4,0,2)^{\mathrm{T}}$，$\boldsymbol{\alpha}_2=(2,7,1,3)^{\mathrm{T}}$，$\boldsymbol{\alpha}_3=(0,1,-1,a)^{\mathrm{T}}$，$\boldsymbol{\beta}=(3,10,b,4)^{\mathrm{T}}$．

（1）a,b取何值时，$\boldsymbol{\beta}$不能由$\boldsymbol{\alpha}_1,\boldsymbol{\alpha}_2,\boldsymbol{\alpha}_3$线性表示？

（2）a,b取何值时，$\boldsymbol{\beta}$可由$\boldsymbol{\alpha}_1,\boldsymbol{\alpha}_2,\boldsymbol{\alpha}_3$线性表示？并写出此表示式．

6．在深入开展健康中国行动和爱国卫生运动，倡导文明健康生活方式的背景下，吃得科学、吃得营养、吃得健康成为许多家庭和个人关心的话题．营养师给某客户推荐的饮食建议中，每天应包含蛋白质100单位、糖类200单位、脂肪50单位．现储备食物有4种：A,B,C,D．每种食物的蛋白质、糖类、脂肪的含量（各按标准单位）如表4.2所示．问：该客户的食物储备是否满足营养师推荐的食物组合？

表4.2

食物	蛋白质	糖类	脂肪
A	5	20	2
B	4	25	2
C	7	10	10
D	10	5	6

提高题

1．选择题．

（1）已知$\boldsymbol{A}=\begin{pmatrix}1&2&3\\2&4&t\\3&6&9\end{pmatrix}$，$\boldsymbol{B}$为三阶非零矩阵，且满足$\boldsymbol{BA}=\boldsymbol{O}$，则（　　）．

A．$t=6$时，$\boldsymbol{B}$的秩必为1　　B．$t=6$时，$\boldsymbol{B}$的秩必为2

C．$t\neq6$时，$\boldsymbol{B}$的秩必为1　　D．$t\neq6$时，$\boldsymbol{B}$的秩必为2

（2）齐次线性方程组$\begin{cases}\lambda x_1+x_2+\lambda^2x_3=0,\\x_1+\lambda x_2+x_3=0,\\x_1+x_2+\lambda x_3=0\end{cases}$的系数矩阵为$\boldsymbol{A}$，若存在三阶矩阵$\boldsymbol{B}\neq\boldsymbol{O}$，使$\boldsymbol{AB}=\boldsymbol{O}$，则（　　）．

A．$\lambda=-2$且$|\boldsymbol{B}|=0$　　B．$\lambda=-2$且$|\boldsymbol{B}|\neq0$

C．$\lambda=1$且$|\boldsymbol{B}|=0$　　D．$\lambda=1$且$|\boldsymbol{B}|\neq0$

2．设四元方程组（Ⅰ）$\begin{cases}x_1+x_2=0,\\x_3-x_4=0,\end{cases}$又已知齐次线性方程组（Ⅱ）的通解为$k_1(0,1,1,0)^{\mathrm{T}}+k_2(-1,2,2,1)^{\mathrm{T}}$．

（1）求方程组（Ⅰ）的基础解系．

（2）线性方程组（Ⅰ）和（Ⅱ）是否有非零公共解？若有，则求出所有的非零公共解；若没有，则说明理由．

3．（中国古代问题）今有物不知数，三三数之剩一，五五数之剩二，七七数之剩三，问：物几何？

4.4 运用MATLAB求解线性方程组

在自然科学和工程技术中，很多问题的解决常常可归结为解线性方程组，例如，电学中的网格问题，船体数学放样中建立三次样条函数问题，用最小二乘法求实验数据的曲线拟合问题等，最终都是求解线性方程组问题．本节主要从齐次线性方程组和非齐次线性方程组两个方面来学习运用 MATLAB 求解线性方程组.

4.4.1 求解齐次线性方程组

在 MATLAB 中，我们可以利用函数命令"null(A)"来求出 $\boldsymbol{AX}=\mathbf{0}$ 的一个基础解系，从而求出方程组的解．其中，$\boldsymbol{A}$ 可以是数值矩阵，也可以是符号矩阵．如果 $\boldsymbol{A}$ 是数值矩阵，则返回的基础解系是规范正交的.

例 4.18 求齐次线性方程组 $\begin{cases} x_1+x_2+x_3-2x_5=0, \\ 2x_1+2x_2+x_3+2x_4-3x_5=0, \\ x_1+x_2+3x_3-4x_4-4x_5=0 \end{cases}$ 的基础解系与通解.

微课：例4.18

解

```
>> A=[1,1,1,0,-2;2,2,1,2,-3;1,1,3,-4,-4];
>> A1=sym(A)
A1 =
[ 1, 1, 1,  0, -2]
[ 2, 2, 1,  2, -3]
[ 1, 1, 3, -4, -4]
>> null(A1)
ans =
[ -1, -2, 1]
[  1,  0, 0]
[  0,  2, 1]
[  0,  1, 0]
[  0,  0, 1]
```

于是，基础解系为 $\xi_1=\begin{pmatrix}-1\\1\\0\\0\\0\end{pmatrix}$，$\xi_2=\begin{pmatrix}-2\\0\\2\\1\\0\end{pmatrix}$，$\xi_3=\begin{pmatrix}1\\0\\1\\0\\1\end{pmatrix}$，方程组通解为 $\boldsymbol{X}=k_1\xi_1+k_2\xi_2+k_3\xi_3$.

说明："sym(A)"的作用是将非符号对象转化为符号对象.

4.4.2 求解非齐次线性方程组

非齐次线性方程组的矩阵形式为 $\boldsymbol{AX}=\boldsymbol{b}$.

其中，$\boldsymbol{A}$ 为 $m\times n$ 矩阵，$\boldsymbol{X}$ 和 $\boldsymbol{b}$ 为向量，$\bar{\boldsymbol{A}}$ 为其增广矩阵 $(\boldsymbol{A}\ \ \boldsymbol{b})$.

（1）若 $r(\boldsymbol{A})=r(\bar{\boldsymbol{A}})=n$，则 $\boldsymbol{AX}=\boldsymbol{b}$ 有唯一解.

例 4.19 已知非齐次线性方程组 $\begin{cases} x_1+2x_2-x_3=0, \\ 3x_1-2x_2+x_3=4, \\ x_1-x_2-x_3=6, \end{cases}$ 先判断方程组有唯一解，然后解方程组.

微课：例4.19

解

```
>> A=[1,2,-1;3,-2,1;1,-1,-1];
>> b=[0;4;6];
>> B=[A b];
>> r=[rank(A),rank(B)]
r =
   3     3
```

即 $r(\boldsymbol{A})=r(\boldsymbol{B})=3=n$，从而有唯一解.

```
>> X1=inv(A)*b
X1 =
    1
   -2
   -3
```

于是，$x_1=1$，$x_2=-2$，$x_3=-3$.

（2）若$r(\boldsymbol{A})=r(\boldsymbol{B})<n$，则$\boldsymbol{AX}=\boldsymbol{\beta}$有无穷组解.

在 MATLAB 中，当方程组有无穷多解时，可以对其增广矩阵利用函数“rref(B)”进行初等行变换求通解.

例 4.20 求解非齐次线性方程组 $\begin{cases} x_1-2x_2+4x_3=-5, \\ 2x_1+3x_2+x_3=4, \\ 3x_1+8x_2-2x_3=13. \end{cases}$

微课：例4.20

解

```
>> A=[1,-2,4;2,3,1;3,8,-2];
>> b=[-5;4;13];
>> B=[A b];
>> r=[rank(A),rank(B)]
r =
     2     2
```

即 $r(\boldsymbol{A})=r(\boldsymbol{B})=2<n$，从而有无穷多解.

以下对增广矩阵进行初等行变换求通解.

```
>> rref(B)
ans =
     1     0     2    -1
     0     1    -1     2
     0     0     0     0
```

由此得方程组 $\begin{cases} x_1=-1-2x_3, \\ x_2=2+x_3, \end{cases}$ 于是，通解为

$$X=\begin{pmatrix}-1\\2\\0\end{pmatrix}+k\begin{pmatrix}-2\\1\\1\end{pmatrix},$$

其中 k 为任意常数.

第 4 章思维导图

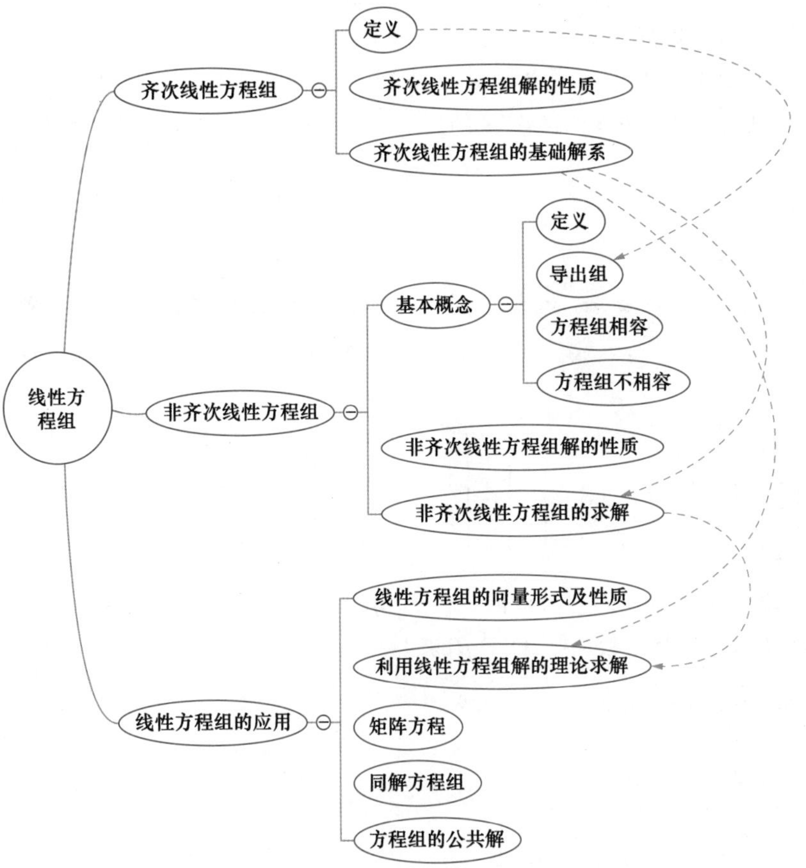

本章小结

中国数学学者

个人成就

控制科学家，中国科学院院士，第十三届全国人民代表大会常务委员会副秘书长，曾任中国科学院数学与系统科学研究院院长．郭雷解决了自适应控制中随机自适应跟踪、极点配置与 LQG 控制等几个基本的理论问题，解决了最小二乘自校正调节器的稳定性和收敛性这一国际著名难题.

郭　雷

第4章总复习题

1. 选择题：（1）～（5）小题，每小题4分，共20分．下列每小题给出的4个选项中，只有一个选项是符合题目要求的．

（1）（2002303）设$\boldsymbol{A}$是$m\times n$矩阵，$\boldsymbol{B}$是$n\times m$矩阵，则齐次线性方程组$(\boldsymbol{AB})\boldsymbol{X}=\boldsymbol{0}$（　　）．

A．当$n>m$时仅有零解　　B．当$n>m$时必有非零解

C．当$m>n$时仅有零解　　D．当$m>n$时必有非零解

（2）（2011104,2011204）设$\boldsymbol{A}=(\boldsymbol{\alpha}_1,\boldsymbol{\alpha}_2,\boldsymbol{\alpha}_3,\boldsymbol{\alpha}_4)$是四阶矩阵，$\boldsymbol{A}^*$为$\boldsymbol{A}$的伴随矩阵，若$(1,0,1,0)^{\mathrm{T}}$是方程组$\boldsymbol{AX}=\boldsymbol{0}$的一个基础解系，则$\boldsymbol{A}^*\boldsymbol{X}=\boldsymbol{0}$的一个基础解系为（　　）．

微课：总复习题（2）

A．$\boldsymbol{\alpha}_1,\boldsymbol{\alpha}_3$　　B．$\boldsymbol{\alpha}_1,\boldsymbol{\alpha}_2$

C．$\boldsymbol{\alpha}_1,\boldsymbol{\alpha}_2,\boldsymbol{\alpha}_3$　　D．$\boldsymbol{\alpha}_2,\boldsymbol{\alpha}_3,\boldsymbol{\alpha}_4$

（3）（2000303）设$\boldsymbol{\alpha}_1,\boldsymbol{\alpha}_2,\boldsymbol{\alpha}_3$是四元非齐次线性方程组$\boldsymbol{AX}=\boldsymbol{b}$的3个解向量，且$r(\boldsymbol{A})=3$，$\boldsymbol{\alpha}_1=(1,2,3,4)^{\mathrm{T}},\boldsymbol{\alpha}_2+\boldsymbol{\alpha}_3=(0,1,2,3)^{\mathrm{T}}$，$c$表示任意常数，则线性方程组$\boldsymbol{AX}=\boldsymbol{b}$的通解$\boldsymbol{X}=$（　　）．

A．$\begin{pmatrix}1\\2\\3\\4\end{pmatrix}+c\begin{pmatrix}1\\1\\1\\1\end{pmatrix}$　　B．$\begin{pmatrix}1\\2\\3\\4\end{pmatrix}+c\begin{pmatrix}0\\1\\2\\3\end{pmatrix}$　　C．$\begin{pmatrix}1\\2\\3\\4\end{pmatrix}+c\begin{pmatrix}2\\3\\4\\5\end{pmatrix}$　　D．$\begin{pmatrix}1\\2\\3\\4\end{pmatrix}+c\begin{pmatrix}3\\4\\5\\6\end{pmatrix}$

（4）（2011304）设$\boldsymbol{A}$为4×3矩阵，$\boldsymbol{\eta}_1,\boldsymbol{\eta}_2,\boldsymbol{\eta}_3$是非齐次线性方程组$\boldsymbol{AX}=\boldsymbol{\beta}$的3个线性无关的解，$k_1,k_2$为任意常数，则$\boldsymbol{AX}=\boldsymbol{\beta}$的通解为（　　）．

A．$\dfrac{\boldsymbol{\eta}_1+\boldsymbol{\eta}_2}{2}+k_1(\boldsymbol{\eta}_2-\boldsymbol{\eta}_1)$

B．$\dfrac{\boldsymbol{\eta}_2-\boldsymbol{\eta}_3}{2}+k_2(\boldsymbol{\eta}_2-\boldsymbol{\eta}_1)$

C．$\dfrac{\boldsymbol{\eta}_2+\boldsymbol{\eta}_3}{2}+k_1(\boldsymbol{\eta}_3-\boldsymbol{\eta}_1)+k_2(\boldsymbol{\eta}_2-\boldsymbol{\eta}_1)$

D．$\dfrac{\boldsymbol{\eta}_2-\boldsymbol{\eta}_3}{2}+k_1(\boldsymbol{\eta}_3-\boldsymbol{\eta}_1)+k_2(\boldsymbol{\eta}_2-\boldsymbol{\eta}_1)$

（5）（2019104）如图4.2所示，有3个平面两两相交，交线相互平行，它们的方程$a_{i1}x+a_{i2}y+a_{i3}z=d_i\ (i=1,2,3)$组成的线性方程组的系数矩阵和增广矩阵分别记为$\boldsymbol{A},\overline{\boldsymbol{A}}$，则（　　）．

A．$r(\boldsymbol{A})=2$，$r(\overline{\boldsymbol{A}})=3$　　B．$r(\boldsymbol{A})=2$，$r(\overline{\boldsymbol{A}})=2$

C．$r(\boldsymbol{A})=1$，$r(\overline{\boldsymbol{A}})=2$　　D．$r(\boldsymbol{A})=1$，$r(\overline{\boldsymbol{A}})=1$

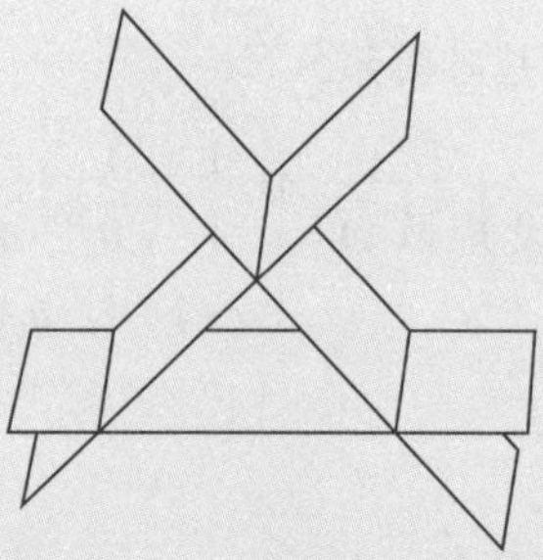

图 4.2

2. 填空题：（6）～（10）小题，每小题 4 分，共 20 分.

（6）（2019204,2019304 改编）设 $\boldsymbol{A}$ 为四阶矩阵，$\boldsymbol{A}^*$ 为 $\boldsymbol{A}$ 的伴随矩阵，若线性方程组 $\boldsymbol{AX}=\boldsymbol{0}$ 的基础解系中只有 2 个解向量，则 $r(\boldsymbol{A}^*)=$ ______.

（7）（2019104）设 $\boldsymbol{A}=(\boldsymbol{\alpha}_1,\boldsymbol{\alpha}_2,\boldsymbol{\alpha}_3)$ 为三阶矩阵，若 $\boldsymbol{\alpha}_1,\boldsymbol{\alpha}_2$ 线性无关，且 $\boldsymbol{\alpha}_3=-\boldsymbol{\alpha}_1+2\boldsymbol{\alpha}_2$，则线性方程组 $\boldsymbol{AX}=\boldsymbol{0}$ 的通解为______.

（8）（2000103）已知方程组 $\begin{pmatrix}1 & 2 & 1\\ 2 & 3 & a+2\\ 1 & a & -2\end{pmatrix}\begin{pmatrix}x_1\\ x_2\\ x_3\end{pmatrix}=\begin{pmatrix}1\\ 3\\ 0\end{pmatrix}$ 无解，则 $a=$ ______.

（9）（2019304）已知矩阵 $\boldsymbol{A}=\begin{pmatrix}1 & 0 & -1\\ 1 & 1 & -1\\ 0 & 1 & a^2-1\end{pmatrix}$，$\boldsymbol{b}=\begin{pmatrix}0\\ 1\\ a\end{pmatrix}$，若线性方程组 $\boldsymbol{AX}=\boldsymbol{b}$ 有无穷多个解，则 $a=$ ______.

（10）（2004404）设 $\boldsymbol{A}=(a_{ij})_{3\times 3}$ 是实正交矩阵，且 $a_{11}=1$，$\boldsymbol{b}=(1,0,0)^{\mathrm{T}}$，则线性方程组 $\boldsymbol{AX}=\boldsymbol{b}$ 的解是______.

3. 解答题：（11）～（16）小题，每小题 10 分，共 60 分. 解答时应写出文字说明、证明过程或演算步骤.

（11）（2005109,2005209）已知三阶矩阵 $\boldsymbol{A}$ 的第 1 行是 (a,b,c)，a,b,c 不全为零，矩阵 $\boldsymbol{B}=\begin{pmatrix}1 & 2 & 3\\ 2 & 4 & 6\\ 3 & 6 & k\end{pmatrix}$（$k$ 为常数），且 $\boldsymbol{AB}=\boldsymbol{O}$，求线性方程组 $\boldsymbol{AX}=\boldsymbol{0}$ 的通解.

（12）（2004109,2004209）设有齐次线性方程组

$$\begin{cases}(1+a)x_1+x_2+\cdots+x_n=0,\\ 2x_1+(2+a)x_2+\cdots+2x_n=0,\\ \cdots\cdots\cdots\\ nx_1+nx_2+\cdots+(n+a)x_n=0.\end{cases}\quad (n\geqslant 2)$$

微课：总复习题（12）

a 取何值时，该方程组有非零解？求出其通解.

（13）（2001206）已知 $\boldsymbol{\alpha}_1,\boldsymbol{\alpha}_2,\boldsymbol{\alpha}_3,\boldsymbol{\alpha}_4$ 是线性方程组 $\boldsymbol{AX}=\boldsymbol{0}$ 的一个基础解系，若 $\boldsymbol{\beta}_1=\boldsymbol{\alpha}_1+t\boldsymbol{\alpha}_2$，$\boldsymbol{\beta}_2=\boldsymbol{\alpha}_2+t\boldsymbol{\alpha}_3$，$\boldsymbol{\beta}_3=\boldsymbol{\alpha}_3+t\boldsymbol{\alpha}_4$，$\boldsymbol{\beta}_4=\boldsymbol{\alpha}_4+t\boldsymbol{\alpha}_1$，讨论实数 t 满足什么条件时，

$\boldsymbol{\beta}_1,\boldsymbol{\beta}_2,\boldsymbol{\beta}_3,\boldsymbol{\beta}_4$ 也是 $\boldsymbol{AX}=\mathbf{0}$ 的一个基础解系.

（14）（2016211,2016311）设矩阵 $\boldsymbol{A}=\begin{pmatrix}1&1&1-a\\1&0&a\\a+1&1&a+1\end{pmatrix}$，$\boldsymbol{\beta}=\begin{pmatrix}0\\1\\2a-2\end{pmatrix}$，且方程组 $\boldsymbol{AX}=\boldsymbol{\beta}$ 无解.

① 求 a 的值.

② 求方程组 $\boldsymbol{A}^{\mathrm{T}}\boldsymbol{AX}=\boldsymbol{A}^{\mathrm{T}}\boldsymbol{\beta}$ 的通解.

（15）（2018111,2018211,2018311）已知 a 是常数，且矩阵 $\boldsymbol{A}=\begin{pmatrix}1&2&a\\1&3&0\\2&7&-a\end{pmatrix}$ 可经初等列变换化为 $\boldsymbol{B}=\begin{pmatrix}1&a&2\\0&1&1\\-1&1&1\end{pmatrix}$.

① 求 a.

② 求满足 $\boldsymbol{AP}=\boldsymbol{B}$ 的可逆矩阵 $\boldsymbol{P}$.

（16）（2009111,2009211,2009311）设 $\boldsymbol{A}=\begin{pmatrix}1&-1&-1\\-1&1&1\\0&-4&-2\end{pmatrix}$，$\xi_1=\begin{pmatrix}-1\\1\\-2\end{pmatrix}$.

① 求满足 $\boldsymbol{A}\xi_2=\xi_1,\boldsymbol{A}^2\xi_3=\xi_1$ 的所有向量 ξ_2,ξ_3.

② 对①中的任意向量 ξ_2,ξ_3，证明：ξ_1,ξ_2,ξ_3 线性无关.

05

第 5 章 矩阵的特征值与特征向量

矩阵的特征值与特征向量是矩阵理论的重要组成部分. 工程技术中的振动问题、图像处理和稳定性问题，数学中矩阵的对角化与微分方程组的求解问题等，都可归结为求一个矩阵的特征值和特征向量问题.

本章先介绍矩阵的特征值与特征向量的定义及求法，再引入相似矩阵的定义，并讨论方阵的相似对角化，最后讨论实对称矩阵的正交相似对角化.

本章导学

5.1 特征值与特征向量

在实际问题中，经常会遇到这样的问题：对于一个给定的 n 阶方阵 $\boldsymbol{A}$，是否存在非零向量 $\boldsymbol{X}$，使 $\boldsymbol{AX}$ 与 $\boldsymbol{X}$ 平行，即存在常数 λ，使 $\boldsymbol{AX}=\lambda\boldsymbol{X}$ 成立. 在数学上，这就是矩阵的特征值与特征向量问题. 它们不仅在专业数学和应用数学中有重要应用，而且在工程设计和数量经济分析等多个领域也有广泛的应用.

5.1.1 特征值与特征向量的定义

定义 5.1 设 $\boldsymbol{A}$ 是 n 阶方阵，如果存在数 λ 和 n 维非零列向量 $\boldsymbol{X}$，使关系式

$$\boldsymbol{AX}=\lambda\boldsymbol{X} \tag{5.1}$$

成立，那么，称 λ 为方阵 $\boldsymbol{A}$ 的特征值，非零列向量 $\boldsymbol{X}$ 称为 $\boldsymbol{A}$ 的对应于特征值 λ 的特征向量.

微课：特征值与特征向量的定义

例如，对任意 n 维非零列向量 $\boldsymbol{X}$，由于 $\boldsymbol{EX}=1\boldsymbol{X}$，所以 1 是 n 阶单位阵 $\boldsymbol{E}$ 的特征值，任意 n 维非零列向量 $\boldsymbol{X}$ 都是 $\boldsymbol{E}$ 的对应于特征值 1 的特征向量.

式（5.1）可以写成

$$(\boldsymbol{A}-\lambda\boldsymbol{E})\boldsymbol{X}=\boldsymbol{0}, \tag{5.2}$$

这是 n 个未知量 n 个方程的齐次线性方程组，它有非零解的充分必要条件是系数行列式

$$|\boldsymbol{A}-\lambda\boldsymbol{E}|=0, \tag{5.3}$$

即

$$\begin{vmatrix} a_{11}-\lambda & a_{12} & \cdots & a_{1n} \\ a_{21} & a_{22}-\lambda & \cdots & a_{2n} \\ \vdots & \vdots & & \vdots \\ a_{n1} & a_{n2} & \cdots & a_{nn}-\lambda \end{vmatrix}=0.$$

上式是以 λ 为未知量的一元 n 次方程，称为方阵 $\boldsymbol{A}$ 的特征方程．其左端 $|\boldsymbol{A}-\lambda\boldsymbol{E}|$ 是关于 λ 的 n 次多项式，称为方阵 $\boldsymbol{A}$ 的特征多项式，记作 $f_A(\lambda)$． $\boldsymbol{A}-\lambda\boldsymbol{E}$ 称为 $\boldsymbol{A}$ 的特征矩阵．

显然，$\boldsymbol{A}$ 的特征值就是特征方程的解，$\boldsymbol{A}$ 的特征向量就是齐次线性方程组（5.2）的非零解向量．在复数范围内特征方程恒有解，其解的个数等于特征方程的次数（重根按重数计算），因此，n 阶方阵 $\boldsymbol{A}$ 在复数域内有 n 个特征值．

例 5.1 求 $\boldsymbol{A}=\begin{pmatrix}4&3\\1&2\end{pmatrix}$ 的特征值和特征向量．

解 $\boldsymbol{A}$ 的特征多项式为

$$|\boldsymbol{A}-\lambda\boldsymbol{E}|=\begin{vmatrix}4-\lambda&3\\1&2-\lambda\end{vmatrix}=(4-\lambda)(2-\lambda)-3=\lambda^2-6\lambda+5,$$

所以 $\boldsymbol{A}$ 的特征值为 $\lambda_1=1$，$\lambda_2=5$．

当 $\lambda_1=1$ 时，解方程组 $(\boldsymbol{A}-\boldsymbol{E})\boldsymbol{X}=\boldsymbol{0}$，由

$$\boldsymbol{A}-\boldsymbol{E}=\begin{pmatrix}3&3\\1&1\end{pmatrix}\xrightarrow{r}\begin{pmatrix}1&1\\0&0\end{pmatrix},$$

得基础解系

$$\boldsymbol{p}_1=\begin{pmatrix}-1\\1\end{pmatrix},$$

所以对应于 $\lambda_1=1$ 的全部特征向量为 $k_1\boldsymbol{p}_1$ $(k_1\neq 0)$．

当 $\lambda_2=5$ 时，解方程组 $(\boldsymbol{A}-5\boldsymbol{E})\boldsymbol{X}=\boldsymbol{0}$，由

$$\boldsymbol{A}-5\boldsymbol{E}=\begin{pmatrix}-1&3\\1&-3\end{pmatrix}\xrightarrow{r}\begin{pmatrix}1&-3\\0&0\end{pmatrix},$$

得基础解系

$$\boldsymbol{p}_2=\begin{pmatrix}3\\1\end{pmatrix},$$

所以对应于 $\lambda_2=5$ 的全部特征向量为 $k_2\boldsymbol{p}_2(k_2\neq 0)$．

例 5.2 求矩阵 $\boldsymbol{A}=\begin{pmatrix}1&-1&1\\1&3&0\\0&0&1\end{pmatrix}$ 的特征值和特征向量．

解 $\boldsymbol{A}$ 的特征多项式为

$$|\boldsymbol{A}-\lambda\boldsymbol{E}|=\begin{vmatrix}1-\lambda&-1&1\\1&3-\lambda&0\\0&0&1-\lambda\end{vmatrix}=(1-\lambda)(\lambda-2)^2,$$

所以 $\boldsymbol{A}$ 的特征值为 $\lambda_1=1$，$\lambda_2=\lambda_3=2$．

当 $\lambda_1=1$ 时，解方程组 $(\boldsymbol{A}-\boldsymbol{E})\boldsymbol{X}=\boldsymbol{0}$，由

$$\boldsymbol{A}-\boldsymbol{E}=\begin{pmatrix}0&-1&1\\1&2&0\\0&0&0\end{pmatrix}\xrightarrow{r}\begin{pmatrix}1&0&2\\0&1&-1\\0&0&0\end{pmatrix},$$

得基础解系

$$p_1=\begin{pmatrix}-2\\1\\1\end{pmatrix},$$

所以对应于 $\lambda_1=1$ 的全部特征向量为 $k_1\boldsymbol{p}_1\ (k_1\neq 0)$.

当 $\lambda_2=\lambda_3=2$ 时，解方程组 $(\boldsymbol{A}-2\boldsymbol{E})\boldsymbol{X}=\boldsymbol{0}$，由

$$\boldsymbol{A}-2\boldsymbol{E}=\begin{pmatrix}-1&-1&1\\1&1&0\\0&0&-1\end{pmatrix}\xrightarrow{r}\begin{pmatrix}1&1&0\\0&0&1\\0&0&0\end{pmatrix},$$

得基础解系

$$p_2=\begin{pmatrix}-1\\1\\0\end{pmatrix},$$

所以对应于 $\lambda_2=\lambda_3=2$ 的全部特征向量为$k_2\boldsymbol{p}_2(k_2\neq 0)$.

例 5.3　求矩阵 $\boldsymbol{A}=\begin{pmatrix}-2&1&1\\0&2&0\\-4&1&3\end{pmatrix}$的特征值和特征向量.

解　$\boldsymbol{A}$ 的特征多项式为

$$|\boldsymbol{A}-\lambda\boldsymbol{E}|=\begin{vmatrix}-2-\lambda&1&1\\0&2-\lambda&0\\-4&1&3-\lambda\end{vmatrix}=(2-\lambda)\begin{vmatrix}-2-\lambda&1\\-4&3-\lambda\end{vmatrix}$$

$$=-(\lambda+1)(\lambda-2)^2,$$

所以 $\boldsymbol{A}$ 的特征值为 $\lambda_1=-1$，$\lambda_2=\lambda_3=2$.

当 $\lambda_1=-1$ 时，解方程组 $(\boldsymbol{A}+\boldsymbol{E})\boldsymbol{X}=\boldsymbol{0}$，由

$$\boldsymbol{A}+\boldsymbol{E}=\begin{pmatrix}-1&1&1\\0&3&0\\-4&1&4\end{pmatrix}\xrightarrow{r}\begin{pmatrix}1&0&-1\\0&1&0\\0&0&0\end{pmatrix},$$

得基础解系

$$p_1=\begin{pmatrix}1\\0\\1\end{pmatrix},$$

所以对应于 $\lambda_1=-1$ 的全部特征向量为$k\boldsymbol{p}_1(k\neq 0)$.

当 $\lambda_2=\lambda_3=2$ 时，解方程组 $(\boldsymbol{A}-2\boldsymbol{E})\boldsymbol{X}=\boldsymbol{0}$，由

$$\boldsymbol{A}-2\boldsymbol{E}=\begin{pmatrix}-4&1&1\\0&0&0\\-4&1&1\end{pmatrix}\xrightarrow{r}\begin{pmatrix}-4&1&1\\0&0&0\\0&0&0\end{pmatrix},$$

得基础解系

$$p_2=\begin{pmatrix}0\\1\\-1\end{pmatrix},\quad p_3=\begin{pmatrix}1\\0\\4\end{pmatrix},$$

所以对应于 $\lambda_2=\lambda_3=2$ 的全部特征向量为 $k_2\boldsymbol{p}_2+k_3\boldsymbol{p}_3$（$k_2,k_3$ 不同时为 0）.

由例 5.2、例 5.3 两个例子看到，例 5.2 中的特征值 2 与例 5.3 中的特征值 2 都是相应特征方程的二重根，但例 5.2 中的特征值 2 有一个线性无关的特征向量，而例 5.3 中的特征值 2 有两个线性无关的特征向量. 一般地，n 阶矩阵 $\boldsymbol{A}$ 必有 n 个特征值（重根按重数计算），单根的特征值必有一个线性无关的特征向量；但对于 r 重根的特征值，其对应的线性无关的特征向量的个数，有可能为 r 个，也有可能少于 r 个，需由矩阵 $\boldsymbol{A}$ 的结构确定.

5.1.2 特征值与特征向量的性质

性质 5.1 设矩阵 $\boldsymbol{A}=(a_{ij})_{n\times n}$ 的特征值为 $\lambda_1,\lambda_2,\cdots,\lambda_n$，则

（1）$\lambda_1+\lambda_2+\cdots+\lambda_n=a_{11}+a_{22}+\cdots+a_{nn}$；

（2）$\lambda_1\lambda_2\cdots\lambda_n=|\boldsymbol{A}|$.

该定理的证明要用到一元 n 次方程根与系数之间的关系，在此不予证明.

【即时提问 5.1】已知 $\boldsymbol{A}$ 是 n 阶方阵，且 $\boldsymbol{AX}=\boldsymbol{0}$ 有非零解，则 $\boldsymbol{A}$ 必有一个特征值是 0. 这种说法是否正确？请说明理由.

定义 5.2 设矩阵 $\boldsymbol{A}=(a_{ij})_{n\times n}$，称 $a_{11}+a_{22}+\cdots+a_{nn}$ 为 $\boldsymbol{A}$ 的迹，记为 $\mathrm{tr}\,\boldsymbol{A}$.

性质 5.2 矩阵 $\boldsymbol{A}$ 和 $\boldsymbol{A}^{\mathrm{T}}$ 有相同的特征值.

证明 因为

$$|\boldsymbol{A}^{\mathrm{T}}-\lambda\boldsymbol{E}|=|(\boldsymbol{A}-\lambda\boldsymbol{E})^{\mathrm{T}}|=|\boldsymbol{A}-\lambda\boldsymbol{E}|,$$

所以 $\boldsymbol{A}$ 和 $\boldsymbol{A}^{\mathrm{T}}$ 有相同的特征多项式，故它们有相同的特征值.

性质 5.3 设 $\boldsymbol{A}$ 是 n 阶可逆矩阵，则

（1）$\boldsymbol{A}$ 的特征值都不为零；

（2）若 λ 是 $\boldsymbol{A}$ 的特征值，则 λ^{-1} 是 $\boldsymbol{A}^{-1}$ 的特征值.

证明 （1）设 $\boldsymbol{A}$ 的全部特征值为 $\lambda_1,\lambda_2,\cdots,\lambda_n$. 由性质 5.1，$\lambda_1\lambda_2\cdots\lambda_n=|\boldsymbol{A}|$，因 $\boldsymbol{A}$ 可逆，所以 $|\boldsymbol{A}|\neq 0$，故 $\lambda_1,\lambda_2,\cdots,\lambda_n$ 都不为零.

（2）设 ξ 是 $\boldsymbol{A}$ 的属于 λ 的特征向量，则 $\boldsymbol{A}\xi=\lambda\xi$. 根据（1），$\lambda\neq 0$，于是

$$\frac{1}{\lambda}\boldsymbol{A}\xi=\xi,$$

用 $\boldsymbol{A}^{-1}$ 同时左乘上式的两边得

$$\boldsymbol{A}^{-1}\xi=\frac{1}{\lambda}\xi,$$

由 $\xi\neq\boldsymbol{0}$ 知，λ^{-1} 是 $\boldsymbol{A}^{-1}$ 的特征值.

例 5.4 设 λ 是 n 阶方阵 $\boldsymbol{A}$ 的特征值，证明：λ^2 是 $\boldsymbol{A}^2$ 的特征值.

证明 因为 λ 是 $\boldsymbol{A}$ 的特征值，故有 n 维列向量 $\boldsymbol{X}\neq\boldsymbol{0}$，使 $\boldsymbol{AX}=\lambda\boldsymbol{X}$，于是

$$\boldsymbol{A}^2\boldsymbol{X}=\boldsymbol{A}(\boldsymbol{AX})=\boldsymbol{A}(\lambda\boldsymbol{X})=\lambda(\boldsymbol{AX})=\lambda^2\boldsymbol{X},$$

所以 λ^2 是 $\boldsymbol{A}^2$ 的特征值.

类似地，可以证明下列性质.

性质 5.4 设 $f(x)=a_m x^m+\cdots+a_1 x+a_0$ 是关于 x 的多项式，$\boldsymbol{A}$ 是 n 阶方阵，此时

$$f(\boldsymbol{A})=a_m\boldsymbol{A}^m+\cdots+a_1\boldsymbol{A}+a_0\boldsymbol{E}.$$

若 λ 是 $\boldsymbol{A}$ 的特征值，则 $f(\lambda)$ 是 $f(\boldsymbol{A})$ 的特征值.

例 5.5 已知三阶方阵 $\boldsymbol{A}$ 的特征值为 $-1,1,2$，求 $|\boldsymbol{A}^3-5\boldsymbol{A}^2|$.

解 设 $f(x)=x^3-5x^2$，则 $f(\boldsymbol{A})=\boldsymbol{A}^3-5\boldsymbol{A}^2$，由性质 5.4 知，$f(\boldsymbol{A})$ 的全部特征值为 $f(-1)=-6$，$f(1)=-4$，$f(2)=-12$，因此

$$|\boldsymbol{A}^3-5\boldsymbol{A}^2|=(-6)\times(-4)\times(-12)=-288.$$

定理 5.1 设 $\lambda_1,\lambda_2,\cdots,\lambda_m$ 是 n 阶方阵 $\boldsymbol{A}$ 的 m 个特征值，$\boldsymbol{x}_1,\boldsymbol{x}_2,\cdots,\boldsymbol{x}_m$ 依次是与之对应的特征向量. 如果 $\lambda_1,\lambda_2,\cdots,\lambda_m$ 互不相等，则 $\boldsymbol{x}_1,\boldsymbol{x}_2,\cdots,\boldsymbol{x}_m$ 线性无关.

微课：不同特征值的特征向量线性无关

证明 用数学归纳法. 当 m=1 时，显然成立.

假设当 $m=k$ 时结论成立，即向量组 $\boldsymbol{x}_1,\boldsymbol{x}_2,\cdots,\boldsymbol{x}_k$ 线性无关. 下面证明向量组 $\boldsymbol{x}_1,\boldsymbol{x}_2,\cdots,\boldsymbol{x}_k,\boldsymbol{x}_{k+1}$ 线性无关. 令

$$p_1\boldsymbol{x}_1+p_2\boldsymbol{x}_2+\cdots+p_k\boldsymbol{x}_k+p_{k+1}\boldsymbol{x}_{k+1}=\boldsymbol{0}, \tag{5.4}$$

用 $\boldsymbol{A}$ 左乘式（5.4），得

$$p_1\boldsymbol{A}\boldsymbol{x}_1+p_2\boldsymbol{A}\boldsymbol{x}_2+\cdots+p_k\boldsymbol{A}\boldsymbol{x}_k+p_{k+1}\boldsymbol{A}\boldsymbol{x}_{k+1}=\boldsymbol{0},$$

即

$$p_1\lambda_1\boldsymbol{x}_1+p_2\lambda_2\boldsymbol{x}_2+\cdots+p_k\lambda_k\boldsymbol{x}_k+p_{k+1}\lambda_{k+1}\boldsymbol{x}_{k+1}=\boldsymbol{0}. \tag{5.5}$$

式（5.5）减去式（5.4）的 λ_{k+1} 倍，得

$$p_1(\lambda_1-\lambda_{k+1})\boldsymbol{x}_1+p_2(\lambda_2-\lambda_{k+1})\boldsymbol{x}_2+\cdots+p_k(\lambda_k-\lambda_{k+1})\boldsymbol{x}_k=\boldsymbol{0}.$$

由于 $\boldsymbol{x}_1,\boldsymbol{x}_2,\cdots,\boldsymbol{x}_k$ 线性无关，故 $p_i(\lambda_i-\lambda_{k+1})=0\ (i=1,2,\cdots,k)$. 而 $\lambda_i-\lambda_{k+1}\neq 0$，所以 $p_i=0\ (i=1,2,\cdots,k)$. 代入式（5.4）得 $p_{k+1}\boldsymbol{x}_{k+1}=\boldsymbol{0}$. 又由于 $\boldsymbol{x}_{k+1}\neq\boldsymbol{0}$，所以 $p_{k+1}=0$. 因此，向量组 $\boldsymbol{x}_1,\boldsymbol{x}_2,\cdots,\boldsymbol{x}_k,\boldsymbol{x}_{k+1}$ 线性无关.

***例 5.6** 已知 $\boldsymbol{A}$ 为 n 阶方阵，λ_1,λ_2 是 $\boldsymbol{A}$ 的两个不同的特征值，$\boldsymbol{x}_1,\boldsymbol{x}_2$ 是 $\boldsymbol{A}$ 的分别对应于 λ_1,λ_2 的特征向量，证明：$\boldsymbol{x}_1+\boldsymbol{x}_2$ 不是 $\boldsymbol{A}$ 的特征向量.

微课：例5.6

证明 用反证法.

因为 $\boldsymbol{A}\boldsymbol{x}_1=\lambda_1\boldsymbol{x}_1$，$\boldsymbol{A}\boldsymbol{x}_2=\lambda_2\boldsymbol{x}_2$，$\lambda_1\neq\lambda_2$，有

$$\boldsymbol{A}(\boldsymbol{x}_1+\boldsymbol{x}_2)=\lambda_1\boldsymbol{x}_1+\lambda_2\boldsymbol{x}_2. \tag{5.6}$$

若 $\boldsymbol{x}_1+\boldsymbol{x}_2$ 是 $\boldsymbol{A}$ 的特征向量，设对应的特征值为 λ，则有

$$\boldsymbol{A}(\boldsymbol{x}_1+\boldsymbol{x}_2)=\lambda(\boldsymbol{x}_1+\boldsymbol{x}_2)=\lambda\boldsymbol{x}_1+\lambda\boldsymbol{x}_2. \tag{5.7}$$

由式（5.6）和式（5.7）得 $\lambda_1\boldsymbol{x}_1+\lambda_2\boldsymbol{x}_2=\lambda\boldsymbol{x}_1+\lambda\boldsymbol{x}_2$，即 $(\lambda-\lambda_1)\boldsymbol{x}_1+(\lambda-\lambda_2)\boldsymbol{x}_2=\boldsymbol{0}$.

因为 $\boldsymbol{x}_1,\boldsymbol{x}_2$ 线性无关，所以 $\lambda-\lambda_1=0$，$\lambda-\lambda_2=0$，从而 $\lambda_1=\lambda_2$，与条件 $\lambda_1\neq\lambda_2$ 矛盾，故 $\boldsymbol{x}_1+\boldsymbol{x}_2$ 不是 $\boldsymbol{A}$ 的特征向量.

* **例 5.7** 设x_0, y_0分别为某地区目前的环境污染水平与经济发展水平．x_t, y_t分别为该地区t年后的环境污染水平和经济发展水平，有关系式如下：

$$\begin{cases} x_t=3x_{t-1}+y_{t-1}, \\ y_t=2x_{t-1}+2y_{t-1}, \end{cases} \quad (t=1,2,\cdots,k). \tag{5.8}$$

试预测该地区t年后的环境污染水平和经济发展水平之间的关系．

解 令$\boldsymbol{\alpha}_0=\begin{pmatrix} x_0 \\ y_0 \end{pmatrix}, \boldsymbol{\alpha}_t=\begin{pmatrix} x_t \\ y_t \end{pmatrix}, \boldsymbol{A}=\begin{pmatrix} 3 & 1 \\ 2 & 2 \end{pmatrix}$，由式（5.8）知，$\boldsymbol{\alpha}_t=\boldsymbol{A}\boldsymbol{\alpha}_{t-1}=\cdots=\boldsymbol{A}^t\boldsymbol{\alpha}_0$，由于$\boldsymbol{A}$的特征多项式为

$$|\boldsymbol{A}-\lambda\boldsymbol{E}| = \begin{vmatrix} 3-\lambda & 1 \\ 2 & 2-\lambda \end{vmatrix} = (\lambda-4)(\lambda-1),$$

所以$\boldsymbol{A}$的特征值为$\lambda_1=4$，$\lambda_2=1$．

当$\lambda_1=4$时，解方程组$(\boldsymbol{A}-4\boldsymbol{E})\boldsymbol{X}=\boldsymbol{0}$，得特征向量

$$\boldsymbol{p}_1=\begin{pmatrix} 1 \\ 1 \end{pmatrix}.$$

当$\lambda_2=1$时，解方程组$(\boldsymbol{A}-\boldsymbol{E})\boldsymbol{X}=\boldsymbol{0}$，得特征向量

$$\boldsymbol{p}_2=\begin{pmatrix} 1 \\ -2 \end{pmatrix}.$$

显然，$\boldsymbol{p}_1, \boldsymbol{p}_2$线性无关．

下面分 3 种情况进行分析．

（1）取$\boldsymbol{\alpha}_0=\boldsymbol{p}_1=\begin{pmatrix} 1 \\ 1 \end{pmatrix}$，由特征值与特征向量的性质知

$$\boldsymbol{\alpha}_t=\boldsymbol{A}^t\boldsymbol{\alpha}_0=\boldsymbol{A}^t\boldsymbol{p}_1=\lambda_1^{\,t}\boldsymbol{p}_1=4^t\begin{pmatrix} 1 \\ 1 \end{pmatrix},$$

即

$$\begin{pmatrix} x_t \\ y_t \end{pmatrix}=4^t\begin{pmatrix} 1 \\ 1 \end{pmatrix} \text{或} x_t=y_t=4^t.$$

这表明：在当前的环境污染水平和经济发展水平的前提下，t年后水平达到较高程度时，环境污染也保持同步恶化趋势．

（2）取$\boldsymbol{\alpha}_0=\boldsymbol{p}_2=\begin{pmatrix} 1 \\ -2 \end{pmatrix}$，因为$y_0=-2<0$，所以不必讨论此情况．

（3）取$\boldsymbol{\alpha}_0=\begin{pmatrix} 1 \\ 7 \end{pmatrix}$，因为$\boldsymbol{\alpha}_0$不是特征向量，所以不能类似分析．但是$\boldsymbol{\alpha}_0$可以由$\boldsymbol{p}_1, \boldsymbol{p}_2$唯一线性表示为$\boldsymbol{\alpha}_0=3\boldsymbol{p}_1-2\boldsymbol{p}_2$．因为

$$\boldsymbol{\alpha}_t=\boldsymbol{A}^t\boldsymbol{\alpha}_0=\boldsymbol{A}^t(3\boldsymbol{p}_1-2\boldsymbol{p}_2)=3\boldsymbol{A}^t\boldsymbol{p}_1-2\boldsymbol{A}^t\boldsymbol{p}_2=3\lambda^t\boldsymbol{p}_1-2\lambda^t\boldsymbol{p}_2=\begin{pmatrix} 3\times4^t-2 \\ 3\times4^t+4 \end{pmatrix},$$

即

$$\begin{pmatrix} x_t \\ y_t \end{pmatrix} = \begin{pmatrix} 3\times 4^t - 2 \\ 3\times 4^t + 4 \end{pmatrix}.$$

由此可预测该地区 t 年后的环境污染水平和经济发展水平．因 $\boldsymbol{p}_2$ 无实际意义而在（2）中未进行讨论，但在（3）的讨论中起到了重要的作用．

由经济发展和环境污染的增长模型可以看出，特征值和特征向量理论在建模的分析和讨论中可发挥重要的应用价值．

同步习题 5.1

基础题

1．填空题．

（1）已知矩阵 $\boldsymbol{A}=\begin{pmatrix} 1 & 1 & 1 & 1 \\ 1 & 1 & 1 & 1 \\ 1 & 1 & 1 & 1 \\ 1 & 1 & 1 & 1 \end{pmatrix}$，则 $\boldsymbol{A}$ 的非零特征值是______．

（2）已知三阶方阵 $\boldsymbol{A}$ 的特征值为 1, 2, 3，则 $\boldsymbol{A}$ 的迹 = ______； $(2\boldsymbol{A}^2)^{-1}$ 的特征值为______．

（3）已知三阶方阵 $\boldsymbol{A}$ 的特征值为−1,1,3，则 $|\boldsymbol{A}^3-2\boldsymbol{A}+2\boldsymbol{E}|$ = ______．

（4）已知矩阵 $\boldsymbol{A}=\begin{pmatrix} 1 & -1 & 1 \\ 2 & 4 & a \\ -3 & -3 & 5 \end{pmatrix}$ 的特征值为 6,2,2，则 $a=$______．

（5）已知三阶矩阵 $\boldsymbol{A}+\boldsymbol{E}, \boldsymbol{A}-2\boldsymbol{E}, 2\boldsymbol{A}+\boldsymbol{E}$ 均为奇异矩阵，则 $|\boldsymbol{A}|=$______．

2．求下列矩阵的特征值与特征向量．

（1）$\begin{pmatrix} 1 & 0 & 0 \\ 0 & 2 & 0 \\ 0 & 0 & 3 \end{pmatrix}$．　（2）$\begin{pmatrix} 0 & 0 & 1 \\ 0 & 1 & 0 \\ 1 & 0 & 0 \end{pmatrix}$．　（3）$\begin{pmatrix} 2 & 0 & 0 \\ 0 & 2 & 3 \\ 0 & 0 & 2 \end{pmatrix}$．

3．设 $\lambda_1=12$ 是矩阵 $\boldsymbol{A}=\begin{pmatrix} 7 & 4 & -1 \\ 4 & 7 & -1 \\ -4 & a & 4 \end{pmatrix}$ 的一个特征值，求常数 a 及 $\boldsymbol{A}$ 的其余特征值．

4．设矩阵 $\boldsymbol{A}$ 满足 $\boldsymbol{A}^2=\boldsymbol{E}$，证明：$\boldsymbol{A}$ 的特征值只能是 1 或 −1．

5．设 λ 是 n 阶可逆方阵 $\boldsymbol{A}$ 的特征值，证明：$\dfrac{|\boldsymbol{A}|}{\lambda}$ 是 $\boldsymbol{A}^*$ 的特征值．

*6．如果矩阵 $\boldsymbol{A}$ 满足 $\boldsymbol{A}^2=\boldsymbol{A}$，则称 $\boldsymbol{A}$ 是幂等矩阵，证明：$5\boldsymbol{E}-\boldsymbol{A}$ 可逆．

提高题

1. 设A为n阶（$n\geqslant 2$）可逆矩阵，λ是A的一个特征值，则A的伴随矩阵A^*的伴随矩阵$(A^*)^*$的特征值之一是（　　）.

A. $\lambda^{-1}|A|^n$　　B. $\lambda|A|$　　C. $\lambda|A|^{n-2}$　　D. $\lambda^{-1}|A|$

2. 设λ_1,λ_2是矩阵A的两个不同的特征值，对应的特征向量分别为x_1,x_2，则x_1，$A(x_1+x_2)$线性无关的充要条件是（　　）.

A. $\lambda_1=0$　　B. $\lambda_2=0$　　C. $\lambda_1\neq 0$　　D. $\lambda_2\neq 0$

3. 已知A的各列元素之和为-1，则下列说法正确的是（　　）.

A. A有一个特征值-1，且对应的特征向量为$(1,1,\cdots,1)^{\mathrm{T}}$

B. A有一个特征值-1，但不一定有对应的特征向量$(1,1,\cdots,1)^{\mathrm{T}}$

C. -1不是A的一个特征值

D. 仅由题设无法确定A是否有一个特征值-1

4. 设矩阵$A=\begin{pmatrix} a & -1 & c \\ 5 & b & 3 \\ 1-c & 0 & -a \end{pmatrix}$，其行列式$|A|=-1$，又$A$的伴随矩阵$A^*$有一个特征值$\lambda_0$，属于$\lambda_0$的一个特征向量为$\boldsymbol{\alpha}=(-1,-1,1)^{\mathrm{T}}$，求$a,b,c$和$\lambda_0$的值.

5.2 相似矩阵

矩阵的相似是同阶方阵之间的一种重要关系，矩阵的相似关系实质上是矩阵的一种分解. 本节首先介绍相似矩阵的定义和性质，然后讨论n阶方阵与对角矩阵相似的条件和方法，最后给出n阶方阵对角化在求解微分方程组等方面的应用.

5.2.1 相似矩阵的定义及性质

定义 5.3 设A,B都是n阶方阵，若存在可逆矩阵P，使$P^{-1}AP=B$，则称B是A的相似矩阵，或称矩阵A与B相似，记作$A\sim B$. 对A进行运算$P^{-1}AP$称为对A进行相似变换，可逆矩阵P称为把A变成B的相似变换矩阵.

微课：相似矩阵的定义及性质

矩阵的相似有以下性质.

（1）自反性：对任意n阶方阵A，A与A相似.

（2）对称性：若A与B相似，则B与A相似.

（3）传递性：若A与B相似，B与C相似，则A与C相似.

证明 （1）（2）显然成立，现证（3）.

若A与B相似，B与C相似，则存在可逆矩阵P和Q，使

$$P^{-1}AP=B,\quad Q^{-1}BQ=C,$$

从而有

$$C = Q^{-1}BQ = Q^{-1}(P^{-1}AP)Q = (Q^{-1}P^{-1})A(PQ) = (PQ)^{-1}A(PQ),$$

所以 A 与 C 相似.

例 5.8 设 A 与 B 相似，证明 A^2 与 B^2 相似.

证明 若 A 与 B 相似，则存在可逆矩阵 P，使 $P^{-1}AP=B$，因此

$$B^2 = (P^{-1}AP)^2 = P^{-1}AP \cdot P^{-1}AP = P^{-1}A^2P,$$

所以 A^2 与 B^2 相似.

性质 5.5 （1）若 $A \sim B$，则 $A^{\mathrm{T}} \sim B^{\mathrm{T}}$.

（2）若 $A \sim B$，设 $f(x)$ 是一个多项式，则 $f(A) \sim f(B)$.

（3）若 $A \sim B$，且 A 可逆，则 B 也可逆，且 $A^{-1} \sim B^{-1}$.

利用与例 5.8 类似的方法可证明该性质.

定理 5.2 若 n 阶方阵 A 与 B 相似，则 A 与 B 的特征多项式相同.

微课：相似矩阵的特征多项式相同

证明 因 A 与 B 相似，即有可逆矩阵 P，使 $P^{-1}AP=B$，于是

$$\begin{aligned}|B-\lambda E| &= |P^{-1}AP - P^{-1}(\lambda E)P| = |P^{-1}(A-\lambda E)P| \\ &= |P^{-1}||A-\lambda E||P| = |A-\lambda E|.\end{aligned}$$

推论 1 若 A 与 B 相似，则 A 与 B 的特征值相同，进而 A 与 B 的行列式相等.

但是，推论的逆命题未必成立. 例如，矩阵

$$E=\begin{pmatrix}1&0\\0&1\end{pmatrix},\quad A=\begin{pmatrix}1&1\\0&1\end{pmatrix}$$

都以 1 为二重特征值，但对于任何可逆矩阵 P，都有 $P^{-1}EP=E\neq A$，故 A 和 E 不相似.

推论 2 若 n 阶矩阵 A 与对角矩阵

$$\Lambda = \begin{pmatrix}\lambda_1 & & & \\ & \lambda_2 & & \\ & & \ddots & \\ & & & \lambda_n\end{pmatrix}$$

相似，则 $\lambda_1,\lambda_2,\cdots,\lambda_n$ 是 A 的全部 n 个特征值.

5.2.2 方阵的相似对角化

定义 5.4 若方阵 A 能与一个对角阵 Λ 相似，则称 A 可以相似对角化，简称 A 可对角化.

定理 5.3 n 阶方阵 A 可以相似对角化的充要条件是 A 有 n 个线性无关的特征向量.

证明 先证必要性. 设与 A 相似的对角阵为

$$\Lambda = \begin{pmatrix}\lambda_1 & & & \\ & \lambda_2 & & \\ & & \ddots & \\ & & & \lambda_n\end{pmatrix},$$

则存在一个可逆矩阵 P，使 $P^{-1}AP=\Lambda$. 两边左乘 P，于是有 $AP=P\Lambda$. 将矩阵 P 按列分块，记为 $P=(x_1,x_2,\cdots,x_n)$，那么

$$A(\boldsymbol{x}_1,\boldsymbol{x}_2,\cdots,\boldsymbol{x}_n)=(\boldsymbol{x}_1,\boldsymbol{x}_2,\cdots,\boldsymbol{x}_n)\begin{pmatrix}\lambda_1 & & & \\ & \lambda_2 & & \\ & & \ddots & \\ & & & \lambda_n\end{pmatrix},$$

或$(\boldsymbol{A}\boldsymbol{x}_1,\boldsymbol{A}\boldsymbol{x}_2,\cdots,\boldsymbol{A}\boldsymbol{x}_n)=(\lambda_1\boldsymbol{x}_1,\lambda_2\boldsymbol{x}_2,\cdots,\lambda_n\boldsymbol{x}_n)$，从而有$\boldsymbol{A}\boldsymbol{x}_i=\lambda_i\boldsymbol{x}_i\ (i=1,2,\cdots,n)$，即$\lambda_i$是$\boldsymbol{A}$的特征值，$\boldsymbol{P}$的列向量$\boldsymbol{x}_i$就是$\boldsymbol{A}$的对应于特征值$\lambda_i$的特征向量．又因为$\boldsymbol{P}$是可逆矩阵，所以$\boldsymbol{x}_1,\boldsymbol{x}_2,\cdots,\boldsymbol{x}_n$线性无关．

再证充分性．假设方阵$\boldsymbol{A}$有n个线性无关的特征向量$\boldsymbol{x}_1,\boldsymbol{x}_2,\cdots,\boldsymbol{x}_n$，令$\boldsymbol{P}=(\boldsymbol{x}_1,\boldsymbol{x}_2,\cdots,\boldsymbol{x}_n)$，即

$$\boldsymbol{A}\boldsymbol{x}_i=\lambda_i\boldsymbol{x}_i\ (\ i=1,2,\cdots,n\ ),$$

则

$$\begin{aligned}\boldsymbol{AP}&=\boldsymbol{A}(\boldsymbol{x}_1,\boldsymbol{x}_2,\cdots,\boldsymbol{x}_n)=(\boldsymbol{A}\boldsymbol{x}_1,\boldsymbol{A}\boldsymbol{x}_2,\cdots,\boldsymbol{A}\boldsymbol{x}_n)\\&=(\lambda_1\boldsymbol{x}_1,\lambda_2\boldsymbol{x}_2,\cdots,\lambda_n\boldsymbol{x}_n)\\&=(\boldsymbol{x}_1,\boldsymbol{x}_2,\cdots,\boldsymbol{x}_n)\begin{pmatrix}\lambda_1 & & & \\ & \lambda_2 & & \\ & & \ddots & \\ & & & \lambda_n\end{pmatrix}\\&=\boldsymbol{P\Lambda}.\end{aligned}$$

因此

$$\boldsymbol{P}^{-1}\boldsymbol{AP}=\boldsymbol{\Lambda}.$$

推论 1　如果n阶方阵$\boldsymbol{A}$的n个特征值互不相等，则$\boldsymbol{A}$与对角阵相似．

当矩阵$\boldsymbol{A}$的特征方程有重根时，就不一定有n个线性无关的特征向量，从而不一定能对角化．例如，在例 5.2 中矩阵$\boldsymbol{A}$的特征方程有二重特征值$\lambda_2=\lambda_3=2$，但却只能找到一个线性无关的特征向量，因此，例 5.2 中的矩阵$\boldsymbol{A}$不能对角化；而在例 5.3 中矩阵$\boldsymbol{A}$的特征方程也有二重特征值$\lambda_2=\lambda_3=2$，但因能找到两个线性无关的特征向量，所以例 5.3 中的矩阵$\boldsymbol{A}$可对角化．

推论 2　n阶方阵$\boldsymbol{A}$可对角化的充分必要条件是对应于$\boldsymbol{A}$的每个特征值的线性无关的特征向量的个数恰好等于该特征值的重数，即设λ_i是方阵$\boldsymbol{A}$的k_i重根，则$\boldsymbol{A}$与对角阵$\boldsymbol{\Lambda}$相似，当且仅当

$$r(\boldsymbol{A}-\lambda_i\boldsymbol{E})=n-k_i\ (i=1,2,\cdots,n).$$

此外，由定理 5.3 的证明可见，$\boldsymbol{A}$的n个线性无关的特征向量$\boldsymbol{x}_1,\boldsymbol{x}_2,\cdots,\boldsymbol{x}_n$所构成的矩阵$\boldsymbol{P}=(\boldsymbol{x}_1,\boldsymbol{x}_2,\cdots,\boldsymbol{x}_n)$，恰好就是$\boldsymbol{A}$到$\boldsymbol{\Lambda}=\begin{pmatrix}\lambda_1 & & & \\ & \lambda_2 & & \\ & & \ddots & \\ & & & \lambda_n\end{pmatrix}$的相似变换矩阵．

【即时提问 5.2】n阶方阵$\boldsymbol{A}$具有n个不同的特征值是$\boldsymbol{A}$与对角阵相似的充分必要条件．这种说法是否正确？请说明理由．

例 5.9　已知

$$A=\begin{pmatrix}4&6&0\\-3&-5&0\\-3&-6&1\end{pmatrix}.$$

微课：例5.9

（1）求可逆矩阵 $\boldsymbol{P}$，使 $\boldsymbol{P}^{-1}\boldsymbol{AP}=\boldsymbol{\Lambda}$ 为对角阵.

（2）计算 $\boldsymbol{A}^{10}$.

解（1）$\boldsymbol{A}$ 的特征多项式为

$$|\boldsymbol{A}-\lambda\boldsymbol{E}|=\begin{vmatrix}4-\lambda&6&0\\-3&-5-\lambda&0\\-3&-6&1-\lambda\end{vmatrix}=-(\lambda-1)^2(\lambda+2),$$

所以 $\boldsymbol{A}$ 的特征值为 $\lambda_1=-2$，$\lambda_2=\lambda_3=1$.

当 $\lambda_1=-2$ 时，解方程组 $(\boldsymbol{A}+2\boldsymbol{E})\boldsymbol{X}=\boldsymbol{0}$，由

$$\boldsymbol{A}+2\boldsymbol{E}=\begin{pmatrix}6&6&0\\-3&-3&0\\-3&-6&3\end{pmatrix}\xrightarrow{r}\begin{pmatrix}1&0&1\\0&1&-1\\0&0&0\end{pmatrix},$$

得基础解系

$$\boldsymbol{p}_1=\begin{pmatrix}-1\\1\\1\end{pmatrix}.$$

当 $\lambda_2=\lambda_3=1$ 时，解方程组 $(\boldsymbol{A}-\boldsymbol{E})\boldsymbol{X}=\boldsymbol{0}$，由

$$\boldsymbol{A}-\boldsymbol{E}=\begin{pmatrix}3&6&0\\-3&-6&0\\-3&-6&0\end{pmatrix}\xrightarrow{r}\begin{pmatrix}1&2&0\\0&0&0\\0&0&0\end{pmatrix},$$

得基础解系

$$\boldsymbol{p}_2=\begin{pmatrix}-2\\1\\0\end{pmatrix},\quad \boldsymbol{p}_3=\begin{pmatrix}0\\0\\1\end{pmatrix}.$$

将 $\boldsymbol{p}_1,\boldsymbol{p}_2,\boldsymbol{p}_3$ 构成可逆矩阵，得

$$\boldsymbol{P}=(\boldsymbol{p}_1,\boldsymbol{p}_2,\boldsymbol{p}_3)=\begin{pmatrix}-1&-2&0\\1&1&0\\1&0&1\end{pmatrix},$$

则

$$\boldsymbol{P}^{-1}\boldsymbol{AP}=\begin{pmatrix}-2&&\\&1&\\&&1\end{pmatrix}=\boldsymbol{\Lambda}.$$

（2）由（1）中的讨论可得 $\boldsymbol{A}=\boldsymbol{P\Lambda P}^{-1}$，故

$$\boldsymbol{A}^{10}=(\boldsymbol{P\Lambda P}^{-1})^{10}=(\boldsymbol{P\Lambda P}^{-1})(\boldsymbol{P\Lambda P}^{-1})\cdots(\boldsymbol{P\Lambda P}^{-1})=\boldsymbol{P\Lambda}^{10}\boldsymbol{P}^{-1}$$

$$=\begin{pmatrix}-1&-2&0\\1&1&0\\1&0&1\end{pmatrix}\begin{pmatrix}-2&&\\&1&\\&&1\end{pmatrix}^{10}\begin{pmatrix}-1&-2&0\\1&1&0\\1&0&1\end{pmatrix}^{-1}$$

$$=\begin{pmatrix}-1&-2&0\\1&1&0\\1&0&1\end{pmatrix}\begin{pmatrix}2^{10}&&\\&1&\\&&1\end{pmatrix}\begin{pmatrix}1&2&0\\-1&-1&0\\-1&-2&1\end{pmatrix}$$

$$=\begin{pmatrix}-2^{10}+2&-2^{11}+2&0\\2^{10}-1&2^{11}-1&0\\2^{10}-1&2^{11}-2&1\end{pmatrix}.$$

***例 5.10** 求解一阶线性常系数微分方程组

$$\begin{cases}\dfrac{\mathrm{d}x_1}{\mathrm{d}t}=x_2,\\ \dfrac{\mathrm{d}x_2}{\mathrm{d}t}=x_3,\\ \dfrac{\mathrm{d}x_3}{\mathrm{d}t}=-6x_1-11x_2-6x_3.\end{cases}$$

解 把微分方程组改写成矩阵形式 $\dfrac{\mathrm{d}\boldsymbol{x}}{\mathrm{d}t}=\boldsymbol{Ax}$，其中

$$\boldsymbol{x}=\begin{pmatrix}x_1\\x_2\\x_3\end{pmatrix},\quad \frac{\mathrm{d}\boldsymbol{x}}{\mathrm{d}t}=\begin{pmatrix}\dfrac{\mathrm{d}x_1}{\mathrm{d}t}\\ \dfrac{\mathrm{d}x_2}{\mathrm{d}t}\\ \dfrac{\mathrm{d}x_3}{\mathrm{d}t}\end{pmatrix},\quad \boldsymbol{A}=\begin{pmatrix}0&1&0\\0&0&1\\-6&-11&-6\end{pmatrix}.$$

易求得矩阵 $\boldsymbol{A}$ 的特征值 $\lambda_1=-1,\lambda_2=-2,\lambda_3=-3$，由于 $\boldsymbol{A}$ 的 3 个特征值互不相同，故 $\boldsymbol{A}$ 可对角化. 可求得对应于 $\lambda_1,\lambda_2,\lambda_3$ 的特征向量分别为

$$\boldsymbol{p}_1=\begin{pmatrix}1\\-1\\1\end{pmatrix},\boldsymbol{p}_2=\begin{pmatrix}1\\-2\\4\end{pmatrix},\boldsymbol{p}_1=\begin{pmatrix}1\\-3\\9\end{pmatrix},$$

令 $\boldsymbol{P}=\begin{pmatrix}1&1&1\\-1&-2&-3\\1&4&9\end{pmatrix}$，则 $\boldsymbol{P}^{-1}\boldsymbol{AP}=\begin{pmatrix}-1&&\\&-2&\\&&-3\end{pmatrix}$，再令 $\boldsymbol{x}=\boldsymbol{Py}$，$\boldsymbol{y}=\begin{pmatrix}y_1\\y_2\\y_3\end{pmatrix}$，则

$$\frac{\mathrm{d}\boldsymbol{y}}{\mathrm{d}t}=\boldsymbol{P}^{-1}\frac{\mathrm{d}\boldsymbol{x}}{\mathrm{d}t}=\boldsymbol{P}^{-1}\boldsymbol{Ax}=\boldsymbol{P}^{-1}\boldsymbol{APy}=\begin{pmatrix}-1&&\\&-2&\\&&-3\end{pmatrix}\boldsymbol{y}.$$

从而

$$\begin{cases}\dfrac{\mathrm{d}y_1}{\mathrm{d}t}=-y_1,\\ \dfrac{\mathrm{d}y_2}{\mathrm{d}t}=-2y_2,\\ \dfrac{\mathrm{d}y_3}{\mathrm{d}t}=-3y_3.\end{cases}$$

易求得一般解为$y_1=c_1\mathrm{e}^{-t}, y_2=c_2\mathrm{e}^{-2t}, y_3=c_3\mathrm{e}^{-3t}$．再由$\boldsymbol{x}=\boldsymbol{P}\boldsymbol{y}$求得原微分方程组的一般解为

$$\begin{cases}x_1=c_1\mathrm{e}^{-t}+c_2\mathrm{e}^{-2t}+c_3\mathrm{e}^{-3t},\\ x_2=-c_1\mathrm{e}^{-t}-2c_2\mathrm{e}^{-2t}-3c_3\mathrm{e}^{-3t},\\ x_3=c_1\mathrm{e}^{-t}+4c_2\mathrm{e}^{-2t}+9c_3\mathrm{e}^{-3t},\end{cases} c_1,c_2,c_3\text{ 为任意常数}.$$

同步习题 5.2

基础题

1．选择题．

（1）若矩阵$\boldsymbol{A}=\begin{pmatrix}4&2\\x&5\end{pmatrix}$与$\boldsymbol{B}=\begin{pmatrix}6&2\\-1&3\end{pmatrix}$相似，则 x 的值为（　　）．

A．-1　　B．1　　C．0　　D．2

（2）若$\boldsymbol{A}$与$\boldsymbol{B}$相似，则（　　）．

A．$\lambda\boldsymbol{E}-\boldsymbol{A}=\lambda\boldsymbol{E}-\boldsymbol{B}$　　B．$|\lambda\boldsymbol{E}+\boldsymbol{A}|=|\lambda\boldsymbol{E}+\boldsymbol{B}|$

C．$\boldsymbol{A}^*=\boldsymbol{B}^*$　　D．$\boldsymbol{A}^{-1}=\boldsymbol{B}^{-1}$

（3）设$\boldsymbol{A}\sim\begin{pmatrix}-1&0\\0&2\end{pmatrix}$，则$|\boldsymbol{A}-\boldsymbol{E}|=$（　　）．

A．-1　　B．0　　C．1　　D．-2

（4）对应于 n 阶方阵$\boldsymbol{A}$的每个 k 重特征值，$\boldsymbol{A}$有 m 个线性无关的特征向量，则（　　）．

A．当 $m=k$ 时，$\boldsymbol{A}$与对角阵相似　　B．当 $m>k$ 时，$\boldsymbol{A}$与对角阵相似

C．当 $m<k$ 时，$\boldsymbol{A}$与对角阵相似　　D．$\boldsymbol{A}$是否与对角阵相似，与 k,m 无关

2．已知$\boldsymbol{A}=\begin{pmatrix}-2&0&0\\2&x&2\\3&1&1\end{pmatrix}$与$\boldsymbol{B}=\begin{pmatrix}-1&0&0\\0&2&0\\0&0&y\end{pmatrix}$相似．

（1）求x和y．（2）求可逆阵$\boldsymbol{P}$，使$\boldsymbol{P}^{-1}\boldsymbol{A}\boldsymbol{P}=\boldsymbol{B}$．

3．设$\boldsymbol{A}=\begin{pmatrix}0&0&1\\x&1&y\\1&0&0\end{pmatrix}$有 3 个线性无关的特征向量，求 x 与 y 应满足的条件．

4．设$A=\begin{pmatrix}1&4&-2\\0&-1&0\\1&2&-2\end{pmatrix}$，求$A^{2013}$．

5．设$A=\begin{pmatrix}3&1\\5&-1\end{pmatrix}$．

（1）A是否与对角矩阵相似？若相似，将A对角化．

（2）求$A^{50}\begin{pmatrix}1\\-5\end{pmatrix}$．

6．设$\xi=\begin{pmatrix}1\\1\\-1\end{pmatrix}$是矩阵$A=\begin{pmatrix}2&-1&2\\5&a&3\\-1&b&-2\end{pmatrix}$的一个特征向量．

（1）确定参数a,b．（2）判断A能否与对角阵相似．

7．设A与B都是n阶方阵，且A可逆，证明：AB与BA相似．

提高题

1．填空题．

（1）已知$A=\begin{pmatrix}1&-1&1\\2&4&-2\\-3&-3&a\end{pmatrix}$与$B=\begin{pmatrix}2&0&0\\0&2&0\\0&0&b\end{pmatrix}$相似，则$a=$______，$b=$______．

（2）设$\alpha=\begin{pmatrix}1\\3\\2\end{pmatrix}$，$\beta=\begin{pmatrix}1\\-1\\2\end{pmatrix}$，若$A$与$\alpha\beta^{\mathrm{T}}$相似，则$(2A+E)^*$的特征值是______．

（3）设矩阵$A\sim\Lambda=\begin{pmatrix}2&&&\\&3&&\\&&1&\\&&&1\end{pmatrix}$，则$E-A^2\sim$______，$r(E-A^2)=$______．

（4）x是矩阵A的特征向量，则$P^{-1}AP$的特征向量为______．

2．已知三阶方阵A的3个特征值为1,1,2，对应的特征向量为$(1,2,1)^{\mathrm{T}},(1,1,0)^{\mathrm{T}}$，$(2,0,-1)^{\mathrm{T}}$，判断$A$是否与对角矩阵$B$相似．如果相似，求$A,B$及可逆矩阵$P$，使$A=PBP^{-1}$．

3．若矩阵$A=\begin{pmatrix}2&2&0\\8&2&a\\0&0&6\end{pmatrix}$相似于对角矩阵$\Lambda$，试确定常数$a$的值，并求可逆矩阵$P$，使$P^{-1}AP=\Lambda$．

4．设 $\boldsymbol{A}$ 为三阶方阵，已知 $\boldsymbol{A}\begin{pmatrix}1&0\\1&0\\0&1\end{pmatrix}=\begin{pmatrix}2&0\\2&0\\0&1\end{pmatrix}$，$\boldsymbol{X}=\begin{pmatrix}1\\-1\\0\end{pmatrix}$ 是齐次线性方程组 $\boldsymbol{AX}=\boldsymbol{0}$ 的解.

（1）求矩阵 $\boldsymbol{A}$ 的所有特征值和特征向量.

（2）判断矩阵 $\boldsymbol{A}$ 是否与对角矩阵 $\boldsymbol{\Lambda}$ 相似，若相似，求出 $\boldsymbol{\Lambda}$ 及使 $\boldsymbol{P}^{-1}\boldsymbol{AP}=\boldsymbol{\Lambda}$ 的可逆矩阵 $\boldsymbol{P}$.

5.3 实对称矩阵及其对角化

根据 5.2 节的内容可知，要判断一般 n 阶方阵 $\boldsymbol{A}$ 是否可对角化，关键在于判断该矩阵是否具有 n 个线性无关的特征向量. 但该问题比较复杂，对此不进行一般性的讨论. 本节仅讨论实对称矩阵的对角化问题，这是因为实对称矩阵具有一般矩阵所没有的特殊性质.

5.3.1 实对称矩阵的特征值与特征向量

实对称矩阵的特征值、特征向量除具有 5.1 节给出的性质外，还具有以下性质.

性质 5.6 （1）实对称矩阵的特征值一定为实数.

（2）实对称矩阵对应于不同特征值的特征向量必相互正交.

（3）设 $\boldsymbol{A}$ 为 n 阶实对称矩阵，λ 是 $\boldsymbol{A}$ 的特征方程的 r 重根，则矩阵 $\boldsymbol{A}-\lambda\boldsymbol{E}$ 的秩 $r(\boldsymbol{A}-\lambda\boldsymbol{E})=n-r$，从而对应特征值 λ 恰有 r 个线性无关的特征向量.

***证明**　下面只给出（1）（2）的证明，结论（3）在此不予证明.

（1）设 λ 是实对称阵 $\boldsymbol{A}$ 的任一特征值，对 $\boldsymbol{Ax}=\lambda\boldsymbol{x}$（$\boldsymbol{x}\neq\boldsymbol{0}$）取共轭，再取转置，并利用 $\overline{\boldsymbol{A}}=\boldsymbol{A}$，$\boldsymbol{A}^{\mathrm{T}}=\boldsymbol{A}$，得 $\overline{\boldsymbol{x}}^{\mathrm{T}}\boldsymbol{A}=\overline{\lambda}\overline{\boldsymbol{x}}^{\mathrm{T}}$. 其中，$\overline{\lambda}$ 表示 λ 的共轭复数，$\overline{\boldsymbol{x}}$ 表示 $\boldsymbol{x}$ 的共轭复向量. 上式两边右乘 $\boldsymbol{x}$，利用 $\boldsymbol{Ax}=\lambda\boldsymbol{x}$，得 $\lambda\overline{\boldsymbol{x}}^{\mathrm{T}}\boldsymbol{x}=\overline{\boldsymbol{x}}^{\mathrm{T}}\boldsymbol{Ax}=\overline{\lambda}\overline{\boldsymbol{x}}^{\mathrm{T}}\boldsymbol{x}$，即 $(\lambda-\overline{\lambda})\overline{\boldsymbol{x}}^{\mathrm{T}}\boldsymbol{x}=0$.

因 $\boldsymbol{x}\neq\boldsymbol{0}$，故 $\overline{\boldsymbol{x}}^{\mathrm{T}}\boldsymbol{x}=\overline{x}_1x_1+\overline{x}_2x_2+\cdots+\overline{x}_nx_n>0$，推出 $\lambda=\overline{\lambda}$，即任一特征值为实数.

（2）设 λ_1,λ_2 是实对称矩阵 $\boldsymbol{A}$ 的两个特征值，$\boldsymbol{p}_1,\boldsymbol{p}_2$ 是对应的特征向量，且 $\lambda_1\neq\lambda_2$，则 $\boldsymbol{Ap}_1=\lambda_1\boldsymbol{p}_1$，$\boldsymbol{Ap}_2=\lambda_2\boldsymbol{p}_2$.

因 $\boldsymbol{A}$ 实对称，故 $\lambda_1\boldsymbol{p}_1^{\mathrm{T}}=(\lambda_1\boldsymbol{p}_1)^{\mathrm{T}}=(\boldsymbol{Ap}_1)^{\mathrm{T}}=\boldsymbol{p}_1^{\mathrm{T}}\boldsymbol{A}^{\mathrm{T}}=\boldsymbol{p}_1^{\mathrm{T}}\boldsymbol{A}$，于是 $\lambda_1\boldsymbol{p}_1^{\mathrm{T}}\boldsymbol{p}_2=\boldsymbol{p}_1^{\mathrm{T}}\boldsymbol{Ap}_2=\boldsymbol{p}_1^{\mathrm{T}}(\lambda_2\boldsymbol{p}_2)=\lambda_2\boldsymbol{p}_1^{\mathrm{T}}\boldsymbol{p}_2$，即 $(\lambda_1-\lambda_2)\boldsymbol{p}_1^{\mathrm{T}}\boldsymbol{p}_2=\boldsymbol{0}$.

由于 $\lambda_1\neq\lambda_2$，故 $\boldsymbol{p}_1^{\mathrm{T}}\boldsymbol{p}_2=\boldsymbol{0}$，即 $\boldsymbol{p}_1$ 与 $\boldsymbol{p}_2$ 正交.

5.3.2 实对称矩阵的正交相似对角化

由性质 5.6（3）和定理 5.3 的推论 2 可知，实对称矩阵 $\boldsymbol{A}$ 一定可以相似对角化，并且还可以要求相似变换矩阵是正交矩阵.

定理 5.4　设 $\boldsymbol{A}$ 为 n 阶实对称矩阵，则必存在 n 阶正交矩阵 $\boldsymbol{P}$，使

$$P^{-1}AP = \Lambda = \begin{pmatrix} \lambda_1 & & & \\ & \lambda_2 & & \\ & & \ddots & \\ & & & \lambda_n \end{pmatrix},$$

其中 $\lambda_1,\lambda_2,\cdots,\lambda_n$ 是 A 的 n 个特征值.

证明 设 A 的所有互不相等的特征值为 $\lambda_1,\lambda_2,\cdots,\lambda_s$，它们的重数依次是 $r_1,r_2,\cdots,r_s$ $(r_1+r_2+\cdots+r_s=n)$. 由实对称矩阵的特征值的性质 5.6（1）和性质 5.6（3）知，对应于特征值 λ_i（$i=1,2,\cdots,s$）恰有 r_i 个线性无关的实特征向量，把它们标准正交化，即得 r_i 个标准正交的特征向量，由 $r_1+r_2+\cdots+r_s=n$ 知，这样的特征向量共可得 n 个：

$$p_{11},p_{12},\cdots,p_{1r_1},\cdots,p_{s1},p_{s2},\cdots,p_{sr_s}. \tag{5.9}$$

由性质 5.6（2）知，向量组（5.9）是标准正交向量组，故可得到 n 个两两正交的单位特征向量，于是以它们为列向量构成正交矩阵 P，并且由定理 5.3，得

$$P^{-1}AP = \Lambda = \begin{pmatrix} \lambda_1 & & & \\ & \lambda_2 & & \\ & & \ddots & \\ & & & \lambda_n \end{pmatrix}.$$

【即时提问 5.3】设三阶实对称矩阵 A 满足 $A^2+A=O$，且 $r(A)=2$，试求矩阵 A 的特征值.

微课：即时提问5.3

两个 n 阶矩阵间还存在一种重要的等价关系，即矩阵的合同关系. 矩阵的合同在后面二次型的研究中起着非常重要的作用.

定义 5.5 给定两个 n 阶方阵 A 和 B，若存在可逆矩阵 P，使

$$P^{\mathrm{T}}AP=B,$$

则称矩阵 A 与矩阵 B 合同，或 A,B 是合同的.

微课：矩阵合同的定义及性质

矩阵的合同有以下性质.

（1）自反性：对任意 n 阶方阵 A，A 与 A 合同.

（2）对称性：若 A 与 B 合同，则 B 与 A 合同.

（3）传递性：若 A 与 B 合同，B 与 C 合同，则 A 与 C 合同.

由定理 5.4，易得如下的推论.

推论 设 A 为 n 阶实对称矩阵，则必存在 n 阶正交矩阵 P，使

$$P^{\mathrm{T}}AP = \Lambda = \begin{pmatrix} \lambda_1 & & & \\ & \lambda_2 & & \\ & & \ddots & \\ & & & \lambda_n \end{pmatrix},$$

其中 $\lambda_1,\lambda_2,\cdots,\lambda_n$ 是 A 的 n 个特征值.

例 5.11 设 $A=\begin{pmatrix} 3 & 0 & 0 \\ 0 & 1 & 2 \\ 0 & 2 & 1 \end{pmatrix}$，求一个正交矩阵 P，使 $P^{-1}AP=\Lambda$ 为对角阵.

解 $\boldsymbol{A}$ 的特征多项式为

$$|\boldsymbol{A}-\lambda\boldsymbol{E}|=\begin{vmatrix}3-\lambda & 0 & 0\\ 0 & 1-\lambda & 2\\ 0 & 2 & 1-\lambda\end{vmatrix}=-(\lambda-3)^2(\lambda+1),$$

所以 $\boldsymbol{A}$ 的特征值为 $\lambda_1=-1,\lambda_2=\lambda_3=3$.

当 $\lambda_1=-1$ 时，解方程组 $(\boldsymbol{A}+\boldsymbol{E})\boldsymbol{X}=\boldsymbol{0}$，由

$$\boldsymbol{A}+\boldsymbol{E}=\begin{pmatrix}4&0&0\\0&2&2\\0&2&2\end{pmatrix}\xrightarrow{r}\begin{pmatrix}1&0&0\\0&1&1\\0&0&0\end{pmatrix},$$

得基础解系 $\boldsymbol{\xi}_1=\begin{pmatrix}0\\-1\\1\end{pmatrix}$，将 $\boldsymbol{\xi}_1$ 单位化，得 $\boldsymbol{p}_1=\begin{pmatrix}0\\-\frac{1}{\sqrt{2}}\\\frac{1}{\sqrt{2}}\end{pmatrix}$.

当 $\lambda_2=\lambda_3=3$ 时，解方程组 $(\boldsymbol{A}-3\boldsymbol{E})\boldsymbol{X}=\boldsymbol{0}$，由

$$\boldsymbol{A}-3\boldsymbol{E}=\begin{pmatrix}0&0&0\\0&-2&2\\0&2&-2\end{pmatrix}\xrightarrow{r}\begin{pmatrix}0&1&-1\\0&0&0\\0&0&0\end{pmatrix},$$

得基础解系 $\boldsymbol{\xi}_1=\begin{pmatrix}1\\0\\0\end{pmatrix}$, $\boldsymbol{\xi}_2=\begin{pmatrix}0\\1\\1\end{pmatrix}$，$\boldsymbol{\xi}_1$ 与 $\boldsymbol{\xi}_2$ 恰好正交，将它们单位化，得 $\boldsymbol{p}_2=\begin{pmatrix}1\\0\\0\end{pmatrix}$，$\boldsymbol{p}_3=\begin{pmatrix}0\\\frac{1}{\sqrt{2}}\\\frac{1}{\sqrt{2}}\end{pmatrix}$.

将 $\boldsymbol{p}_1,\boldsymbol{p}_2,\boldsymbol{p}_3$ 构成正交矩阵，得

$$\boldsymbol{P}=(\boldsymbol{p}_1,\boldsymbol{p}_2,\boldsymbol{p}_3)=\begin{pmatrix}0&1&0\\-\frac{1}{\sqrt{2}}&0&\frac{1}{\sqrt{2}}\\\frac{1}{\sqrt{2}}&0&\frac{1}{\sqrt{2}}\end{pmatrix},$$

有

$$\boldsymbol{P}^{-1}\boldsymbol{A}\boldsymbol{P}=\boldsymbol{P}^{\mathrm{T}}\boldsymbol{A}\boldsymbol{P}=\boldsymbol{\Lambda}=\begin{pmatrix}-1&&\\&3&\\&&3\end{pmatrix}.$$

例 5.12 设矩阵 $\boldsymbol{A}$ 是三阶实对称阵，$\boldsymbol{A}$ 的特征值为 $1,2,2$，$\boldsymbol{p}_1=(1,1,0)^{\mathrm{T}}$ 与 $\boldsymbol{p}_2=(0,1,1)^{\mathrm{T}}$ 都是矩阵 $\boldsymbol{A}$ 的属于特征值 2 的特征向量．求 $\boldsymbol{A}$ 的属于特征值 1 的特征向量，并求出矩阵 $\boldsymbol{A}$.

微课：例5.12

解 设 $\boldsymbol{p}_3=(x_1,x_2,x_3)^{\mathrm{T}}$ 为 $\boldsymbol{A}$ 的属于特征值 1 的特征向量．由于 $\boldsymbol{A}$ 是对称矩阵，则 $\boldsymbol{p}_3$ 与 $\boldsymbol{p}_1,\boldsymbol{p}_2$ 都正交，故有

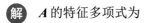

$$\begin{cases} x_1 + x_2 = 0, \\ x_2 + x_3 = 0, \end{cases}$$

解得基础解系为$\boldsymbol{p}_3 = \begin{pmatrix} 1 \\ -1 \\ 1 \end{pmatrix}$．$\boldsymbol{A}$的属于特征值 1 的特征向量为$k\boldsymbol{p}_3\ (k \neq 0)$．

令

$$\boldsymbol{P} = (\boldsymbol{p}_1, \boldsymbol{p}_2, \boldsymbol{p}_3) = \begin{pmatrix} 1 & 0 & 1 \\ 1 & 1 & -1 \\ 0 & 1 & 1 \end{pmatrix},$$

则

$$\boldsymbol{P}^{-1}\boldsymbol{A}\boldsymbol{P} = \begin{pmatrix} 2 & & \\ & 2 & \\ & & 1 \end{pmatrix}.$$

从而

$$\boldsymbol{A} = \boldsymbol{P}\begin{pmatrix} 2 & & \\ & 2 & \\ & & 1 \end{pmatrix}\boldsymbol{P}^{-1} = \begin{pmatrix} \frac{5}{3} & \frac{1}{3} & -\frac{1}{3} \\ \frac{1}{3} & \frac{5}{3} & \frac{1}{3} \\ -\frac{1}{3} & \frac{1}{3} & \frac{5}{3} \end{pmatrix}.$$

将$\boldsymbol{p}_1, \boldsymbol{p}_2$正交化，取

$$\boldsymbol{\eta}_1 = \boldsymbol{p}_1 = \begin{pmatrix} 1 \\ 1 \\ 0 \end{pmatrix}, \quad \boldsymbol{\eta}_2 = \boldsymbol{p}_2 - \frac{(\boldsymbol{p}_2, \boldsymbol{\eta}_1)}{\|\boldsymbol{\eta}_1\|^2}\boldsymbol{\eta}_1 = \frac{1}{2}\begin{pmatrix} -1 \\ 1 \\ 2 \end{pmatrix}.$$

再将$\boldsymbol{\eta}_1, \boldsymbol{\eta}_2$单位化，得

$$\boldsymbol{\xi}_1 = \frac{1}{\sqrt{2}}\begin{pmatrix} 1 \\ 1 \\ 0 \end{pmatrix}, \quad \boldsymbol{\xi}_2 = \frac{1}{\sqrt{6}}\begin{pmatrix} -1 \\ 1 \\ 2 \end{pmatrix}.$$

将$\boldsymbol{p}_3$单位化，得

$$\boldsymbol{\xi}_3 = \frac{1}{\sqrt{3}}\begin{pmatrix} 1 \\ -1 \\ 1 \end{pmatrix}.$$

令

$$\boldsymbol{Q} = (\boldsymbol{\xi}_1, \boldsymbol{\xi}_2, \boldsymbol{\xi}_3) = \begin{pmatrix} \frac{1}{\sqrt{2}} & -\frac{1}{\sqrt{6}} & \frac{1}{\sqrt{3}} \\ \frac{1}{\sqrt{2}} & \frac{1}{\sqrt{6}} & -\frac{1}{\sqrt{3}} \\ 0 & \frac{2}{\sqrt{6}} & \frac{1}{\sqrt{3}} \end{pmatrix},$$

则

$$Q^{-1}AQ = Q^{\mathrm{T}}AQ = \begin{pmatrix} 2 & & \\ & 2 & \\ & & 1 \end{pmatrix}.$$

从而

$$A = Q\begin{pmatrix} 2 & & \\ & 2 & \\ & & 1 \end{pmatrix}Q^{\mathrm{T}} = \begin{pmatrix} \frac{5}{3} & \frac{1}{3} & -\frac{1}{3} \\ \frac{1}{3} & \frac{5}{3} & \frac{1}{3} \\ -\frac{1}{3} & \frac{1}{3} & \frac{5}{3} \end{pmatrix}.$$

***例 5.13**　设某城市共有 30 万人从事农、工、商的工作，假定这个总人数在若干年内保持不变，而社会调查表明：

（1）在这 30 万就业的人员中，目前约有 15 万从事农业、9 万人从事工业、6 万人从事商业；

（2）在从事农业的人员中，每年约有 20% 改为从事工业、10% 改为从事商业；

（3）在从事工业的人员中，每年约有 20% 改为从事农业、10% 改为从事商业；

（4）在从事商业的人员中，每年约有 10% 改为从事农业、10% 改为从事工业.

先预测 1、2 年后从事各行业人员的人数，以及经过若干年以后，从事各行业人员总数的发展趋势.

解　若用三维向量 $\boldsymbol{x}_i$ 表示第 i 年后从事 3 种职业的人员总数，则已知

$$\boldsymbol{x}_0 = \begin{pmatrix} 15 \\ 9 \\ 6 \end{pmatrix},$$

而要求的是 $\boldsymbol{x}_1, \boldsymbol{x}_2$，并考察 $n \to \infty$ 时，$\boldsymbol{x}_n$ 的发展趋势.

用 $\boldsymbol{A}$ 来刻画从事各行业人员间的转移，于是有

$$\boldsymbol{A} = \begin{pmatrix} 0.7 & 0.2 & 0.1 \\ 0.2 & 0.7 & 0.1 \\ 0.1 & 0.1 & 0.8 \end{pmatrix},$$

则

$$\boldsymbol{x}_1 = \boldsymbol{A}\boldsymbol{x}_0 = \begin{pmatrix} 12.9 \\ 9.9 \\ 7.2 \end{pmatrix},$$

$$\boldsymbol{x}_2 = \boldsymbol{A}\boldsymbol{x}_1 = \boldsymbol{A}^2\boldsymbol{x}_0 = \begin{pmatrix} 11.73 \\ 10.23 \\ 8.04 \end{pmatrix},$$

$$\boldsymbol{x}_n = \boldsymbol{A}\boldsymbol{x}_{n-1} = \boldsymbol{A}^n\boldsymbol{x}_0 .$$

要分析 $\boldsymbol{x}_n$，就需要计算 $\boldsymbol{A}$ 的 n 次幂，为此，可先将 $\boldsymbol{A}$ 对角化.

$$|A-\lambda E| = \begin{vmatrix} 0.7-\lambda & 0.2 & 0.1 \\ 0.2 & 0.7-\lambda & 0.1 \\ 0.1 & 0.1 & 0.8-\lambda \end{vmatrix} = (1-\lambda)(0.7-\lambda)(0.5-\lambda),$$

得A的特征值为$\lambda_1=1, \lambda_2=0.7, \lambda_3=0.5$．故$A$可对角化，即$P^{-1}AP=\Lambda$，从而$A^n=P\Lambda^n P^{-1}$．其中，$\Lambda=\begin{pmatrix} 1 & & \\ & 0.7 & \\ & & 0.5 \end{pmatrix}$，$\Lambda^n=\begin{pmatrix} 1 & & \\ & 0.7^n & \\ & & 0.5^n \end{pmatrix}$，当$n\to\infty$时，$\Lambda^n\to\begin{pmatrix} 1 & & \\ & 0 & \\ & & 0 \end{pmatrix}$，从而$A^n=P\begin{pmatrix} 1 & & \\ & 0 & \\ & & 0 \end{pmatrix}P^{-1}$，因此，$x_n$将趋于一个确定的向量$x^*$．由$x_n=Ax_{n-1}$知，$x^*$必满足$x^*=Ax^*$．

于是向量x^*是A的属于特征值$\lambda_1=1$的一个特征向量，即

$$x^*=t\begin{pmatrix} 1 \\ 1 \\ 1 \end{pmatrix}.$$

再由$t+t+t=30$可得$t=10$，照此规律转移，多年后，从事这 3 种职业的人数将趋于相等，均为 10 万人．

同步习题 5.3

基础题

1．试求一个正交的相似变换矩阵，将下列实对称矩阵化为对角矩阵．

（1）$\begin{pmatrix} 2 & -2 & 0 \\ -2 & 1 & -2 \\ 0 & -2 & 0 \end{pmatrix}$．　　（2）$\begin{pmatrix} 2 & 2 & -2 \\ 2 & 5 & -4 \\ -2 & -4 & 5 \end{pmatrix}$．

2．设$A=\begin{pmatrix} 3 & -2 \\ -2 & 3 \end{pmatrix}$，求$\phi(A)=A^{10}-5A^9$．

3．设三阶实对称矩阵A的特征值为 1, 2, 3，矩阵A的属于特征值 1, 2 的特征向量分别是$\alpha_1=(-1,-1,1)^T, \alpha_2=(1,-2,-1)^T$．

（1）求A的属于特征值 3 的特征向量．

（2）求矩阵A．

4．已知矩阵$A=\begin{pmatrix} 1 & 2 & 0 \\ 2 & 1 & 0 \\ -2 & a & 3 \end{pmatrix}$，证明当$a$=2 时，矩阵$A$与对角矩阵$\Lambda$相似，并写出与$A$相似的对角矩阵$\Lambda$．

5．设 $\boldsymbol{A}$ 为三阶实对称矩阵，$\boldsymbol{A}$ 的秩为 2，且 $\boldsymbol{A}\begin{pmatrix}1 & 1\\ 0 & 0\\ -1 & 1\end{pmatrix}=\begin{pmatrix}-1 & 1\\ 0 & 0\\ 1 & 1\end{pmatrix}$.

（1）求 $\boldsymbol{A}$ 的所有特征值和特征向量.

（2）矩阵 $\boldsymbol{A}$ 是否与对角矩阵相似？若相似，写出其相似对角矩阵.

6．设三阶实对称矩阵 $\boldsymbol{A}$ 的特征值为 6, 3, 3，与特征值 6 对应的一个特征向量为 $\boldsymbol{p}_1=(1,1,1)^{\mathrm{T}}$，求 $\boldsymbol{A}$.

提高题

1．设 $\boldsymbol{A}$ 是 n 阶实对称矩阵，$\boldsymbol{P}$ 是 n 阶可逆矩阵．已知 n 维列向量 $\boldsymbol{\alpha}$ 是 $\boldsymbol{A}$ 的属于特征值 λ 的特征向量，则矩阵 $(\boldsymbol{P}^{-1}\boldsymbol{A}\boldsymbol{P})^{\mathrm{T}}$ 属于特征值 λ 的特征向量是（　　）.

A．$\boldsymbol{P}^{-1}\boldsymbol{\alpha}$　　B．$\boldsymbol{P}^{\mathrm{T}}\boldsymbol{\alpha}$　　C．$\boldsymbol{P}\boldsymbol{\alpha}$　　D．$(\boldsymbol{P}^{-1})^{\mathrm{T}}\boldsymbol{\alpha}$

2．设三阶实对称矩阵 $\boldsymbol{A}$ 的各行元素之和均为 3，且行列式 $|\boldsymbol{A}-2\boldsymbol{E}|=0$．向量 $\boldsymbol{\xi}=(1,-2,1)^{\mathrm{T}}$ 是线性方程组 $\boldsymbol{AX}=\boldsymbol{0}$ 的解，求：（1）$\boldsymbol{A}$ 的特征值与特征向量；（2）矩阵 $\boldsymbol{A}$.

3．设 $\boldsymbol{A}=\begin{pmatrix}0 & -1 & 4\\ -1 & 3 & a\\ 4 & a & 0\end{pmatrix}$，正交矩阵 $\boldsymbol{P}$ 使 $\boldsymbol{P}^{\mathrm{T}}\boldsymbol{A}\boldsymbol{P}$ 为对角阵，如果 $\boldsymbol{P}$ 的第 1 列为 $\left(\frac{1}{\sqrt{6}},\frac{2}{\sqrt{6}},\frac{1}{\sqrt{6}}\right)^{\mathrm{T}}$，求 a, $\boldsymbol{P}$.

4．设 $\boldsymbol{A}$ 是三阶实对称矩阵，且 $\boldsymbol{A}^2+2\boldsymbol{A}=\boldsymbol{0}$，若 $\boldsymbol{A}$ 的秩为 2，则 $\boldsymbol{A}$ 相似于 ______.

5.4　运用MATLAB求解矩阵问题

5.4.1　求特征值与特征向量

矩阵的特征值与特征向量在科学研究和工程计算中都有非常广泛的应用，在 MATLAB 中，求解矩阵特征值与特征向量的函数命令是“eig(A)”，它的基本用法如下.

（1）“d=eig(A)”返回由矩阵 $\boldsymbol{A}$ 的特征值组成的列向量.

（2）“[V,D]=eig(A)”返回特征值矩阵 $\boldsymbol{D}$ 和特征向量矩阵 $\boldsymbol{V}$.

其中，矩阵 $\boldsymbol{D}$ 是以矩阵 $\boldsymbol{A}$ 的特征值为对角线元素生成的对角矩阵；矩阵 $\boldsymbol{A}$ 的第 i 个特征值所对应的特征向量是矩阵 $\boldsymbol{V}$ 的第 i 个列向量.

例 5.14　求矩阵 $\boldsymbol{A}=\begin{pmatrix}1 & -1 & 1\\ 1 & 3 & -1\\ 1 & 1 & 1\end{pmatrix}$ 的特征值与特征向量.

微课：例5.14

解

```
>> A=[1,-1,1;1,3,-1;1,1,1];
>> A1=sym(A)
A1 =
[ 1, -1,  1]
[ 1,  3, -1]
[ 1,  1,  1]
>> [V,D]=eig(A1)
V =
[ -1, -1, 1]
[  1,  1, 0]
[  1,  0, 1]
D =
[ 1, 0, 0]
[ 0, 2, 0]
[ 0, 0, 2]
```

所以，特征值为 $\lambda_1=1,\lambda_2=\lambda_3=2$，对应于 $\lambda_1=1$ 的全部特征向量为 $k_1\boldsymbol{\alpha}_1=k_1\begin{pmatrix}-1\\1\\1\end{pmatrix}$，对应于 $\lambda_2=\lambda_3=2$ 的全部特征向量为 $k_2\boldsymbol{\alpha}_2+k_3\boldsymbol{\alpha}_3=k_2\begin{pmatrix}-1\\1\\0\end{pmatrix}+k_3\begin{pmatrix}1\\0\\1\end{pmatrix}$.

说明：“sym(A)”的作用是将非符号对象转化为符号对象.

5.4.2 矩阵对角化的判断

n 阶方阵 $\boldsymbol{A}$ 可对角化的条件：$\boldsymbol{A}$ 具有 n 个线性无关的特征向量. 因此，在 MATLAB 中判断矩阵是否可对角化，可利用“[V,D]=eig(A)”返回特征值矩阵 $\boldsymbol{D}$ 和特征向量矩阵 $\boldsymbol{V}$，且满足 $\boldsymbol{AV}=\boldsymbol{VD}$. 若 $\boldsymbol{V}$ 中列向量的个数等于矩阵 $\boldsymbol{A}$ 特征值的个数，则矩阵 $\boldsymbol{A}$ 可对角化.

例 5.15 判断下列矩阵是否可对角化，若可对角化，求矩阵 $\boldsymbol{P}$.

微课：例5.15

（1）$\boldsymbol{A}=\begin{pmatrix}1&0&2\\0&-1&0\\3&0&2\end{pmatrix}$.　（2）$\boldsymbol{B}=\begin{pmatrix}-1&1&0\\-4&3&0\\1&0&2\end{pmatrix}$.

解 （1）

```
>> A=[1,0,2;0,-1,0;3,0,2];
>> A1=sym(A)
A1 =
[ 1,  0, 2]
[ 0, -1, 0]
[ 3,  0, 2]
>> [V,D]=eig(A1)
V =
[ 2/3, 0, -1]
[   0, 1,  0]
```

```
[   1, 0,  1]
D =
[ 4,  0,  0]
[ 0, -1,  0]
[ 0,  0, -1]
```

因为 $\boldsymbol{V}$ 中列向量的个数等于矩阵 $\boldsymbol{A}$ 特征值的个数，所以矩阵 $\boldsymbol{A}$ 可对角化，且

```
>> inv(V)*A*V
ans =
[ 4,  0,  0]
[ 0, -1,  0]
[ 0,  0, -1]
```

（2）

```
>> B=[-1,1,0;-4,3,0;1,0,2];
>> B1=sym(B)
B1 =
[ -1, 1, 0]
[ -4, 3, 0]
[  1, 0, 2]
>> [V,D]=eig(B1)
V =
[ 0, -1]
[ 0, -2]
[ 1,  1]
D =
[ 2, 0, 0]
[ 0, 1, 0]
[ 0, 0, 1]
```

由于 $\boldsymbol{V}$ 中列向量的个数小于矩阵 $\boldsymbol{A}$ 特征值的个数，故矩阵 $\boldsymbol{A}$ 不能对角化.

第 5 章思维导图

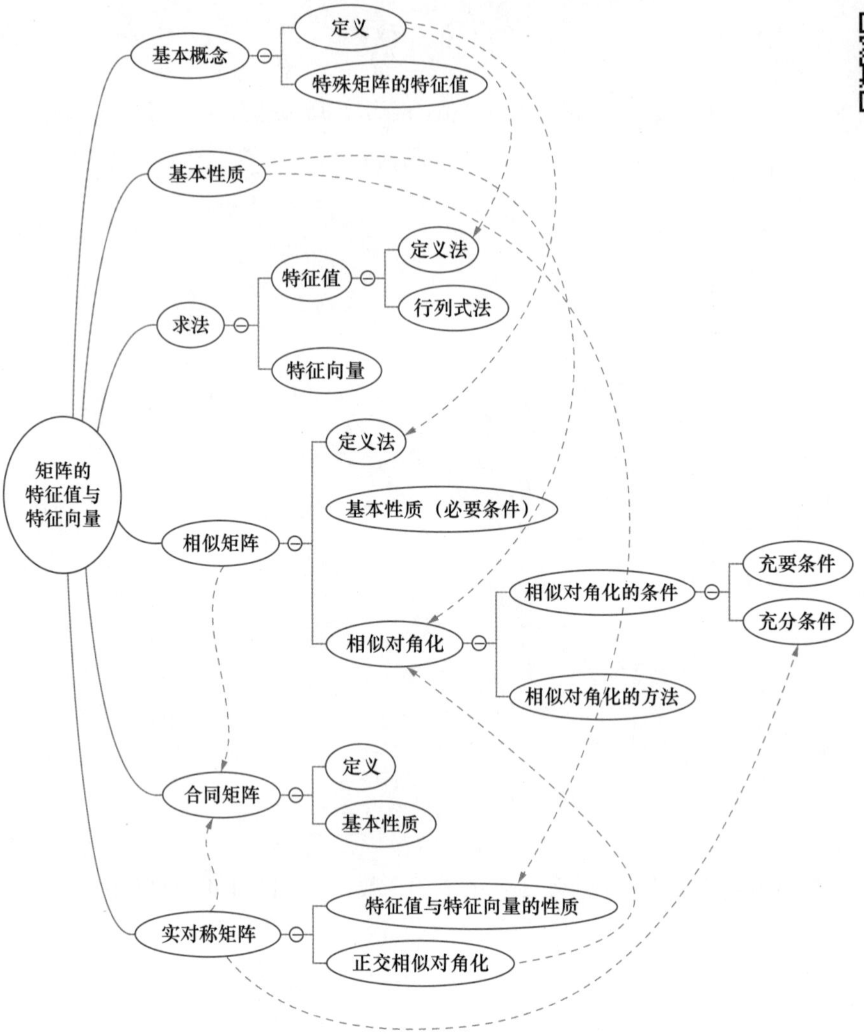

本章小结

中国数学学者

个人成就

数学家，中国科学院院士，山东大学数学研究所所长 . 彭实戈在控制论和概率论方面作出了突出贡献. 他将 Feynman-Kac 路径积分理论推广到非线性情况并建立了动态非线性数学期望理论.

彭实戈

第 5 章总复习题

1. 选择题：（1）~（5）小题，每小题 4 分，共 20 分. 下列每小题给出的 4 个选项中，只有一个选项是符合题目要求的.

（1）（2013104）矩阵$\begin{pmatrix}1 & a & 1\\ a & b & a\\ 1 & a & 1\end{pmatrix}$与$\begin{pmatrix}2 & 0 & 0\\ 0 & b & 0\\ 0 & 0 & 0\end{pmatrix}$相似的充分必要条件是（　　）.

A. $a=0$，$b=2$　　B. $a=0$，b为任意常数

C. $a=2$，$b=0$　　D. $a=2$，b为任意常数

（2）(2012104) 设 $\boldsymbol{A}$ 是三阶矩阵，$\boldsymbol{P}$ 是三阶可逆矩阵，且 $\boldsymbol{P}^{-1}\boldsymbol{A}\boldsymbol{P}=\begin{pmatrix}1 & & \\ & 1 & \\ & & 2\end{pmatrix}$，$\boldsymbol{P}=(\boldsymbol{\alpha}_1,\boldsymbol{\alpha}_2,\boldsymbol{\alpha}_3)$，$\boldsymbol{Q}=(\boldsymbol{\alpha}_1+\boldsymbol{\alpha}_2,\boldsymbol{\alpha}_2,\boldsymbol{\alpha}_3)$，则 $\boldsymbol{Q}^{-1}\boldsymbol{A}\boldsymbol{Q}=$（　　）.

A. $\begin{pmatrix}1 & & \\ & 2 & \\ & & 1\end{pmatrix}$　　B. $\begin{pmatrix}1 & & \\ & 1 & \\ & & 2\end{pmatrix}$　　C. $\begin{pmatrix}2 & & \\ & 1 & \\ & & 2\end{pmatrix}$　　D. $\begin{pmatrix}2 & & \\ & 2 & \\ & & 1\end{pmatrix}$

（3）（2016104）设 $\boldsymbol{A},\boldsymbol{B}$ 是可逆矩阵，且 $\boldsymbol{A}$ 与 $\boldsymbol{B}$ 相似，则下列结论错误的是（　　）.

A. $\boldsymbol{A}^{\mathrm{T}}$ 与 $\boldsymbol{B}^{\mathrm{T}}$ 相似　　B. $\boldsymbol{A}^{-1}$ 与 $\boldsymbol{B}^{-1}$ 相似

C. $\boldsymbol{A}+\boldsymbol{A}^{\mathrm{T}}$ 与 $\boldsymbol{B}+\boldsymbol{B}^{\mathrm{T}}$ 相似　　D. $\boldsymbol{A}+\boldsymbol{A}^{-1}$ 与 $\boldsymbol{B}+\boldsymbol{B}^{-1}$ 相似

（4）（2017104）已知矩阵 $\boldsymbol{A}=\begin{pmatrix}2 & 0 & 0\\ 0 & 2 & 1\\ 0 & 0 & 1\end{pmatrix}$，$\boldsymbol{B}=\begin{pmatrix}2 & 1 & 0\\ 0 & 2 & 0\\ 0 & 0 & 1\end{pmatrix}$，$\boldsymbol{C}=\begin{pmatrix}1 & 0 & 0\\ 0 & 2 & 0\\ 0 & 0 & 2\end{pmatrix}$，则下列结论正确的是（　　）.

A. $\boldsymbol{A}$ 与 $\boldsymbol{C}$ 相似，$\boldsymbol{B}$ 与 $\boldsymbol{C}$ 相似　　B. $\boldsymbol{A}$ 与 $\boldsymbol{C}$ 相似，$\boldsymbol{B}$ 与 $\boldsymbol{C}$ 不相似

C. $\boldsymbol{A}$ 与 $\boldsymbol{C}$ 不相似，$\boldsymbol{B}$ 与 $\boldsymbol{C}$ 相似　　D. $\boldsymbol{A}$ 与 $\boldsymbol{C}$ 不相似，$\boldsymbol{B}$ 与 $\boldsymbol{C}$ 不相似

（5）（2018104）下列矩阵与矩阵$\begin{pmatrix}1 & 1 & 0\\ 0 & 1 & 1\\ 0 & 0 & 1\end{pmatrix}$相似的为（　　）.

A. $\begin{pmatrix}1 & 1 & -1\\ 0 & 1 & 1\\ 0 & 0 & 1\end{pmatrix}$　　B. $\begin{pmatrix}1 & 0 & -1\\ 0 & 1 & 1\\ 0 & 0 & 1\end{pmatrix}$　　C. $\begin{pmatrix}1 & 1 & -1\\ 0 & 1 & 0\\ 0 & 0 & 1\end{pmatrix}$　　D. $\begin{pmatrix}1 & 0 & -1\\ 0 & 1 & 0\\ 0 & 0 & 1\end{pmatrix}$

2. 填空题：（6）～（10）小题，每小题 4 分，共 20 分.

（6）（2008104）设 $\boldsymbol{A}$ 为二阶矩阵，$\boldsymbol{\alpha}_1,\boldsymbol{\alpha}_2$ 为线性无关的二维列向量，$\boldsymbol{A}\boldsymbol{\alpha}_1=\boldsymbol{0},\boldsymbol{A}\boldsymbol{\alpha}_2=2\boldsymbol{\alpha}_1+\boldsymbol{\alpha}_2$，则 $\boldsymbol{A}$ 的非零特征值为______.

（7）（2018204）设 $\boldsymbol{A}$ 为三阶矩阵，$\boldsymbol{\alpha}_1,\boldsymbol{\alpha}_2,\boldsymbol{\alpha}_3$ 为线性无关的向量组，$\boldsymbol{A}\boldsymbol{\alpha}_1=2\boldsymbol{\alpha}_1+\boldsymbol{\alpha}_2+\boldsymbol{\alpha}_3,\boldsymbol{A}\boldsymbol{\alpha}_2=\boldsymbol{\alpha}_2+2\boldsymbol{\alpha}_3,\boldsymbol{A}\boldsymbol{\alpha}_3=-\boldsymbol{\alpha}_2+\boldsymbol{\alpha}_3$，则$\boldsymbol{A}$的实特征值为______.

微课：总复习题（6）

（8）（2015204, 2015304）设三阶矩阵$\boldsymbol{A}$的特征值为$2,-2,1$，$\boldsymbol{B}=\boldsymbol{A}^2-\boldsymbol{A}+\boldsymbol{E}$，其中$\boldsymbol{E}$为三阶单位矩阵，则行列式$|\boldsymbol{B}|=$______.

（9）（2017204）设矩阵$\boldsymbol{A}=\begin{pmatrix}4&1&-2\\1&2&a\\3&1&-1\end{pmatrix}$的一个特征向量为$\begin{pmatrix}1\\1\\2\end{pmatrix}$，则$a=$______.

（10）（2018104）设二阶矩阵$\boldsymbol{A}$有两个不同的特征值λ_1,λ_2，$\boldsymbol{\alpha}_1,\boldsymbol{\alpha}_2$是$\boldsymbol{A}$的线性无关的特征向量，且满足$\boldsymbol{A}^2(\boldsymbol{\alpha}_1+\boldsymbol{\alpha}_2)=\boldsymbol{\alpha}_1+\boldsymbol{\alpha}_2$，则$|\boldsymbol{A}|=$______.

3. 解答题：（11）～（16）小题，每小题10分，共60分．解答时应写出文字说明、证明过程或演算步骤.

（11）（2008210, 2008310）设$\boldsymbol{A}$为三阶矩阵，$\boldsymbol{\alpha}_1,\boldsymbol{\alpha}_2$为$\boldsymbol{A}$的分别属于特征值$-1,1$的特征向量，向量$\boldsymbol{\alpha}_3$满足$\boldsymbol{A}\boldsymbol{\alpha}_3=\boldsymbol{\alpha}_2+\boldsymbol{\alpha}_3$.

① 证明：$\boldsymbol{\alpha}_1,\boldsymbol{\alpha}_2,\boldsymbol{\alpha}_3$线性无关．② 令$\boldsymbol{P}=(\boldsymbol{\alpha}_1,\boldsymbol{\alpha}_2,\boldsymbol{\alpha}_3)$，求$\boldsymbol{P}^{-1}\boldsymbol{A}\boldsymbol{P}$.

（12）（2014111）证明：n阶矩阵$\boldsymbol{A}=\begin{pmatrix}1&1&\cdots&1\\1&1&\cdots&1\\\vdots&\vdots&&\vdots\\1&1&\cdots&1\end{pmatrix}$与$\boldsymbol{B}=\begin{pmatrix}0&0&\cdots&1\\0&0&\cdots&2\\\vdots&\vdots&&\vdots\\0&0&\cdots&n\end{pmatrix}$相似.

微课：总复习题（12）

（13）（2016111, 2016211, 2016311）已知矩阵$\boldsymbol{A}=\begin{pmatrix}0&-1&1\\2&-3&0\\0&0&0\end{pmatrix}$．①求$\boldsymbol{A}^{99}$．②设三阶矩阵$\boldsymbol{B}=(\boldsymbol{\alpha}_1,\boldsymbol{\alpha}_2,\boldsymbol{\alpha}_3)$满足$\boldsymbol{B}^2=\boldsymbol{B}\boldsymbol{A}$，记$\boldsymbol{B}^{100}=(\boldsymbol{\beta}_1,\boldsymbol{\beta}_2,\boldsymbol{\beta}_3)$，将$\boldsymbol{\beta}_1,\boldsymbol{\beta}_2,\boldsymbol{\beta}_3$分别表示为$\boldsymbol{\alpha}_1,\boldsymbol{\alpha}_2,\boldsymbol{\alpha}_3$的线性组合.

（14）（2004310）设n阶矩阵$\boldsymbol{A}=\begin{pmatrix}1&b&\cdots&b\\b&1&\cdots&b\\\vdots&\vdots&&\vdots\\b&b&\cdots&1\end{pmatrix}$.

① 求$\boldsymbol{A}$的特征值和特征向量.

② 求可逆矩阵$\boldsymbol{P}$，使$\boldsymbol{P}^{-1}\boldsymbol{A}\boldsymbol{P}$为对角矩阵.

（15）（2015111, 2015211, 2015311）设矩阵$\boldsymbol{A}=\begin{pmatrix}0&2&-3\\-1&3&-3\\1&-2&a\end{pmatrix}$相似于矩阵$\boldsymbol{B}=\begin{pmatrix}1&-2&0\\0&b&0\\0&3&1\end{pmatrix}$.

① 求a,b的值.

② 求可逆矩阵$\boldsymbol{P}$，使$\boldsymbol{P}^{-1}\boldsymbol{A}\boldsymbol{P}$为对角矩阵.

（16）（2002408）设三阶实对称矩阵$\boldsymbol{A}=\begin{pmatrix}a&1&1\\1&a&-1\\1&-1&a\end{pmatrix}$，求可逆矩阵$\boldsymbol{P}$，使$\boldsymbol{P}^{-1}\boldsymbol{A}\boldsymbol{P}$为对角矩阵，并计算行列式$|\boldsymbol{A}-\boldsymbol{E}|$的值.

06

第 6 章 二次型

在解析几何中，用 $ax^2+by^2+cz^2=1$（a,b,c 不同时小于等于 0）可以表示多种常见的二次曲面，但 $ax^2+by^2+cy^2+dxy+exz+fyz=1$ 表示何种曲面就不得而知了．第 2 个方程的左端叫作二次齐次多项式，若能通过适当的坐标变换将其化为第 1 个方程的形式，则问题将得以简化．像这样讨论含有 n 个变量的二次齐次函数的问题在许多实际问题（如复杂成本的最大利润）和理论问题（如多元函数极值）中常会遇到．本章要讲解的就是通过适当的变量替换，将其转化为只含有平方项的多项式，并讨论其正定性．

本章导学

6.1 二次型及其矩阵表示

在平面解析几何中，对于二次曲线 $3x^2+4xy+3y^2=1$，为了求曲线上到原点距离最长或最短的点的坐标，可以通过适当的坐标旋转变换 $\begin{cases} x=m\cos\theta-n\sin\theta, \\ y=m\sin\theta+n\cos\theta, \end{cases} \theta=\dfrac{\pi}{4}$，将曲线化为标准形式 $5m^2+n^2=1$．由于坐标旋转变换不改变图形的形状，于是从变换后的方程很容易判断曲线是椭圆，于是到原点距离最长或最短的点的坐标为 $(\pm1,0),\left(0,\pm\dfrac{1}{\sqrt{5}}\right)$．将上面的做法加以推广，便是对二次型的研究．

6.1.1 二次型的定义

定义 6.1 含有 n 个变量 $x_1,x_2,\cdots,x_n$ 的二次齐次多项式

$$f(x_1,x_2,\cdots,x_n)=a_{11}x_1^2+a_{22}x_2^2+\cdots+a_{nn}x_n^2+2a_{12}x_1x_2+2a_{13}x_1x_3+\cdots+2a_{n-1,n}x_{n-1}x_n \tag{6.1}$$

称为二次型．

如果所有的系数 $a_{ij}(1\leqslant i,j\leqslant n)$ 均为实数，则式（6.1）表示的二次型为实二次型；如果所有的系数 $a_{ij}(1\leqslant i,j\leqslant n)$ 均为复数，则式（6.1）表示的二次型为复二次型．在本书中，我们仅讨论实二次型．特别地，如果 n 元二次型 $f(x_1,x_2,\cdots,x_n)$ 只含有平方项，即

$$f(x_1,x_2,\cdots,x_n)=k_1x_1^2+k_2x_2^2+\cdots+k_nx_n^2, \tag{6.2}$$

则称式（6.2）为二次型的标准形．如果标准形的系数 $k_1,k_2,\cdots,k_n$ 只在 1, −1, 0 这 3 个数中取值，

使

$$f(x_1,x_2,\cdots,x_n)=x_1^2+x_2^2+\cdots+x_p^2-x_{p+1}^2-\cdots-x_r^2, \tag{6.3}$$

则称式（6.3）为二次型的规范形.

6.1.2 二次型及其矩阵

如果规定 $a_{ij}=a_{ji}$，则当 $i\neq j$ 时有 $2a_{ij}x_ix_j=a_{ij}x_ix_j+a_{ji}x_jx_i$，从而式（6.1）可表示为

$$\begin{aligned}f(x_1,x_2,\cdots,x_n)&=a_{11}x_1^2+a_{12}x_1x_2+a_{13}x_1x_3+\cdots+a_{1n}x_1x_n+\\&\quad a_{21}x_2x_1+a_{22}x_2^2+\cdots+a_{2n}x_2x_n+\cdots+\\&\quad a_{n1}x_nx_1+a_{n2}x_nx_2+\cdots+a_{nn}x_n^2\\&=\sum_{i=1}^{n}\sum_{j=1}^{n}a_{ij}x_ix_j.\end{aligned}$$

利用矩阵的运算，上式还可表示为

$$f(x_1,x_2,\cdots,x_n)=(x_1,x_2,\cdots,x_n)\begin{pmatrix}a_{11}&a_{12}&\cdots&a_{1n}\\a_{21}&a_{22}&\cdots&a_{2n}\\\vdots&\vdots&&\vdots\\a_{n1}&a_{n2}&\cdots&a_{nn}\end{pmatrix}\begin{pmatrix}x_1\\x_2\\\vdots\\x_n\end{pmatrix}, \tag{6.4}$$

称上式为二次型的矩阵表示，记 $\boldsymbol{A}=\begin{pmatrix}a_{11}&a_{12}&\cdots&a_{1n}\\a_{21}&a_{22}&\cdots&a_{2n}\\\vdots&\vdots&&\vdots\\a_{n1}&a_{n2}&\cdots&a_{nn}\end{pmatrix}$，$\boldsymbol{X}=\begin{pmatrix}x_1\\x_2\\\vdots\\x_n\end{pmatrix}$，则式（6.4）可表示为矩阵形式 $f=\boldsymbol{X}^{\mathrm{T}}\boldsymbol{A}\boldsymbol{X}$，其中 $\boldsymbol{A}$ 为实对称矩阵.

在二次型的矩阵表示中，任给一个二次型，就唯一确定了一个对称矩阵；反之，任给一个对称矩阵，也可唯一确定一个二次型. 这样，二次型和对称矩阵之间存在一一对应的关系，因此，我们把对称矩阵 $\boldsymbol{A}$ 叫作二次型 f 的矩阵，二次型 f 叫作对称矩阵 $\boldsymbol{A}$ 的二次型. 矩阵 $\boldsymbol{A}$ 的秩称为二次型 f 的秩.

例 6.1 将二次型

$$f(x_1,x_2,x_3,x_4)=3x_1^2-5x_2^2+x_3^2-10x_1x_2+6x_1x_3+3x_1x_4-5x_2x_3+x_3x_4$$

表示成矩阵形式，写出其对称矩阵，并求出二次型的秩.

微课：例6.1

解 设 $f=\boldsymbol{x}^{\mathrm{T}}\boldsymbol{A}\boldsymbol{x}$，则二次型的矩阵为

$$\boldsymbol{A}=\begin{pmatrix}3&-5&3&\frac{3}{2}\\-5&-5&-\frac{5}{2}&0\\3&-\frac{5}{2}&1&\frac{1}{2}\\\frac{3}{2}&0&\frac{1}{2}&0\end{pmatrix}.$$

对 $\boldsymbol{A}$ 作初等变换，不难求出 $r(\boldsymbol{A})=4$，即二次型的秩为 4.

例 6.2 已知对称矩阵$A=\begin{pmatrix}1 & -2 & \frac{7}{2}\\ -2 & -6 & 3\\ \frac{7}{2} & 3 & 9\end{pmatrix}$，确定其二次型.

解 $f=(x_1,x_2,x_3)\begin{pmatrix}1 & -2 & \frac{7}{2}\\ -2 & -6 & 3\\ \frac{7}{2} & 3 & 9\end{pmatrix}\begin{pmatrix}x_1\\ x_2\\ x_3\end{pmatrix}=x_1^2-6x_2^2+9x_3^2-4x_1x_2+7x_1x_3+6x_2x_3.$

【即时提问 6.1】已知二次型$f=5x_1^2+5x_2^2+cx_3^2-2x_1x_2+6x_1x_3-6x_2x_3$的秩为 2，则参数$c$的值为多少？

二次型的主要内容之一就是希望通过变量的可逆线性变换

$$\begin{cases}x_1=c_{11}y_1+c_{12}y_2+\cdots+c_{1n}y_n,\\ x_2=c_{21}y_1+c_{22}y_2+\cdots+c_{2n}y_n,\\ \cdots\cdots\cdots\\ x_n=c_{n1}y_1+c_{n2}y_2+\cdots+c_{nn}y_n,\end{cases} \tag{6.5}$$

即$\boldsymbol{X}=\boldsymbol{CY}$，$|\boldsymbol{C}|\neq 0$，其中

$$\boldsymbol{X}=\begin{pmatrix}x_1\\ x_2\\ \vdots\\ x_n\end{pmatrix},\quad \boldsymbol{C}=\begin{pmatrix}c_{11} & c_{12} & \cdots & c_{1n}\\ c_{21} & c_{22} & \cdots & c_{2n}\\ \vdots & \vdots & & \vdots\\ c_{n1} & c_{n2} & \cdots & c_{nn}\end{pmatrix},\quad \boldsymbol{Y}=\begin{pmatrix}y_1\\ y_2\\ \vdots\\ y_n\end{pmatrix},$$

来简化二次型.

二次型$f=\boldsymbol{X}^{\mathrm{T}}\boldsymbol{AX}$在可逆线性变换$\boldsymbol{X}=\boldsymbol{CY}$下有

$$f=\boldsymbol{X}^{\mathrm{T}}\boldsymbol{AX}=(\boldsymbol{CY})^{\mathrm{T}}\boldsymbol{A}(\boldsymbol{CY})=\boldsymbol{Y}^{\mathrm{T}}\boldsymbol{C}^{\mathrm{T}}\boldsymbol{ACY}=\boldsymbol{Y}^{\mathrm{T}}(\boldsymbol{C}^{\mathrm{T}}\boldsymbol{AC})\boldsymbol{Y}=\boldsymbol{Y}^{\mathrm{T}}\boldsymbol{BY},$$

其中$\boldsymbol{B}=\boldsymbol{C}^{\mathrm{T}}\boldsymbol{AC}$. 显然$\boldsymbol{B}$为对称矩阵 . 由定义 5.5 知，矩阵$\boldsymbol{A}$与矩阵$\boldsymbol{B}$是合同的.

同步习题 6.1

基础题

1. 写出下列二次型的矩阵，并求出其秩.

（1）$f(x_1,x_2,x_3,x_4)=2x_1^2-2x_2^2+4x_3^2+x_4^2-x_1x_2+2x_1x_3+9x_1x_4+8x_2x_3+x_3x_4$.

（2）$f(x,y)=2x^2+6xy-y^2$.

（3）$f(x,y,z)=3x^2+y^2+7z^2-6xy-4xz-5yz$.

2. 写出下列矩阵对应的二次型.

（1）$A=\begin{pmatrix} 0 & -1 \\ -1 & 0 \end{pmatrix}$.

（2）$A=\begin{pmatrix} -1 & 2 & 0 \\ 2 & 1 & -3 \\ 0 & -3 & 0 \end{pmatrix}$.

（3）$A=\begin{pmatrix} a_1 & b \\ b & a_2 \end{pmatrix}$.

3．证明：矩阵$\begin{pmatrix} x & 0 & 0 \\ 0 & y & 0 \\ 0 & 0 & z \end{pmatrix}$与$\begin{pmatrix} y & 0 & 0 \\ 0 & z & 0 \\ 0 & 0 & x \end{pmatrix}$合同.

提高题

求二次型$f(x_1,x_2,x_3)=(x_1+x_2)^2+(x_2-x_3)^2+(x_3+x_1)^2$的秩.

6.2 二次型的标准形

本节讨论的主要问题：寻求一个可逆的线性变换$\boldsymbol{X}=\boldsymbol{CY}$，代入二次型$f=\boldsymbol{X}^{\mathrm{T}}\boldsymbol{AX}$，使$f=\boldsymbol{X}^{\mathrm{T}}\boldsymbol{AX}$只含有平方项.

本节首先介绍用正交变换法化二次型为标准形，然后再介绍用配方法化二次型为标准形.

6.2.1 利用正交变换法化二次型为标准形

定义 6.2 若$\boldsymbol{P}$为正交矩阵，则线性变换$\boldsymbol{Y}=\boldsymbol{PX}$称为正交变换.

设$\boldsymbol{Y}=\boldsymbol{PX}$为正交变换，则有

$$\|\boldsymbol{Y}\|=\sqrt{\boldsymbol{Y}^{\mathrm{T}}\boldsymbol{Y}}=\sqrt{\boldsymbol{X}^{\mathrm{T}}\boldsymbol{P}^{\mathrm{T}}\boldsymbol{PX}}=\sqrt{\boldsymbol{X}^{\mathrm{T}}\boldsymbol{X}}=\|\boldsymbol{X}\|.$$

这说明，正交变换不改变向量的长度.

由定理 5.4 及其推论知，实对称矩阵$\boldsymbol{A}$存在正交矩阵$\boldsymbol{P}$，使

$$\boldsymbol{P}^{-1}\boldsymbol{AP}=\begin{pmatrix} \lambda_1 & & & \\ & \lambda_2 & & \\ & & \ddots & \\ & & & \lambda_n \end{pmatrix}，即\ \boldsymbol{P}^{\mathrm{T}}\boldsymbol{AP}=\begin{pmatrix} \lambda_1 & & & \\ & \lambda_2 & & \\ & & \ddots & \\ & & & \lambda_n \end{pmatrix}.$$

把这个结论应用于实二次型，则有如下定理.

定理 6.1 任给n元实二次型$f=\boldsymbol{X}^{\mathrm{T}}\boldsymbol{AX}$，总存在正交变换$\boldsymbol{X}=\boldsymbol{PY}$，使二次型$f$化为标准形

$$f=(\boldsymbol{PY})^{\mathrm{T}}\boldsymbol{A}(\boldsymbol{PY})=\boldsymbol{Y}^{\mathrm{T}}(\boldsymbol{P}^{\mathrm{T}}\boldsymbol{AP})\boldsymbol{Y}=\lambda_1y_1^2+\lambda_2y_2^2+\cdots+\lambda_ny_n^2,$$

微课：定理6.1

其中 $\lambda_1,\lambda_2,\cdots,\lambda_n$ 是矩阵 $\boldsymbol{A}$ 的特征值.

用正交变换将二次型化为标准形，其特点是保持几何图形不变．因此，它在理论和实际应用中都有非常重要的意义．下面来介绍利用正交变换法将二次型化为标准形的具体步骤：

（1）求出矩阵 $\boldsymbol{A}$ 的所有特征值 $\lambda_1,\lambda_2,\cdots,\lambda_n$（可能有重根）；

（2）求出矩阵 $\boldsymbol{A}$ 的每个特征值 λ_i 对应的一组线性无关的特征向量，即求出线性方程组 $(\boldsymbol{A}-\lambda_i\boldsymbol{E})\boldsymbol{x}=\boldsymbol{0}$ 的一个基础解系，并将此组基础解系进行施密特正交化（正交化、单位化）；

（3）将所有特征值 $\lambda_1,\lambda_2,\cdots,\lambda_n$ 对应的 n 个标准、正交的特征向量作为列向量所得的 n 阶方阵即为正交矩阵 $\boldsymbol{P}$（不唯一）；

（4）作正交变换 $\boldsymbol{X}=\boldsymbol{PY}$，即可将二次型化为标准形

$$f=\lambda_1 y_1^2+\lambda_2 y_2^2+\cdots+\lambda_n y_n^2.$$

例 6.3 求一个正交变换 $\boldsymbol{X}=\boldsymbol{PY}$，把二次型 $f(x_1,x_2,x_3)=2x_1^2+3x_2^2+3x_3^2+4x_2x_3$ 化为标准形.

微课：例6.3

解 （1）写出二次型的对应矩阵

$$\boldsymbol{A}=\begin{pmatrix}2&0&0\\0&3&2\\0&2&3\end{pmatrix},$$

由 $|\boldsymbol{A}-\lambda\boldsymbol{E}|=\begin{vmatrix}2-\lambda&0&0\\0&3-\lambda&2\\0&2&3-\lambda\end{vmatrix}=-(\lambda-1)(\lambda-2)(\lambda-5)=0$，得特征值 $\lambda_1=1,\lambda_2=2,\lambda_3=5$.

（2）当 $\lambda_1=1$ 时，由 $(\boldsymbol{A}-\boldsymbol{E})\boldsymbol{X}=\boldsymbol{0}$ 得

$$\begin{pmatrix}1&0&0\\0&2&2\\0&2&2\end{pmatrix}\boldsymbol{X}=\boldsymbol{0},$$

解得特征向量

$$\boldsymbol{\xi}_1=\begin{pmatrix}0\\1\\-1\end{pmatrix}.$$

当 $\lambda_2=2$ 时，由 $(\boldsymbol{A}-2\boldsymbol{E})\boldsymbol{X}=\boldsymbol{0}$ 得 $\begin{pmatrix}0&0&0\\0&1&2\\0&2&1\end{pmatrix}\boldsymbol{X}=\boldsymbol{0}$，

解得特征向量

$$\boldsymbol{\xi}_2=\begin{pmatrix}1\\0\\0\end{pmatrix}.$$

当 $\lambda_3=5$ 时，由 $(\boldsymbol{A}-5\boldsymbol{E})\boldsymbol{X}=\boldsymbol{0}$ 得 $\begin{pmatrix}-3&0&0\\0&-2&2\\0&2&-2\end{pmatrix}\boldsymbol{X}=\boldsymbol{0}$，

解得特征向量

$$\boldsymbol{\xi}_3=\begin{pmatrix}0\\1\\1\end{pmatrix}.$$

（3）因特征值都不相等，$\boldsymbol{A}$是实对称的，所以ξ_1,ξ_2,ξ_3是彼此正交的，所以只需要将其单位化，得

$$\boldsymbol{\eta}_1=\frac{1}{\sqrt{2}}\begin{pmatrix}0\\1\\-1\end{pmatrix},\boldsymbol{\eta}_2=\begin{pmatrix}1\\0\\0\end{pmatrix},\boldsymbol{\eta}_3=\frac{1}{\sqrt{2}}\begin{pmatrix}0\\1\\1\end{pmatrix},$$

故正交矩阵为

$$\boldsymbol{P}=\frac{1}{\sqrt{2}}\begin{pmatrix}0&\sqrt{2}&0\\1&0&1\\-1&0&1\end{pmatrix}.$$

（4）于是得到正交变换$\boldsymbol{X}=\boldsymbol{PY}$，其标准形是$f=y_1^2+2y_2^2+5y_3^2$.

例 6.4　对于给定矩阵$\boldsymbol{A}=\begin{pmatrix}1&-2&2\\-2&4&-4\\2&-4&4\end{pmatrix}$，解答下列问题.

（1）求一个正交矩阵$\boldsymbol{P}$，使$\boldsymbol{P}^{\mathrm{T}}\boldsymbol{AP}$称为对角矩阵.

（2）求一个正交变换，将二次型

$$f=x_1^2+4x_2^2+4x_3^2-4x_1x_2+4x_1x_3-8x_2x_3$$

化为标准形.

解（1）矩阵$\boldsymbol{A}$的特征方程为$|\boldsymbol{A}-\lambda\boldsymbol{E}|=\begin{vmatrix}1-\lambda&-2&2\\-2&4-\lambda&-4\\2&-4&4-\lambda\end{vmatrix}=-\lambda^2(\lambda-9)=0$，因此，矩阵$\boldsymbol{A}$的特征值为$\lambda_1=\lambda_2=0,\lambda_3=9$.

对$\lambda_1=\lambda_2=0$，得到对应的特征向量为$\boldsymbol{\xi}_1=\begin{pmatrix}2\\1\\0\end{pmatrix}$，$\boldsymbol{\xi}_2=\begin{pmatrix}-2\\0\\1\end{pmatrix}$，将它们正交化得

$$\boldsymbol{\beta}_1=\begin{pmatrix}2\\1\\0\end{pmatrix},\quad \boldsymbol{\beta}_2=\frac{1}{5}\begin{pmatrix}-2\\4\\5\end{pmatrix}.$$

对$\lambda_3=9$，得到相应的特征向量为$\boldsymbol{\xi}_3=\begin{pmatrix}1\\-2\\2\end{pmatrix}$，由于$\boldsymbol{\xi}_3$与$\boldsymbol{\beta}_1,\boldsymbol{\beta}_2$正交，故只需将$\boldsymbol{\beta}_1,\boldsymbol{\beta}_2,\boldsymbol{\xi}_3$单位化，得

$$\boldsymbol{\alpha}_1=\begin{pmatrix}\dfrac{2}{\sqrt{5}}\\ \dfrac{1}{\sqrt{5}}\\ 0\end{pmatrix},\boldsymbol{\alpha}_2=\begin{pmatrix}-\dfrac{2}{3\sqrt{5}}\\ \dfrac{4}{3\sqrt{5}}\\ \dfrac{5}{3\sqrt{5}}\end{pmatrix},\boldsymbol{\alpha}_3=\begin{pmatrix}\dfrac{1}{3}\\ -\dfrac{2}{3}\\ \dfrac{2}{3}\end{pmatrix},$$

令正交矩阵

$$\boldsymbol{P}=(\boldsymbol{\alpha}_1,\boldsymbol{\alpha}_2,\boldsymbol{\alpha}_3)=\begin{pmatrix}\dfrac{2}{\sqrt{5}} & -\dfrac{2}{3\sqrt{5}} & \dfrac{1}{3}\\ \dfrac{1}{\sqrt{5}} & \dfrac{4}{3\sqrt{5}} & -\dfrac{2}{3}\\ 0 & \dfrac{5}{3\sqrt{5}} & \dfrac{2}{3}\end{pmatrix},$$

则有 $\boldsymbol{P}^{-1}\boldsymbol{AP}=\boldsymbol{P}^{\mathrm{T}}\boldsymbol{AP}=\boldsymbol{\Lambda}$, 其中 $\boldsymbol{\Lambda}=\begin{pmatrix}0 & & \\ & 0 & \\ & & 9\end{pmatrix}$.

（2）显然，该二次型的矩阵恰好为矩阵 $\boldsymbol{A}$. 因此，$\boldsymbol{P}$ 可以取为（1）中得到的正交矩阵 . 令 $\boldsymbol{X}=\boldsymbol{PY}$，则有 $f=\boldsymbol{X}^{\mathrm{T}}\boldsymbol{AX}=\boldsymbol{Y}^{\mathrm{T}}\boldsymbol{\Lambda Y}=9y_3^2$.

【即时提问 6.2】已知二次型 $f=2x_1^2+3x_2^2+3x_3^2+2bx_2x_3$（$b<0$），通过正交变换可化成标准形 $f=y_1^2+2y_2^2+5y_3^2$，试讨论参数 b 的取值.

***例 6.5** 方程 $3x^2+5y^2+5z^2+4xy-4xz-10yz=1$ 表示何种二次曲面.

微课：例6.5

解 因为 $f(x,y,z)=3x^2+5y^2+5z^2+4xy-4xz-10yz$ 是一个二次型，其矩阵

$$\boldsymbol{A}=\begin{pmatrix}3 & 2 & -2\\ 2 & 5 & -5\\ -2 & -5 & 5\end{pmatrix},$$

由 $|\boldsymbol{A}-\lambda\boldsymbol{E}|=0$ 得 $\lambda_1=0$，$\lambda_2=2$，$\lambda_3=11$.

原方程可化为 $2\tilde{y}^2+11\tilde{z}^2=1$，它表示椭圆柱面.

6.2.2 利用配方法化二次型为标准形

如果只要求变换是一个可逆的线性变换，而不限于正交变换，那么还可以利用配方法化二次型为标准形.

例 6.6 设二次型 $f=x_1^2+2x_2^2+x_3^2+2x_1x_2-2x_2x_3$，利用配方法将其化为标准形.

解

$$\begin{aligned}f&=x_1^2+2x_2^2+x_3^2+2x_1x_2-2x_2x_3\\&=({x_1}^2+2x_1x_2+{x_2}^2)+({x_2}^2-2x_2x_3+{x_3}^2)\\&=(x_1+x_2)^2+(x_2-x_3)^2.\end{aligned}$$

令

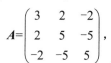

$$\begin{cases} y_1 = x_1 + x_2, \\ y_2 = x_2 - x_3, \\ y_3 = x_3, \end{cases}$$

就把f化为标准形$f = {y_1}^2 + {y_2}^2$.

例 6.7 设二次型$f = 2x_1x_2 - 4x_1x_3$，利用配方法将其化为标准形，并求所用的变换矩阵.

解 令

$$\begin{cases} x_1 = y_1 + y_2, \\ x_2 = y_1 - y_2, \\ x_3 = y_3, \end{cases} \tag{6.6}$$

则

$$\begin{aligned} f(x_1, x_2, x_3) &= 2x_1x_2 - 4x_1x_3 \\ &= 2(y_1 - y_2)(y_1 + y_2) - 4(y_1 + y_2)y_3 \\ &= 2{y_1}^2 - 2{y_2}^2 - 4y_1y_3 - 4y_2y_3 \\ &= 2(y_1 - y_3)^2 - 2(y_2 + y_3)^2. \end{aligned}$$

令

$$\begin{cases} z_1 = y_1 - y_3, \\ z_2 = y_2 + y_3, \\ z_3 = y_3, \end{cases}$$

则

$$\begin{cases} y_1 = z_1 + z_3, \\ y_2 = z_2 - z_3, \\ y_3 = z_3, \end{cases} \tag{6.7}$$

于是有$f = 2z_1^2 - 2z_2^2$.

将二次型化为标准形，作式（6.6）和式（6.7）两步的线性变换，现将这两步分别记作$\boldsymbol{X} = \boldsymbol{C}_1\boldsymbol{Y}$和$\boldsymbol{Y} = \boldsymbol{C}_2\boldsymbol{Z}$，其中

$$\boldsymbol{X} = \begin{pmatrix} x_1 \\ x_2 \\ x_3 \end{pmatrix}, \quad \boldsymbol{Y} = \begin{pmatrix} y_1 \\ y_2 \\ y_3 \end{pmatrix}, \quad \boldsymbol{Z} = \begin{pmatrix} z_1 \\ z_2 \\ z_3 \end{pmatrix}, \quad \boldsymbol{C}_1 = \begin{pmatrix} 1 & 1 & 0 \\ 1 & -1 & 0 \\ 0 & 0 & 1 \end{pmatrix}, \quad \boldsymbol{C}_2 = \begin{pmatrix} 1 & 0 & 1 \\ 0 & 1 & -1 \\ 0 & 0 & 1 \end{pmatrix},$$

于是$\boldsymbol{X} = \boldsymbol{C}_1\boldsymbol{C}_2\boldsymbol{Z}$就是将二次型化为标准形所作的坐标变换，故变换矩阵为

$$\boldsymbol{C} = \boldsymbol{C}_1\boldsymbol{C}_2 = \begin{pmatrix} 1 & 1 & 0 \\ 1 & -1 & 0 \\ 0 & 0 & 1 \end{pmatrix}\begin{pmatrix} 1 & 0 & 1 \\ 0 & 1 & -1 \\ 0 & 0 & 1 \end{pmatrix} = \begin{pmatrix} 1 & 1 & 0 \\ 1 & -1 & 2 \\ 0 & 0 & 1 \end{pmatrix}.$$

同步习题 6.2

基础题

1．利用正交变换法将下列二次型化为标准形.

（1）$f(x_1,x_2,x_3)=2x_3^2-2x_1x_2+2x_1x_3-2x_2x_3$.

（2）$f(x_1,x_2,x_3,x_4)=2x_1x_2+2x_1x_3-2x_1x_4-2x_2x_3+2x_2x_4+2x_3x_4$.

2．利用配方法化下列二次型为标准形，并求出所用的变换矩阵.

（1）$f(x_1,x_2,x_3)=x_1x_2+x_1x_3+x_2x_3$.

（2）$f(x_1,x_2,x_3)=2x_1^2+3x_2^2+x_3^2+4x_1x_2-4x_1x_3-8x_2x_3$.

3．已知二次型$f=2x_1^2+3x_2^2+3x_3^2+2ax_2x_3(a>0)$通过正交变换化为标准形$f=y_1^2+2y_2^2+5y_3^2$，求参数$a$及所用的正交变换矩阵.

4．求二次曲面方程$x^2+y^2+3z^2-6xy=1$的标准方程.

提高题

已知二次型$f(x_1,x_2,x_3)=(1-a)x_1^2+(1-a)x_2^2+2x_3^2+2(1+a)x_1x_2$的秩为2.

（1）求a的值.

（2）求正交变换$\boldsymbol{X}=\boldsymbol{PY}$，把$f(x_1,x_2,x_3)$化成标准形.

（3）求方程$f(x_1,x_2,x_3)=0$的解.

6.3　正定二次型

本节讨论一种特殊的实二次型，即正定二次型.

6.3.1　正定二次型的定义

一个n元实二次型既可以通过正交变换法化为标准形，也可以通过配方法化为标准形．显然，标准形不唯一，但其所含的项数是确定的，因为标准形的项数等于二次型的秩.

定理 6.2　设有二次型$f=\sum_{i=1}^{n}\sum_{j=1}^{n}a_{ij}x_ix_j=\boldsymbol{X}^{\mathrm{T}}\boldsymbol{AX}\ (\boldsymbol{A}^{\mathrm{T}}=\boldsymbol{A})$，且它的秩为$r$，若有两个实的可逆线性变换$\boldsymbol{X}=\boldsymbol{PY},\boldsymbol{X}=\boldsymbol{QZ}$，使二次型化为$f=\lambda_1y_1^2+\lambda_2y_2^2+\cdots+\lambda_ry_r^2\ (\lambda_i\neq0,i=1,2,\cdots,r)$，$f=p_1z_1^2+p_2z_2^2+\cdots+p_rz_r^2(p_i\neq0,i=1,2,\cdots,r)$，则$\lambda_1,\lambda_2,\cdots,\lambda_r$和$p_1,p_2,\cdots,p_r$中正数的个数相等，设为$m$，称$m$为二次型的正惯性指数；负数的个数也相等，均为$r-m$，称$r-m$为二次型的负惯性指数；称正惯性指数与负惯性指数之差$2m-r$为符号差.

此定理称为惯性定理.

定义 6.3　设有二次型$f=\boldsymbol{X}^{\mathrm{T}}\boldsymbol{AX}$，若对于任意的非零列向量$\boldsymbol{X}$，都有$f(\boldsymbol{X})>0$，则称该二次型为正定二次型，并称矩阵$\boldsymbol{A}$为正定矩阵；若对于任意的非零列向量$\boldsymbol{X}$，都有$f(\boldsymbol{X})<0$，则称二次型为负定二次型，并称矩阵$\boldsymbol{A}$为负定矩阵.

根据定义6.3知，二次型$f(x_1,x_2,\cdots,x_n)=k_1x_1^2+k_2x_2^2+\cdots+k_nx_n^2$为正定二次型的充分必要条件是$k_i>0(i=1,2,\cdots,n)$；二次型$f=\boldsymbol{X}^{\mathrm{T}}\boldsymbol{AX}$经过可逆线性变换$\boldsymbol{X}=\boldsymbol{CY}$后化为$\boldsymbol{Y}^{\mathrm{T}}(\boldsymbol{C}^{\mathrm{T}}\boldsymbol{AC})\boldsymbol{Y}$，其正定性保持不变.

微课：正定二次型的定义

定理 6.3 实二次型$f=X^{\mathrm{T}}AX$正定的充分必要条件是它的正惯性指数等于n.

由定理 6.3 不难得到如下推论.

推论 实二次型$f=X^{\mathrm{T}}AX$正定的充分必要条件是f的矩阵A的特征值全为正.

例 6.8 判定下列二次型的正定性.

（1）$f=(x_1,x_2,x_3)\begin{pmatrix}3&2&0\\2&3&0\\0&0&1\end{pmatrix}\begin{pmatrix}x_1\\x_2\\x_3\end{pmatrix}$.

（2）$f(x_1,x_2,x_3)=3x_1^2+x_2^2+3x_3^2-4x_1x_2-4x_1x_3+4x_2x_3$.

解 （1）由于$|A-\lambda E|=\begin{vmatrix}3-\lambda&2&0\\2&3-\lambda&0\\0&0&1-\lambda\end{vmatrix}=(\lambda-1)^2(5-\lambda)$，得矩阵$A$的特征值为$1,1,5$.

由定理 6.3 的推论可知，$f=(x_1,x_2,x_3)\begin{pmatrix}3&2&0\\2&3&0\\0&0&1\end{pmatrix}\begin{pmatrix}x_1\\x_2\\x_3\end{pmatrix}$为正定二次型.

（2）二次型的矩阵为$A=\begin{pmatrix}3&-2&-2\\-2&1&2\\-2&2&3\end{pmatrix}$，由$|A-\lambda E|=\begin{vmatrix}3-\lambda&-2&-2\\-2&1-\lambda&2\\-2&2&3-\lambda\end{vmatrix}=(1-\lambda)(\lambda^2-6\lambda-3)$，得矩阵$A$的特征值为$1,3+2\sqrt{3},3-2\sqrt{3}$，因为$3-2\sqrt{3}<0$，所以$A$不是正定矩阵，从而二次型不是正定二次型.

6.3.2 赫尔维茨定理

下面讨论使用二次型矩阵A的子式来判别二次型正定性的一种方法.

定义 6.4 位于n阶矩阵A的左上角的$1,2,\cdots,n$阶子式

$$\Delta_1=|a_{11}|=a_{11},\ \Delta_2=\begin{vmatrix}a_{11}&a_{12}\\a_{21}&a_{22}\end{vmatrix},\cdots,\ \Delta_n=|A|$$

分别称为矩阵A的$1,2,\cdots,n$阶顺序主子式.

定理 6.4 二次型$f=X^{\mathrm{T}}AX$正定的充分必要条件是A的各阶顺序主子式全大于零.

这个定理称为赫尔维茨定理.

【即时提问 6.3】设A,B都是n阶正定矩阵，试讨论矩阵$A+B$是否为正定矩阵.

例 6.9 判定下列二次型的正定性.

（1）$f(x_1,x_2,x_3)=5x_1^2+3x_2^2+x_3^2-4x_1x_2-2x_2x_3$.

（2）$f(x_1,x_2,x_3)=-5x_1^2-6x_2^2-4x_3^2+4x_1x_2+4x_1x_3$.

微课：例6.9

解 （1）二次型的矩阵$A=\begin{pmatrix}5&-2&0\\-2&3&-1\\0&-1&1\end{pmatrix}$，它的各阶顺序主子式为

$$\Delta_1 = a_{11} = 5 > 0，\ \Delta_2 = \begin{vmatrix} a_{11} & a_{12} \\ a_{21} & a_{22} \end{vmatrix} = \begin{vmatrix} 5 & -2 \\ -2 & 3 \end{vmatrix} = 11 > 0，\ \Delta_3 = |\boldsymbol{A}| = 6 > 0，$$

所以二次型为正定二次型.

（2）二次型的矩阵是$\boldsymbol{A} = \begin{pmatrix} -5 & 2 & 2 \\ 2 & -6 & 0 \\ 2 & 0 & -4 \end{pmatrix}$，它的一阶顺序主子式为$\Delta_1 = a_{11} = -5 < 0$，显然二次型不是正定二次型.

***例 6.10** 在实数域上讨论函数$f(x_1,x_2,x_3) = 5x_1^2 + x_2^2 + 5x_3^2 + 4x_1x_2 - 8x_1x_3 - 4x_2x_3 + 2x_1 + 3x_2 - 4x_3 - 4$的凹凸性并求其极值.

解 设$f(x_1,x_2,x_3) = \boldsymbol{X}^{\mathrm{T}}\boldsymbol{A}\boldsymbol{X} + \boldsymbol{B}\boldsymbol{X} + c$，其中

$$\boldsymbol{A} = \begin{pmatrix} 5 & 2 & -4 \\ 2 & 1 & -2 \\ -4 & -2 & 5 \end{pmatrix}，\ \boldsymbol{B} = (2 \quad 3 \quad -4)，\ c = -4 .$$

由于矩阵$\boldsymbol{A}$的各阶顺序主子式分别是$a_{11} = 5 > 0$，$\begin{vmatrix} a_{11} & a_{12} \\ a_{21} & a_{22} \end{vmatrix} = \begin{vmatrix} 5 & 2 \\ 2 & 1 \end{vmatrix} = 1 > 0$，$|\boldsymbol{A}| = 1 > 0$，所以$\boldsymbol{A}$是正定矩阵.

又因为$f(x_1,x_2,x_3)$的黑赛矩阵$\boldsymbol{H}_{f(\boldsymbol{X})} = 2\boldsymbol{A}$，显然$\boldsymbol{H}_{f(\boldsymbol{X})} = 2\boldsymbol{A}$的各阶顺序主子式均大于0，所以$f(x_1,x_2,x_3)$为凹函数.

由$\begin{cases} \dfrac{\partial f}{\partial x_1} = 10x_1 + 4x_2 - 8x_3 + 2 = 0, \\ \dfrac{\partial f}{\partial x_2} = 4x_1 + 2x_2 - 4x_3 + 3 = 0, \\ \dfrac{\partial f}{\partial x_3} = -8x_1 - 4x_2 + 10x_3 - 4 = 0 \end{cases}$ 得驻点$\boldsymbol{X} = \left(2 \quad -\dfrac{15}{2} \quad -1\right)^{\mathrm{T}}$.

$\boldsymbol{H}_f\left(2,-\dfrac{15}{2},-1\right) = 8 > 0$，故$f(x_1,x_2,x_3)$在$\boldsymbol{X} = \left(2 \quad -\dfrac{15}{2} \quad -1\right)^{\mathrm{T}}$取得极小值$f\left(2,-\dfrac{15}{2},-1\right) = -\dfrac{45}{4}$.

同步习题 6.3

基础题

1．二次型$f = 3x_1^2 + 3x_2^2 + 6x_3^2 + 8x_1x_2 - 2x_2x_3$的正惯性指数是______.

2．如果实对称矩阵$\boldsymbol{A} = \begin{pmatrix} 1 & \lambda & 0 \\ \lambda & 3 & 1 \\ 0 & 1 & 2 \end{pmatrix}$是正定矩阵，则$\lambda$的取值范围是______.

3．如果二次型$f=X^{\mathrm{T}}AX$的矩阵A的特征值都是正的，则$f=X^{\mathrm{T}}AX$是______二次型.

4．判断下列二次型是否是正定的.

（1）$f(x_1,x_2,x_3)=55x_1^2+23x_2^2+6x_3^2-14x_1x_2-2x_2x_3+9x_1x_3$.

（2）$f(x_1,x_2,x_3,x_4)=x_1^2+x_2^2+8x_3^2+4x_4^2+6x_1x_2-2x_2x_3+4x_1x_3-2x_2x_4+2x_3x_4$.

提高题

1．如果二次型$f(x_1,x_2,x_3)=x_1^2+2x_2^2+(1-k)x_3^2+2kx_1x_2+2x_1x_3$是正定二次型，求$k$的值.

2．已知A为n阶正定矩阵，E为n阶单位矩阵，证明：$|A+E|>1$.

6.4 用MATLAB进行二次型的运算

在线性代数中，二次型的一个基本问题就是化标准形和规范形. 计算时，无论采用哪种传统方法都有相当的计算量，过程也比较复杂，特别是阶数较高的时候，传统的计算就更加困难，MATLAB 软件可以使求解二次型的问题变得简单.

6.4.1 化二次型为标准形

对于二次型$f=X^{\mathrm{T}}AX$，其中A是一个对称矩阵，若要将其化为标准型，就是要找到一个可逆矩阵P，使$P^{\mathrm{T}}AP$为一对角矩阵，即$P^{\mathrm{T}}AP=\mathrm{diag}(k_1,k_2,\cdots,k_n)$，$P$就是要求的正交矩阵，因此，需要调用函数“[P,D]=eig(A)”.

例 6.11 将二次型$f=2x_1^2+2x_2^2+2x_3^2+2x_1x_2+2x_1x_3+2x_2x_3$化为标准形.

微课：例6.11

解 二次型的矩阵为$A=\begin{pmatrix}2&1&1\\1&2&1\\1&1&2\end{pmatrix}$，从而

```
>> A=[2,1,1;1,2,1;1,1,2];
>> [P,D]=eig(A)
P =
    0.4082    0.7071    0.5774
    0.4082   -0.7071    0.5774
   -0.8165         0    0.5774
D =
    1.0000         0         0
         0    1.0000         0
         0         0    4.0000
```

P就是所求的正交矩阵，用正交变换$X=PY$，可将二次型化为$f=4y_1^2+y_2^2+y_3^2$.

6.4.2　正定二次型的判定

要判定一个对称矩阵是否是正定的，只要看其特征值的正负即可．在 MATLAB 中，可使用“eig(A)”函数命令来求出特征值，进而判定其正定性．

微课：例6.12

例 6.12　判定二次型$f = 2x_1^2 + 2x_2^2 + 2x_3^2 + 2x_1x_2 + 2x_1x_3 + 2x_2x_3$的正定性．

解

```
>> A=[2,1,1;1,2,1;1,1,2];
>> d=eig(A)
d =
    1.0000
    1.0000
    4.0000
```

因为$\boldsymbol{A}$ 的特征值全为正，所以f是正定的．

第 6 章思维导图

本章小结

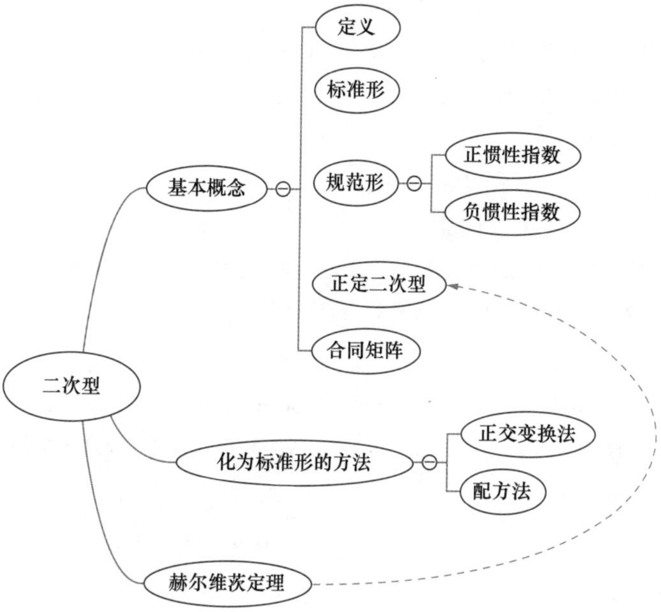

中国数学学者

个人成就

密码学家，中国科学院院士，现任清华大学和山东大学双聘教授．王小云提出的模差分比特分析法解决了国际哈希函数求解碰撞的难题，她设计的我国唯一的哈希函数标准 SM3，在国家重要经济领域被广泛使用．王小云是“未来科学大奖”的首位女性得主，并先后获得“最具时间价值奖”和“真实世界密码学奖”两个国际奖项．

王小云

第 6 章总复习题

1. 选择题：（1）～（5）小题，每小题 4 分，共 20 分．下列每小题给出的 4 个选项中，只有一个选项是符合题目要求的．

（1）（2016204, 2016304）二次型$f(x_1,x_2,x_3)=a(x_1^2+x_2^2+x_3^2)+2x_1x_2+2x_2x_3+2x_1x_3$的正负惯性指数分别为 1,2，则（　　）．

A．$a>1$　　B．$a<-2$　　C．$-2<a<1$　　D．$a=1$或$a=-2$

（2）（2008104）设$\boldsymbol{A}$为三阶实对称矩阵，如果二次曲面方程$(x,y,z)\boldsymbol{A}\begin{pmatrix}x\\y\\z\end{pmatrix}=1$在正交变换下的标准方程的图形如图 6.1 所示，则$\boldsymbol{A}$的正特征值的个数是（　　）．

A．0　　B．1

C．2　　D．3

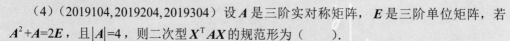

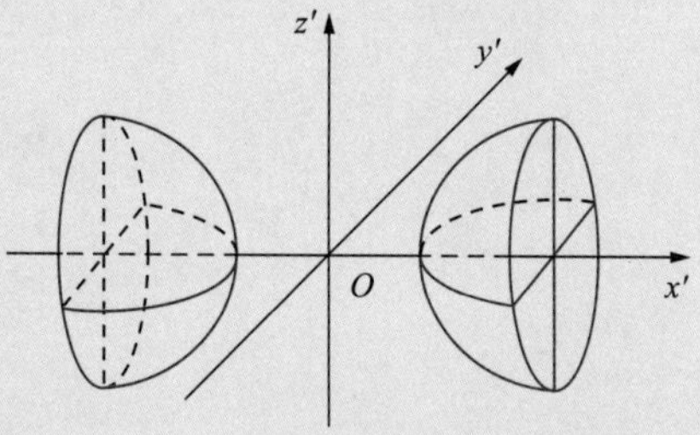

图 6.1

（3）（2016104）设二次型$f(x_1,x_2,x_3)=x_1^2+x_2^2+x_3^2+4x_1x_2+4x_1x_3+4x_2x_3$，则$f(x_1,x_2,x_3)=2$在空间直角坐标系下表示的二次曲面为（　　）．

A．单叶双曲面　　B．双叶双曲面

C．椭球面　　D．柱面

（4）（2019104, 2019204, 2019304）设$\boldsymbol{A}$是三阶实对称矩阵，$\boldsymbol{E}$是三阶单位矩阵，若$\boldsymbol{A}^2+\boldsymbol{A}=2\boldsymbol{E}$，且$|\boldsymbol{A}|=4$，则二次型$\boldsymbol{X}^{\mathrm{T}}\boldsymbol{A}\boldsymbol{X}$的规范形为（　　）．

A．$y_1^2+y_2^2+y_3^2$　　B．$y_1^2+y_2^2-y_3^2$　　C．$y_1^2-y_2^2-y_3^2$　　D．$-y_1^2-y_2^2-y_3^2$

（5）（2015104, 2015204, 2015304）在正交变换$\boldsymbol{X}=\boldsymbol{P}\boldsymbol{Y}$下的标准形为$2y_1^2+y_2^2-y_3^2$，其中$\boldsymbol{P}=(\boldsymbol{e}_1,\boldsymbol{e}_2,\boldsymbol{e}_3)$．若$\boldsymbol{Q}=(\boldsymbol{e}_1,-\boldsymbol{e}_3,\boldsymbol{e}_2)$，则$f(x_1,x_2,x_3)$在正交变换$\boldsymbol{X}=\boldsymbol{Q}\boldsymbol{Y}$下的标准形为（　　）．

A．$2y_1^2-y_2^2+y_3^2$　　B．$2y_1^2+y_2^2-y_3^2$

C．$2y_1^2-y_2^2-y_3^2$　　D．$2y_1^2+y_2^2+y_3^2$

2. 填空题：（6）～（10）小题，每小题 4 分，共 20 分．

（6）（2014104，2014204，2014304）设二次型$f(x_1,x_2,x_3)=x_1^2-x_2^2+2ax_1x_3+4x_2x_3$的负惯性指数为 1，则$a$的取值范围是______．

（7）（2011304）设二次型$f(x_1,x_2,x_3)=\boldsymbol{X}^{\mathrm{T}}\boldsymbol{A}\boldsymbol{X}$的秩为 1，$\boldsymbol{A}$中各行元素之和为 3，则$f$在正交变换$\boldsymbol{X}=\boldsymbol{Q}\boldsymbol{Y}$下的标准形为______．

（8）（2002103）已知实二次型$f(x_1,x_2,x_3)=a(x_1^2+x_2^2+x_3^2)+4x_1x_2+4x_1x_3+4x_2x_3$经过正交变换$\boldsymbol{X}=\boldsymbol{P}\boldsymbol{Y}$可化成标准形$f=6y_1^2$，则$a=$______．

（9）（2011104）若二次曲面的方程$x^2+3y^2+z^2+2axy+2xz+2yz=4$经正交变换化为$y_1^2+4z_1^2=4$，则$a=$______．

（10）（1997303）若二次型$f(x_1,x_2,x_3)=2x_1^2+x_2^2+x_3^2+2x_1x_2+tx_2x_3$是正定的，则$t$的取值范围为______.

微课：总复习题（10）

3. 解答题：（11）～（16）小题，每小题10分，共60分．解答时应写出文字说明、证明过程或演算步骤.

（11）（1996107）已知二次型$f(x_1,x_2,x_3)=5x_1^2+5x_2^2+cx_3^2-2x_1x_2+6x_1x_3-6x_2x_3$的秩为2.

微课：总复习题（11）

① 求参数c及此二次型对应矩阵的特征值.

② 指出方程$f(x_1,x_2,x_3)=1$表示何种曲面.

（12）（1998106）已知二次曲面方程$x^2+ay^2+z^2+2bxy+2xz+2yz=4$可以经过正交变换$\begin{pmatrix}x\\y\\z\end{pmatrix}=\boldsymbol{P}\begin{pmatrix}\xi\\\eta\\\zeta\end{pmatrix}$化为椭圆柱面方程$\eta^2+4\zeta^2=4$，求$a,b$的值和正交矩阵$\boldsymbol{P}$.

（13）（2003313）设二次型$f(x_1,x_2,x_3)=\boldsymbol{X}^{\mathrm{T}}\boldsymbol{A}\boldsymbol{X}=ax_1^2+2x_2^2-2x_3^2+2bx_1x_3(b>0)$，其中二次型的矩阵$\boldsymbol{A}$的特征值之和为1，特征值之积为$-12$.

① 求a,b的值.

② 利用正交变换将二次型化为标准形，写出所用的正交变换和对应的正交矩阵.

（14）（2010111）设二次型$f(x_1,x_2,x_3)=\boldsymbol{X}^{\mathrm{T}}\boldsymbol{A}\boldsymbol{X}$在正交变换$\boldsymbol{X}=\boldsymbol{Q}\boldsymbol{Y}$下的标准形为$y_1^2+y_2^2$，且$\boldsymbol{Q}$的第3列为$\left(\frac{\sqrt{2}}{2},0,\frac{\sqrt{2}}{2}\right)^{\mathrm{T}}$.

① 求出$\boldsymbol{A}$.

② 证明：$\boldsymbol{A}+\boldsymbol{E}$为正定矩阵.

（15）（1998307）设矩阵$\boldsymbol{A}=\begin{pmatrix}1&0&1\\0&2&0\\1&0&1\end{pmatrix}$，矩阵$\boldsymbol{B}=(k\boldsymbol{E}+\boldsymbol{A})^2$，其中$k$为实数，$\boldsymbol{E}$为单位矩阵，求对角矩阵$\boldsymbol{\Lambda}$，$\boldsymbol{B}$与$\boldsymbol{\Lambda}$相似，并判断$k$为何值时，$\boldsymbol{B}$为正定矩阵.

（16）（2002308）设$\boldsymbol{A}$为三阶实对称矩阵，且满足条件$\boldsymbol{A}^2+2\boldsymbol{A}=\boldsymbol{O}$，已知$\boldsymbol{A}$的秩$r(\boldsymbol{A})=2$.

① 求$\boldsymbol{A}$的全部特征值.

② 当k为何值时，$\boldsymbol{A}+k\boldsymbol{E}$为正定矩阵（其中$\boldsymbol{E}$为三阶单位矩阵）?

附录

线性代数中的数学建模

“线性代数”是很多学科的重要基础，该课程能培养学生的逻辑推理能力、抽象思维能力及数学建模能力．数学建模是利用数学工具解决实际问题的重要手段．“线性代数”课程较为抽象、难懂，很多教学活动都忽视了与实际案例的结合．了解线性代数在数学建模中的应用，对于提高学生学习线性代数的兴趣，提升学生应用代数方法解决复杂问题的综合能力具有关键作用．

1. 矩阵的建立

矩阵就是一个矩形“数表”，这种“数表”本质上表述某种二元关系．矩阵是数学领域中一个极其重要、应用广泛的工具，是线性代数的主要研究对象之一，它来源于自然科学和工程技术中的诸多问题．矩阵知识已成为现代科技人员必备的数学基础．

例 1　有 1,2,3,4 这 4 个球队之间进行单循环比赛，每场比赛胜者得 1 分，负者 0 分．总的比赛结果是 1 胜了 2 和 4，2 胜了 3 和 4，3 胜了 1，4 胜了 3．比赛成绩表可以用矩阵 $\boldsymbol{A}=(a_{ij})_{4\times4}$ 来表示，其中 $a_{ij}=1$ 表示 i 队胜了 j 队，$a_{ij}=0$ 表示 i 队输给了 j 队．

$$\boldsymbol{A}=\begin{pmatrix}0&1&0&1\\0&0&1&1\\1&0&0&0\\0&0&1&0\end{pmatrix}.$$

我们可以用这个矩阵进行深入“挖掘”，得出这 4 个球队的真实的“实力”．

例 2　某地有一个煤矿、一个发电厂和一条铁路，经过成本核算，每生产价值 1 元钱的煤，需要消耗 0.25 元的电，为了把这 1 元钱的煤运出去，需要花费 0.15 元的运输费．每生产价值 1 元钱的电需要 0.65 元的煤作为燃料，为了运行电厂的辅助设备，要消耗 0.05 元的电，还需要花费 0.05 元的运输费．作为铁路局，每提供 1 元钱的运输，要消耗 0.55 元的煤，辅助设备要消耗 0.1 元的电．煤矿、电厂和铁路局相互间的消耗关系可用以下矩阵表示：

$$\begin{array}{c}\\ 煤\\ 电\\ 运输\end{array}\begin{array}{c}\begin{array}{ccc}煤矿 & 电厂 & 铁路局\end{array}\\ \begin{pmatrix}0&0.65&0.55\\0.25&0&0.1\\0.15&0.05&0\end{pmatrix}\end{array}.$$

2. 矩阵乘法的应用

矩阵的乘法具有现实的意义.

例 3　某商场统计了冰箱和电视机连续 3 个月的销售情况，其具体销量用矩阵$\boldsymbol{A}$表示，冰箱和电视机的进价和售价用矩阵$\boldsymbol{B}$表示.

$$\begin{array}{c} \\ \text{冰箱} \\ \text{电视机} \end{array}\begin{array}{c} \text{1月}\ \ \text{2月}\ \ \text{3月} \\ \begin{pmatrix} 16 & 24 & 17 \\ 20 & 23 & 19 \end{pmatrix} \end{array} = \boldsymbol{A} \qquad \begin{array}{c} \\ \text{进价} \\ \text{售价} \end{array}\begin{array}{c} \text{冰箱}\ \ \text{电视机} \\ \begin{pmatrix} 2\,000 & 1\,800 \\ 2\,500 & 2\,400 \end{pmatrix} \end{array} = \boldsymbol{B}$$

我们可以用矩阵的乘法得到每个月的进货费用和销售收入.

$$\boldsymbol{BA} = \begin{pmatrix} 2\,000 & 1\,800 \\ 2\,500 & 2\,400 \end{pmatrix}\begin{pmatrix} 16 & 24 & 17 \\ 20 & 23 & 19 \end{pmatrix} = \begin{array}{c} \text{1月}\qquad \text{2月}\qquad \text{3月} \\ \begin{pmatrix} 64\,000 & 89\,400 & 68\,200 \\ 88\,000 & 115\,200 & 88\,100 \end{pmatrix} \end{array} \begin{array}{l} \\ \text{进货费用} \\ \text{销售收入} \end{array}$$

3. 逆矩阵的应用

例 4　例 2 中给出了煤、电和运输之间的消耗矩阵为

$$\boldsymbol{Q} = \begin{pmatrix} 0 & 0.65 & 0.55 \\ 0.25 & 0 & 0.1 \\ 0.15 & 0.05 & 0 \end{pmatrix} = (q_{ij}).$$

现在煤矿接到外地 5 万元的订货，电厂有 10 万元的外地需求，问：煤矿、电厂和铁路局各生产多少才能满足外地的需求？

由题意可知，煤矿、电厂和铁路局生产的产值减去生产自身的消耗就是需求量. 假设煤矿实际生产x_1万元的煤，电厂实际生产x_2万元的电，铁路局实际提供x_3万元的运输能力，令

$$\boldsymbol{X} = (x_1\ x_2\ x_3)^{\mathrm{T}},$$

则$\boldsymbol{QX}$就是为完成$\boldsymbol{X}$产值自身的消耗. 由前可知

$$\boldsymbol{X} - \boldsymbol{QX} = (\boldsymbol{E} - \boldsymbol{Q})\boldsymbol{X} = \begin{pmatrix} 5 \\ 10 \\ 0 \end{pmatrix}.$$

可以看出，$\boldsymbol{X}$就是上述线性方程组的解.

由于$|\boldsymbol{E} - \boldsymbol{Q}| \neq 0$，所以矩阵$\boldsymbol{E} - \boldsymbol{Q}$可逆，于是

$$\boldsymbol{X} = (\boldsymbol{E} - \boldsymbol{Q})^{-1}\begin{pmatrix} 5 \\ 10 \\ 0 \end{pmatrix} = \begin{pmatrix} 16.727\,3 \\ 15.272\,7 \\ 3.272\,7 \end{pmatrix},$$

即煤厂要生产 16.73 万元的煤，电厂要生产 15.27 万元的电，铁路局要提供 3.27 万元的运输能力，才能满足外地 5 万元煤和 10 万元电的需求.

4. 线性方程组的应用

现实生活中许多问题都需要建立线性方程组来求解，下面介绍一个重要的经济学的模型.

例 5　在一个部落内根据分工，人们从事 3 种劳动：农田耕作（农夫）、农具及工具的制作（工匠）、织物的编织（织工）. 人们之间的贸易是实物交易. 农夫以自己$\dfrac{1}{3}$的粮食换取工具，

$\frac{1}{2}$的粮食换取织物，$\frac{1}{2}$的粮食自用；工匠用自己$\frac{1}{4}$的工具换取粮食，$\frac{1}{4}$的工具换取织物，$\frac{1}{3}$的工具留作自用；织工以自己$\frac{1}{4}$的织物换取食物，$\frac{1}{3}$的织物换取工具，$\frac{1}{4}$的织物留作自用.

随着社会的发展，实物交易形式变得十分不方便，于是部落决定使用货币进行交易. 假设没有资本和负债，那么如何给每类产品定价使其公正地体现现有的实物交易系统呢？

诺贝尔经济学奖获得者 Wassily Leontief 曾考虑如下的一个经济学模型.

设x_1为农作物的价值，x_2为农具及工具的价值，x_3为织物的价值. 由上述关系可知

$$x_1=\frac{1}{2}x_1+\frac{1}{3}x_2+\frac{1}{2}x_3 \Leftrightarrow -\frac{1}{2}x_1+\frac{1}{3}x_2+\frac{1}{2}x_3=0,$$

同理可得，有关工匠们和纺织者们生产的价值的方程，从而得到x_1,x_2,x_3的齐次线性方程组

$$\begin{cases}-\frac{1}{2}x_1+\frac{1}{3}x_2+\frac{1}{2}x_3=0,\\ \frac{1}{4}x_1-\frac{2}{3}x_2+\frac{1}{4}x_3=0,\\ \frac{1}{4}x_1+\frac{1}{3}x_2-\frac{3}{4}x_3=0,\end{cases}$$

求解该线性方程组可得x_1,x_2,x_3的赋值应满足比例式$x_1:x_2:x_3=5:3:3$.

这个模型给出了确定社会上各种商品的价值比的基本方法. 由此可知，社会上需要多少货币取决于社会上总的商品的数量，而商品价格则是由社会总的货币量和商品的价值比来确定的. 当货币数量过少时，就会通货紧缩，货币数量过多时，就会通货膨胀.

5. 矩阵的特征值与特征向量的应用

矩阵的特征值、特征向量是矩阵理论的重要组成部分，物理学中的振动问题、控制中的系统稳定性问题等一些实际问题，均可归结为矩阵的特征值与特征向量，但这两个概念对于初学者来说相对抽象和难懂. 下面我们通过生活中的一种现象与数值计算领域求矩阵最大特征值的乘幂法进行类比，可以理解特征值与特征向量的含义.

生活中很多事情有如下的模式：把一个“输入”输入“处理系统”，得到一个“输出”，再将该输出重新输入“处理系统”，得到一个新的输出. 然后再将其输入“处理系统”，如此继续下去，直到得到满意的输出，如图附录.1 所示. 这个模型有如下特点：处理系统的特点要通过它的输出来反映，而最初的输入并不具有该系统令它具备的特点，要通过系统不断反复处理才能使输出越来越具备系统的特点.

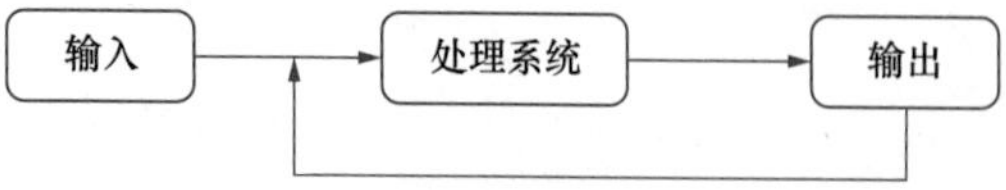

图附录.1

比如一个大一新生就是一个“输入”，大学就是一个“处理系统”，学生每天在学校里学习生活就是被“处理系统”处理. 每天学生是一个新的“输出”，同时又是第 2 天的新的“输入”. 学生正是反复地被学校“处理”，逐步具备了学校希望学生具备的特征. 而一个学校的水平正是通过学生的水平来反映的. 生活中这样的例子还有很多.

我们来看乘幂法的例子，设

$$A=\begin{pmatrix}0&1&0&1\\0&0&1&1\\1&0&0&0\\0&0&1&0\end{pmatrix},$$

则

$$A\begin{pmatrix}1\\1\\1\\1\end{pmatrix}=\begin{pmatrix}2\\2\\1\\1\end{pmatrix},A\begin{pmatrix}2\\2\\1\\1\end{pmatrix}=A^2\begin{pmatrix}1\\1\\1\\1\end{pmatrix}=\begin{pmatrix}3\\2\\2\\1\end{pmatrix},\cdots.$$

经过反复迭代就会发现：随着 n 的增大，

$$A^n\begin{pmatrix}1\\1\\1\\1\end{pmatrix}$$

逐步向 A 的最大特征值的一个特征向量逼近．这一规律和培养学生的规律有根本的相似性．通过上述的类比，我们可以理解特征值与特征向量的来源．

线性代数理论在理工科及许多社会科学领域都有广泛的应用，有兴趣的读者可以去查看相关文献．

参考答案

即时提问答案

【即时提问 1.1】正确.

理由如下：比 p_i（$i=1,2,\cdots,n$）大的且排在 p_i 前面的元素有 t_i 个，则 p_i 这个元素的逆序数即为 t_i，全体元素的逆序数之总和为 $\sum_{i=1}^{n} t_i$，即为这个排列的逆序数.

【即时提问 1.2】值为零.

理由如下：因 $a_{ij}=-a_{ji}$，可推出 $a_{ii}=-a_{ii}$，即 $a_{ii}=0$，$i=1,2,\cdots,n$，因此行列式可表示为

$$D=\begin{vmatrix} 0 & a_{12} & a_{13} & \cdots & a_{1n} \\ -a_{12} & 0 & a_{23} & \cdots & a_{2n} \\ -a_{13} & -a_{23} & 0 & \cdots & a_{3n} \\ \vdots & \vdots & \vdots & & \vdots \\ -a_{1n} & -a_{2n} & -a_{3n} & \cdots & 0 \end{vmatrix},$$

所以

$$D=D^{\mathrm{T}}=\begin{vmatrix} 0 & -a_{12} & -a_{13} & \cdots & -a_{1n} \\ a_{12} & 0 & -a_{23} & \cdots & -a_{2n} \\ a_{13} & a_{23} & 0 & \cdots & -a_{3n} \\ \vdots & \vdots & \vdots & & \vdots \\ a_{1n} & a_{2n} & a_{3n} & \cdots & 0 \end{vmatrix}=(-1)^n\begin{vmatrix} 0 & a_{12} & a_{13} & \cdots & a_{1n} \\ -a_{12} & 0 & a_{23} & \cdots & a_{2n} \\ -a_{13} & -a_{23} & 0 & \cdots & a_{3n} \\ \vdots & \vdots & \vdots & & \vdots \\ -a_{1n} & -a_{2n} & -a_{3n} & \cdots & 0 \end{vmatrix}=(-1)^n D,$$

当 n 为奇数时，得 $D=-D$，故 $D=0$.

【即时提问 1.3】正确.

理由如下：若 $(i,j)=(1,1)$，结论显然正确. 一般地，可对行列式的行、列进行如下调换：把第 i 行依次与第 $i-1$, $i-2$, $\cdots$, 1 行对换，这样数 a_{ij} 就换成 $(1,j)$ 元，对换的次数为 $i-1$. 再把第 j 列依次与第 $j-1$, $j-2$, $\cdots$, 1 列对换，这样数 a_{ij} 就换成 $(1,1)$ 元，对换的次数为 $j-1$. 总之，经 $i+j-2$ 次对换，把数 a_{ij} 换成 $(1,1)$ 元，所得的行列式 $D_1=(-1)^{i+j-2}D=(-1)^{i+j}D$，而 D_1 中（1,1）元的余子式就是 D 中 (i,j) 元的余子式 M_{ij}. 由于 D_1 的 $(1,1)$ 元为 a_{ij}，第 1 行其余元素都为 0，

则 $D_1=(-1)^{1+1}a_{ij}M_{ij}=a_{ij}M_{ij}$，于是 $D=(-1)^{i+j}D_1=(-1)^{i+j}a_{ij}M_{ij}=a_{ij}A_{ij}$.

【即时提问 1.4】是.

可用反证法说明：假设系数行列式不等于零，则满足克莱姆法则，齐次线性方程组只有唯一解，就是零解，这与有非零解矛盾，故假设不成立.

【即时提问 2.1】不能.

理由如下：$|\boldsymbol{A}^{\mathrm{T}}|=|\boldsymbol{A}|$ 只能说明行列式值相等，而要保证 $\boldsymbol{A}^{\mathrm{T}}=\boldsymbol{A}$，必须有 $a_{ij}=a_{ji}\ (i,j=1,2,\cdots,n)$.

【即时提问 2.2】不正确.

理由如下：由于矩阵乘法不满足交换律，所以对于两个 n 阶矩阵 $\boldsymbol{A},\boldsymbol{B}$，通常有 $(\boldsymbol{AB})^k\neq\boldsymbol{A}^k\boldsymbol{B}^k$，只有当矩阵 $\boldsymbol{A},\boldsymbol{B}$ 可交换时，才有 $(\boldsymbol{AB})^k=\boldsymbol{A}^k\boldsymbol{B}^k$；同样，只有当矩阵 $\boldsymbol{A},\boldsymbol{B}$ 可交换时，才有 $(\boldsymbol{A}\pm\boldsymbol{B})^2=\boldsymbol{A}^2\pm2\boldsymbol{AB}+\boldsymbol{B}^2$ 和 $\boldsymbol{A}^2-\boldsymbol{B}^2=(\boldsymbol{A}+\boldsymbol{B})(\boldsymbol{A}-\boldsymbol{B})$ 成立.

【即时提问 2.3】错误.

理由如下：若 $\boldsymbol{P}_1\boldsymbol{P}_2\boldsymbol{A}=\boldsymbol{B}$，则矩阵 $\boldsymbol{B}$ 是由矩阵 $\boldsymbol{A}$ 先进行 $\boldsymbol{P}_2$ 对应的初等行变换，再进行 $\boldsymbol{P}_1$ 对应的初等行变换得到的．因为矩阵的乘法运算不满足交换律，所以进行乘法运算时要特别注意运算顺序.

【即时提问 2.4】正确.

理由如下：由 $\boldsymbol{AB}=\boldsymbol{E}$ 知 $\boldsymbol{B}=\boldsymbol{A}^{-1}$；由 $\boldsymbol{CA}=\boldsymbol{E}$ 知 $\boldsymbol{C}=\boldsymbol{A}^{-1}$．根据逆矩阵的唯一性可得 $\boldsymbol{B}=\boldsymbol{C}$.

【即时提问 2.5】错误.

理由如下：根据定理 2.8，若 $\boldsymbol{A}$ 为 $m\times n$ 矩阵，$\boldsymbol{B}$ 为 n 阶满秩矩阵，则 $r(\boldsymbol{AB})=r(\boldsymbol{A})$．而问题中 $\boldsymbol{B}$ 为 $n\times s$ 矩阵，不是方阵，更谈不上可逆，所以没有对应的结果.

【即时提问 2.6】错误.

理由如下：设 $\boldsymbol{A}$ 为 m 阶方阵，$\boldsymbol{B}$ 为 n 阶方阵，则 $\begin{vmatrix}\boldsymbol{O} & \boldsymbol{B}\\ \boldsymbol{A} & \boldsymbol{O}\end{vmatrix}=(-1)^{mn}|\boldsymbol{A}||\boldsymbol{B}|$.

结合行列式的性质，通过交换行与行之间的位置可以把分块行列式 $\begin{vmatrix}\boldsymbol{O} & \boldsymbol{B}\\ \boldsymbol{A} & \boldsymbol{O}\end{vmatrix}$ 化为 $\begin{vmatrix}\boldsymbol{A} & \boldsymbol{O}\\ \boldsymbol{O} & \boldsymbol{B}\end{vmatrix}$，使用公式 $\begin{vmatrix}\boldsymbol{A} & \boldsymbol{O}\\ \boldsymbol{O} & \boldsymbol{B}\end{vmatrix}=|\boldsymbol{A}||\boldsymbol{B}|$ 得正确结论.

【即时提问 3.1】向量有乘法运算.

理由如下：n 维行向量即为 $1\times n$ 矩阵，而 n 维列向量即为 $n\times1$ 矩阵．所以，两个向量，只要前者的列数和后者的行数相等，就可以有乘法运算．比如，一个 n 维行向量乘以一个 n 维列向量，结果是一个数；交换顺序相乘，就是一个 $n\times n$ 矩阵.

【即时提问 3.2】说法错误.

理由如下：对任意向量组 $\boldsymbol{\alpha}_1,\cdots,\boldsymbol{\alpha}_m$，等式 $0\boldsymbol{\alpha}_1+\cdots+0\boldsymbol{\alpha}_m=0$ 自然成立，但是无法判别 $\boldsymbol{\alpha}_1,\cdots,\boldsymbol{\alpha}_m$ 的线性相关性．当且仅当系数全为零，等式成立，才能保证线性无关.

【即时提问 3.3】区别主要有两点：一是定义不同，二是判别方法有别.

理由如下：矩阵等价是指一个矩阵通过初等变换变成另一个矩阵；向量组等价是指两个向

量组相互线性表示．从判别方法上，同型矩阵等价的充要条件是秩相同；而向量组等价可以得到秩相同，反之不成立．

【即时提问 3.4】不唯一．

理由如下：如果把向量空间看成一个向量组，一组基就是一个极大无关组．因为极大无关组一般不是唯一的，所以基也就不唯一了．

【即时提问 3.5】零向量．

理由如下：一个向量如果和任何向量都正交，则与自己也正交，而只有零向量才会和自己正交．

【即时提问 4.1】不正确．

理由如下：若 $m=n$，则 $r(\boldsymbol{A}_{m\times n})=m$，即 $r(\boldsymbol{A}_{m\times n})=n$，从而齐次线性方程组 $\boldsymbol{AX}=\boldsymbol{0}$ 只有零解；若 $m<n$，则 $r(\boldsymbol{A}_{m\times n})=m<n$，即$r(\boldsymbol{A}_{m\times n})<n$，则齐次线性方程组 $\boldsymbol{AX}=\boldsymbol{0}$ 有非零解．

【即时提问 4.2】正确．

理由如下：若线性方程组$\boldsymbol{AX}=\boldsymbol{b}\ (\boldsymbol{b}\neq\boldsymbol{0})$有无穷多解，则有 $r(\bar{\boldsymbol{A}})=r(\boldsymbol{A})<n$ ．根据 $r(\boldsymbol{A})<n$ 知齐次线性方程组 $\boldsymbol{AX}=\boldsymbol{0}$ 有无穷多解．

【即时提问 4.3】正确．

理由如下：因为 $\boldsymbol{\alpha}_1,\boldsymbol{\alpha}_2,\cdots,\boldsymbol{\alpha}_r$ 为 $\boldsymbol{AX}=\boldsymbol{0}$ 的基础解系，从而 $\boldsymbol{\alpha}_1,\boldsymbol{\alpha}_2,\cdots,\boldsymbol{\alpha}_r$ 线性无关；$\boldsymbol{x}_1$ 为 $\boldsymbol{AX}=\boldsymbol{b}$的解，所以$\boldsymbol{x}_1$ 不能由 $\boldsymbol{\alpha}_1,\boldsymbol{\alpha}_2,\cdots,\boldsymbol{\alpha}_r$ 线性表示，因此$\boldsymbol{x}_1,\boldsymbol{\alpha}_1,\boldsymbol{\alpha}_2,\cdots,\boldsymbol{\alpha}_r$ 中任一向量不能由其余向量线性表示，从而 $r(\boldsymbol{x}_1,\boldsymbol{\alpha}_1,\boldsymbol{\alpha}_2,\cdots,\boldsymbol{\alpha}_r)=r+1$ ．

【即时提问 5.1】正确．

理由如下：由 n 元齐次线性方程组$\boldsymbol{AX}=\boldsymbol{0}$有非零解可知，$|\boldsymbol{A}|=0$，设 $\boldsymbol{A}$ 的全部特征值为 $\lambda_1,\lambda_2,\cdots,\lambda_n$，由性质 5.1，$|\boldsymbol{A}|=\lambda_1\lambda_2\cdots\lambda_n$，所以 $\boldsymbol{A}$ 的 n 个特征值 $\lambda_1,\lambda_2,\cdots,\lambda_n$ 中至少有一个等于 0．

【即时提问 5.2】不正确．

理由如下：由于 n 阶方阵 $\boldsymbol{A}$ 具有 n 个不同的特征值，根据定理 5.1，矩阵 $\boldsymbol{A}$ 一定具有 n 个线性无关的特征向量，再由定理 5.3 知，矩阵 $\boldsymbol{A}$ 一定能对角化．而在例 5.3 中，矩阵 $\boldsymbol{A}$ 的特征方程有二重特征根 $\lambda_2=\lambda_3=2$，但因能找到两个线性无关的特征向量，所以例 5.3 中的矩阵 $\boldsymbol{A}$ 也可以对角化，从而 n 阶方阵 $\boldsymbol{A}$ 具有 n 个不同的特征值是 $\boldsymbol{A}$ 与对角阵相似的充分而非必要条件．

【即时提问 5.3】$\boldsymbol{A}$ 的特征值为 $-1,-1,0$ ．

理由如下：由于 $\boldsymbol{A}^2+\boldsymbol{A}=\boldsymbol{O}$，因此 $\boldsymbol{A}$ 的特征值 λ 满足 $\lambda^2+\lambda=0$，即 $\lambda=-1$ 或 $\lambda=0$．又因为 $\boldsymbol{A}$ 为三阶实对称矩阵且 $r(\boldsymbol{A})=2$，故 $\boldsymbol{A}$ 的特征值为 $-1,-1,0$ ．

【即时提问 6.1】$c=3$ ．

理由如下：二次型 f 的矩阵为

$$\boldsymbol{A}=\begin{pmatrix}5 & -1 & 3\\ -1 & 5 & -3\\ 3 & -3 & c\end{pmatrix},$$

由$r(\boldsymbol{A})=2$，知$|\boldsymbol{A}|=0$，即$c=3$.

【即时提问 6.2】$b=-2$.

理由如下：二次型的对应矩阵$\boldsymbol{A}=\begin{pmatrix}2&0&0\\0&3&b\\0&b&3\end{pmatrix}$，由条件知，该矩阵的特征值为$\lambda_1=1,\lambda_2=2,\lambda_3=5$，故$|\boldsymbol{A}|=2(9-b^2)=10$，所以$b=\pm2$．又$b<0$，所以$b=-2$.

【即时提问 6.3】是正定矩阵.

理由如下：由于$\boldsymbol{A},\boldsymbol{B}$都是$n$阶正定矩阵，所以$(\boldsymbol{A}+\boldsymbol{B})^{\mathrm{T}}=\boldsymbol{A}^{\mathrm{T}}+\boldsymbol{B}^{\mathrm{T}}=\boldsymbol{A}+\boldsymbol{B}$，即$\boldsymbol{A}+\boldsymbol{B}$是实对称阵.

对任意n维实向量$\boldsymbol{x}\neq\boldsymbol{0}$，$\boldsymbol{x}^{\mathrm{T}}\boldsymbol{A}\boldsymbol{x}>0$，且$\boldsymbol{x}^{\mathrm{T}}\boldsymbol{B}\boldsymbol{x}>0$，故$\boldsymbol{x}^{\mathrm{T}}(\boldsymbol{A}+\boldsymbol{B})\boldsymbol{x}=\boldsymbol{x}^{\mathrm{T}}\boldsymbol{A}\boldsymbol{x}+\boldsymbol{x}^{\mathrm{T}}\boldsymbol{B}\boldsymbol{x}>0$．所以$f=\boldsymbol{x}^{\mathrm{T}}(\boldsymbol{A}+\boldsymbol{B})\boldsymbol{x}$是正定二次型，故$\boldsymbol{A}+\boldsymbol{B}$也是正定矩阵.

同步习题答案

同步习题1.1

【基础题】

1.（1）$\tau(634521)=12$；（2）$\tau(53142)=7$；（3）$\tau(54321)=10$；

（4）$\tau[135\cdots(2n-1)246\cdots(2n)]=\dfrac{n(n-1)}{2}$.

2.（1）0;（2）负.

3.（1）-8;（2）-3;（3）0;（4）$(a-b)^3$.

4.（1）是，负号;（2）是，正号.

【提高题】

1. 0.

2.（1）B；（2）B；（3）D.

同步习题1.2

【基础题】

1.（1）-12;（2）1;（3）$4abdf$.

2.（1）C；（2）B.

【提高题】

证明略.

同步习题1.3

【基础题】

1.（1）6；（2）2.

2.（1）$-4(x+3)$；（2）-7；（3）$2^n+(-1)^{n+1}$.

3. 证明略.

【提高题】

（1）$(-1)^{n-1}\dfrac{(n+1)!}{2}$；（2）$2n+1$.

同步习题1.4

【基础题】

1. A.

2.（1）$x_1=1$，$x_2=0$，$x_3=0$；（2）$x_1=2$，$x_2=-\dfrac{1}{2}$，$x_3=\dfrac{1}{2}$；（3）$x_1=-9$，$x_2=1$，$x_3=-1$，$x_4=19$.

3.（1）$D=0$，证明略；（2）$D=0$，证明略.

4. $\lambda=1$ 或 $\lambda=-\dfrac{4}{5}$.

【提高题】

1. $k\neq 2$. 2. $b=\dfrac{(1+a)^2}{4}$.

同步习题2.1

【基础题】

1.（1）$\begin{pmatrix}1 & 0 & \cdots & 0\\ 0 & 1 & \cdots & 0\\ \vdots & \vdots & & \vdots\\ 0 & 0 & \cdots & 1\end{pmatrix}$；（2）$\begin{pmatrix}\lambda_1 & 0 & \cdots & 0\\ 0 & \lambda_2 & \cdots & 0\\ \vdots & \vdots & & \vdots\\ 0 & 0 & \cdots & \lambda_n\end{pmatrix}$.　　2. D.

3. $\boldsymbol{A}=\begin{pmatrix}0 & -1 & -1\\ 1 & 0 & -1\\ 1 & 1 & 0\end{pmatrix}$.

【提高题】

$\begin{pmatrix}-2 & 2 & 5\\ 3 & -2 & 0\end{pmatrix}$或$\begin{pmatrix}-2 & 2 & 0\\ 3 & -2 & 0\end{pmatrix}$.

同步习题2.2

【基础题】

1. $AB=\begin{pmatrix}13 & -1\\ 0 & -5\end{pmatrix}$，$BA=\begin{pmatrix}-1 & 1 & 3\\ 8 & -3 & 6\\ 4 & 0 & 12\end{pmatrix}$.

2. $AB=\begin{pmatrix}-16 & -32\\ 8 & 16\end{pmatrix}$，$BA=\begin{pmatrix}0 & 0\\ 0 & 0\end{pmatrix}$.

3. $\begin{pmatrix}13 & 0\\ 0 & 58\end{pmatrix}$.　　4. D.

5. $5^{n-1}\begin{pmatrix}2 & 2 & 1\\ 4 & 4 & 2\\ -2 & -2 & -1\end{pmatrix}$.　　6. $A^n=\begin{pmatrix}\cos n\varphi & -\sin n\varphi\\ \sin n\varphi & \cos n\varphi\end{pmatrix}$.　　7. $\boldsymbol{O}$.

【提高题】

1. 证明略.　　2. 证明略.　　3. A.　　4. $a^2(a-2^n)$.

同步习题2.3

【基础题】

1. C.　　2. $\begin{pmatrix}1 & 3 & 2\\ 4 & 6 & 5\\ 7 & 9 & 8\end{pmatrix}$.　　3. C.

【提高题】

1. B.　　2. A.

同步习题2.4

【基础题】

1. $\begin{pmatrix}0 & \frac{1}{2}\\ -1 & -1\end{pmatrix}$.　　2. $A^{-1}=\begin{pmatrix}2 & 1 & 1\\ 5 & 3 & 2\\ -4 & -2 & -1\end{pmatrix}$.

3. $\begin{pmatrix}5 & -2 & -1\\ -2 & 2 & 0\\ -1 & 0 & 1\end{pmatrix}$.　　4. D.　　5. $(A-2E)^{-1}=\frac{1}{3}A$.

6. $\begin{pmatrix}-2 & 0 & 1\\ 0 & -1 & 0\\ 0 & 0 & -2\end{pmatrix}$.　　7. $A^{-1}=-\frac{a}{c}A-\frac{b}{c}E$.　　8. $\begin{pmatrix}1 & 0 & 0\\ 2 & 0 & 0\\ 6 & -1 & -1\end{pmatrix}$，$\begin{pmatrix}1 & 0 & 0\\ 2 & 0 & 0\\ 6 & -1 & -1\end{pmatrix}$.

【提高题】

1. $\begin{pmatrix} 1 & 0 & 0 & 0 \\ -2 & 1 & 0 & 0 \\ 1 & -2 & 1 & 0 \\ 0 & 1 & -2 & 1 \end{pmatrix}$.　2. $(\boldsymbol{E}-\boldsymbol{A})^{-1}=\boldsymbol{E}+\boldsymbol{A}+\boldsymbol{A}^2+\cdots+\boldsymbol{A}^{k-1}$.

3. 证明略.　4. 证明略，$(\boldsymbol{A}^*)^{-1}=\dfrac{1}{|\boldsymbol{A}|}\boldsymbol{A}$.

同步习题2.5

【基础题】

1.（1）2；（2）4.　2. B.　3. 1.　4. C.　5. 0.　6. 1.

【提高题】

1. B.　2. C.

3. 当$x+3y\neq 0$且$x-y\neq 0$时，$r(\boldsymbol{A})=4$；

当$x+3y=0$且$x-y=0$时，$r(\boldsymbol{A})=0$；

当$x+3y\neq 0$且$x-y=0$时，$r(\boldsymbol{A})=1$；

当$x+3y=0$且$x-y\neq 0$时，$r(\boldsymbol{A})=3$.

同步习题2.6

【基础题】

1. $\begin{pmatrix} 1 & 2 & 5 & 2 \\ 0 & 1 & 2 & -4 \\ 0 & 0 & -4 & 3 \\ 0 & 0 & 0 & -9 \end{pmatrix}$.

2.（1）$\begin{pmatrix} -2 & 1 \\ 1 & 1 \\ 0 & 3 \end{pmatrix}$；（2）$\begin{pmatrix} a & 0 & ac & 0 \\ 0 & a & 0 & ac \\ 1 & 0 & c+bd & 0 \\ 0 & 1 & 0 & c+bd \end{pmatrix}$.

3.（1）$\begin{pmatrix} 1 & -2 & 0 & 0 \\ -2 & 5 & 0 & 0 \\ 0 & 0 & 2 & -3 \\ 0 & 0 & -5 & 8 \end{pmatrix}$；（2）$\dfrac{1}{2}\begin{pmatrix} 0 & 3 & -1 \\ 0 & -4 & 2 \\ 10 & 0 & 0 \end{pmatrix}$.

4. $|A^3|=27$，$A^{-1}=\begin{pmatrix} \frac{1}{3} & 0 & 0 & 0 & 0 \\ 0 & -1 & 3 & 0 & 0 \\ 0 & 2 & -5 & 0 & 0 \\ 0 & 0 & 0 & -2 & 5 \\ 0 & 0 & 0 & 1 & -2 \end{pmatrix}$.

【提高题】

1. D. *2. $\begin{pmatrix} 1 & 0 & 0 & 0 \\ -\frac{1}{2} & \frac{1}{2} & 0 & 0 \\ -\frac{1}{2} & -\frac{1}{6} & \frac{1}{3} & 0 \\ \frac{1}{8} & -\frac{5}{24} & -\frac{1}{12} & \frac{1}{4} \end{pmatrix}$. *3. $\begin{pmatrix} -1 & 2 & 5 & -5 \\ 1 & -1 & -4 & 3 \\ 0 & 0 & 2 & -1 \\ 0 & 0 & -1 & 1 \end{pmatrix}$.

同步习题3.1

【基础题】

1.（1）$(9,-1,-5)^{\mathrm{T}}$；（2）. $(-10,-4,12)^{\mathrm{T}}$.

2. $\left(-\frac{17}{5},\frac{4}{5},-\frac{1}{5},-\frac{8}{5}\right)^{\mathrm{T}}$.

3. $a=-2$, $b=0$.

【提高题】

$\boldsymbol{AB}=\boldsymbol{E}$.

同步习题3.2

【基础题】

1. B. 2. D. 3. A. 4. D.

5.（1）线性相关；（2）线性无关；（3）线性相关.

6. 线性相关.

7. $k=2$.

8. 证明略.

9. 证明略.

10. 证明略.

【提高题】

1. 证明略.

2. A.

3．证明略．

4．当 s 为奇数时，向量组 $\boldsymbol{\beta}_1,\boldsymbol{\beta}_2,\cdots,\boldsymbol{\beta}_s$ 线性无关．

当 s 为偶数时，向量组 $\boldsymbol{\beta}_1,\boldsymbol{\beta}_2,\cdots,\boldsymbol{\beta}_s$ 线性相关．

同步习题3.3

【基础题】

1．B．

2．3．

3．3．

4．秩为 3；极大无关组为 $\boldsymbol{\alpha}_1,\boldsymbol{\alpha}_2,\boldsymbol{\alpha}_3$ 或 $\boldsymbol{\alpha}_1,\boldsymbol{\alpha}_2,\boldsymbol{\alpha}_4$．

5．秩为 3；极大无关组为 $\boldsymbol{\alpha}_1,\boldsymbol{\alpha}_2,\boldsymbol{\alpha}_5$； $\boldsymbol{\alpha}_3=3\boldsymbol{\alpha}_1+\boldsymbol{\alpha}_2$， $\boldsymbol{\alpha}_4=\boldsymbol{\alpha}_1+\boldsymbol{\alpha}_2+\boldsymbol{\alpha}_5$．

【提高题】

1．秩为 3；极大无关组等略．

2． $a=0$ 或 $a=-10$ 时，线性相关．当 $a=0$ 时， $\boldsymbol{\alpha}_1$ 为 $\boldsymbol{\alpha}_1,\boldsymbol{\alpha}_2,\boldsymbol{\alpha}_3,\boldsymbol{\alpha}_4$ 的一个极大线性无关组，且 $\boldsymbol{\alpha}_2=2\boldsymbol{\alpha}_1,\boldsymbol{\alpha}_3=3\boldsymbol{\alpha}_1,\boldsymbol{\alpha}_4=4\boldsymbol{\alpha}_1$．

当 $a=-10$ 时， $\boldsymbol{\alpha}_1,\boldsymbol{\alpha}_2,\boldsymbol{\alpha}_3$ 为 $\boldsymbol{\alpha}_1,\boldsymbol{\alpha}_2,\boldsymbol{\alpha}_3,\boldsymbol{\alpha}_4$ 的一个极大线性无关组，且 $\boldsymbol{\alpha}_4=-\boldsymbol{\alpha}_1-\boldsymbol{\alpha}_2-\boldsymbol{\alpha}_3$．

3．证明略．

同步习题3.4

【基础题】

1． $a\neq-5$．

2． $(1,1,-1)$．

3． $k\neq 2$．

【提高题】

证明略，过渡矩阵为 $\dfrac{1}{2}\begin{pmatrix}2&2&0\\-1&0&2\\1&0&0\end{pmatrix}$．

同步习题3.5

【基础题】

1．（1） $\dfrac{\pi}{2}$；（2） $\dfrac{\pi}{4}$．

2．（1） $\boldsymbol{\beta}_1=\dfrac{1}{\sqrt{3}}(1,1,1)^{\mathrm{T}},\boldsymbol{\beta}_2=\dfrac{1}{\sqrt{2}}(-1,0,1)^{\mathrm{T}},\boldsymbol{\beta}_3=\dfrac{1}{\sqrt{6}}(1,-2,1)^{\mathrm{T}}$；

（2）$\boldsymbol{\beta}_1=\frac{1}{\sqrt{3}}(1,0,-1,1)^{\mathrm{T}},\boldsymbol{\beta}_2=\frac{1}{\sqrt{15}}(1,-3,2,1)^{\mathrm{T}},\boldsymbol{\beta}_3=\frac{1}{\sqrt{35}}(-1,3,3,4)^{\mathrm{T}}$.

3．$\boldsymbol{\alpha}_2=(-2,1,0)^{\mathrm{T}},\boldsymbol{\alpha}_3=(-3,-6,5)^{\mathrm{T}}$.

4．$\boldsymbol{\beta}=\left(0,\frac{\sqrt{2}}{2},-\frac{\sqrt{2}}{2}\right)^{\mathrm{T}}$ 或 $\boldsymbol{\beta}=\left(0,-\frac{\sqrt{2}}{2},\frac{\sqrt{2}}{2}\right)^{\mathrm{T}}$；与 $\boldsymbol{\alpha}_1,\boldsymbol{\alpha}_2,\boldsymbol{\beta}$ 等价的正交单位向量组为 $\left(\frac{\sqrt{3}}{3},\frac{\sqrt{3}}{3},\frac{\sqrt{3}}{3}\right)^{\mathrm{T}},\left(\frac{\sqrt{6}}{3},-\frac{\sqrt{6}}{6},-\frac{\sqrt{6}}{6}\right)^{\mathrm{T}},\left(0,\frac{\sqrt{2}}{2},-\frac{\sqrt{2}}{2}\right)^{\mathrm{T}}$

【提高题】

1．证明略.

2．证明略.

同步习题4.1

【基础题】

1．B.　2．−1.　3．2，3，3.　4．A.　5．A.

6．$\boldsymbol{\xi}_1=(1,-1,0,0,0)^{\mathrm{T}}$，$\boldsymbol{\xi}_2=(0,-1,-1,0,1)^{\mathrm{T}}$.

7．基础解系为$\boldsymbol{\xi}_1=\left(-\frac{3}{2},\frac{7}{2},1,0,0\right)^{\mathrm{T}},\boldsymbol{\xi}_2=(-1,-2,0,1,0)^{\mathrm{T}}$，通解为$c_1\boldsymbol{\xi}_1+c_2\boldsymbol{\xi}_2$，其中$c_1,c_2$为任意常数.

8．$c_1\boldsymbol{\xi}_1+c_2\boldsymbol{\xi}_2=c_1\begin{pmatrix}1\\-1\\1\\0\end{pmatrix}+c_2\begin{pmatrix}0\\-1\\0\\1\end{pmatrix}$，其中$c_1,c_2$为任意常数.

【提高题】

1．A.　2．C.　3．D.

4．当$a\neq b$且$a\neq(1-n)b$时，方程组仅有零解.

当$a=b$或$a=(1-n)b$时，方程组有无穷多组解.

当$a=b$时，方程组的基础解系为$\boldsymbol{\xi}_1=(-1,1,0,\cdots,0)^{\mathrm{T}},\boldsymbol{\xi}_2=(-1,0,1,\cdots,0)^{\mathrm{T}},\cdots,\boldsymbol{\xi}_{n-1}=(-1,0,0,\cdots,1)^{\mathrm{T}}$；通解为$c_1\boldsymbol{\xi}_1+c_2\boldsymbol{\xi}_2+\cdots+c_{n-1}\boldsymbol{\xi}_{n-1}$，其中$c_1,c_2,\cdots,c_{n-1}$为任意常数.

当$a=(1-n)b$时，方程组的基础解系为$\boldsymbol{\xi}=(1,1,1,\cdots,1)^{\mathrm{T}}$；通解为$c\boldsymbol{\xi}$，其中$c$为任意常数.

同步习题4.2

【基础题】

1．−2.　2．$a_1+a_2+a_3+a_4=0$.　3．A.　4．C.　5．A.　6．B.

7．$\boldsymbol{\xi}_1=\left(-\frac{3}{7},\frac{2}{7},1,0\right)^{\mathrm{T}}$，$\boldsymbol{\xi}_2=\left(-\frac{13}{7},\frac{4}{7},0,1\right)^{\mathrm{T}}$，$\boldsymbol{\eta}=\left(\frac{13}{7},-\frac{4}{7},0,0\right)^{\mathrm{T}}$，通解为$\boldsymbol{\eta}+k_1\boldsymbol{\xi}_1+k_2\boldsymbol{\xi}_2$，$k_1,k_2$为

任意常数.

8.（1）当$\lambda=-2$时，$r(\boldsymbol{A})=2$，$r(\bar{\boldsymbol{A}})=3$，由于$r(\boldsymbol{A})\neq r(\bar{\boldsymbol{A}})$，所以方程组无解.

（2）当$\lambda\neq-2$且$\lambda\neq1$时，$r(\boldsymbol{A})=r(\bar{\boldsymbol{A}})=3$，从而方程组有唯一解.

（3）当$\lambda=1$时，有$\boldsymbol{A}\to\begin{pmatrix}1&1&1&-2\\0&0&0&0\\0&0&0&0\end{pmatrix}$.

通解为

$$\boldsymbol{\eta}+c_1\boldsymbol{\xi}_1+c_2\boldsymbol{\xi}_2=\begin{pmatrix}-2\\0\\0\end{pmatrix}+c_1\begin{pmatrix}-1\\1\\0\end{pmatrix}+c_2\begin{pmatrix}-1\\0\\1\end{pmatrix}，其中 c_1,c_2 为任意常数.$$

9．当 $a=0$ 时，$r(\boldsymbol{A})=1<4$，故方程组有非零解，其同解方程组为$x_1+x_2+x_3+x_4=0$，由此得基础解系为$\boldsymbol{\eta}_1=(-1,1,0,0)^{\mathrm{T}},\boldsymbol{\eta}_2=(-1,0,1,0)^{\mathrm{T}},\boldsymbol{\eta}_3=(-1,0,0,1)^{\mathrm{T}}$，于是所求方程组的通解为$x=k_1\boldsymbol{\eta}_1+k_2\boldsymbol{\eta}_2+k_3\boldsymbol{\eta}_3$，其中$k_1,k_2,k_3$为任意实数.

当$a=-10$时，基础解系为$\boldsymbol{\eta}=(1,2,3,4)^{\mathrm{T}}$，于是所求方程组的通解为$x=k\boldsymbol{\eta}$，其中$k$为任意实数.

【提高题】

1．D.　　2．D.

3．（1）证明略；（2）$a=2$，$b=-3$，$\begin{pmatrix}2\\-3\\0\\0\end{pmatrix}+c_1\begin{pmatrix}-2\\1\\1\\0\end{pmatrix}+c_2\begin{pmatrix}4\\-5\\0\\1\end{pmatrix}$，其中$c_1,c_2$为任意常数.

4．$\begin{pmatrix}0\\0\\-1\end{pmatrix}$.

同步习题4.3

【基础题】

1．（1）D；（2）B；（3）B；（4）A.

2．通解为$\boldsymbol{\eta}_1+c\boldsymbol{\xi}=\begin{pmatrix}2\\3\\4\\5\end{pmatrix}+c\begin{pmatrix}3\\4\\5\\6\end{pmatrix}$，其中$c$为任意常数.

3．公共解为$c(-2,-1,1,2)^{\mathrm{T}}$，其中$c$为任意常数.

4.（1）$\lambda=-1$，$a=-2$；（2）$\boldsymbol{X}=k\begin{pmatrix}1\\0\\1\end{pmatrix}+\begin{pmatrix}\frac{3}{2}\\-\frac{1}{2}\\0\end{pmatrix}$，其中 k 为任意常数.

5.（1）当 $b\neq 2$ 时，$r(\boldsymbol{A})\neq r(\bar{\boldsymbol{A}})$，方程组无解，从而 $\boldsymbol{\beta}$ 不能由 $\boldsymbol{\alpha}_1,\boldsymbol{\alpha}_2,\boldsymbol{\alpha}_3$ 线性表示.

（2）当 $b=2$ 时，$r(\boldsymbol{A})=r(\bar{\boldsymbol{A}})$，方程组有解，从而 $\boldsymbol{\beta}$ 可由 $\boldsymbol{\alpha}_1,\boldsymbol{\alpha}_2,\boldsymbol{\alpha}_3$ 线性表示.

① 当 $a=1$ 时，$\boldsymbol{\beta}=(-2k-1)\boldsymbol{\alpha}_1+(k+2)\boldsymbol{\alpha}_2+k\boldsymbol{\alpha}_3$，$k$ 为任意常数.

② 当 $a\neq 1$ 时，$\boldsymbol{\beta}=-\boldsymbol{\alpha}_1+2\boldsymbol{\alpha}_2$.

6．令 $x_4=k$，得 $x_2=3k-\frac{35}{2}$，$x_3=-\frac{4}{9}k+\frac{85}{36}$，考虑 $x_2\geqslant 0$，$x_3\geqslant 0$，得 $\frac{35}{6}\leqslant k\leqslant\frac{85}{16}$，这是不可能的，即该客户的食物储备不能满足营养师推荐的食物组合.

【提高题】

1.（1）C；（2）C.

2.（1）基础解系为 $(-1,1,0,0)^{\mathrm{T}},(0,0,1,1)^{\mathrm{T}}$；（2）非零公共解为 $k(-1,1,1,1)^{\mathrm{T}}$，其中 k 为非零的任意常数.

3．略.

同步习题5.1

【基础题】

1.（1）4；（2）6，$\frac{1}{2},\frac{1}{8},\frac{1}{18}$；（3）69；（4）$-2$；（5）1.

2.（1）$\lambda_1=1,\lambda_2=2,\lambda_3=3$.

对应于 $\lambda_1=1$ 的全部特征向量为 $k_1\begin{pmatrix}1\\0\\0\end{pmatrix},k_1\neq 0$.

对应于 $\lambda_2=2$ 的全部特征向量为 $k_2\begin{pmatrix}0\\1\\0\end{pmatrix},k_2\neq 0$.

对应于 $\lambda_3=3$ 的全部特征向量为 $k_3\begin{pmatrix}0\\0\\1\end{pmatrix},k_3\neq 0$.

（2）$\lambda_1=\lambda_2=1,\lambda_3=-1$.

对应于 $\lambda_1=\lambda_2=1$ 的全部特征向量为 $k_1\begin{pmatrix}0\\1\\0\end{pmatrix}+k_2\begin{pmatrix}1\\0\\1\end{pmatrix},k_1,k_2$ 不全为零.

对应于 $\lambda_3=-1$ 的全部特征向量为 $k_3\begin{pmatrix}-1\\0\\1\end{pmatrix},k_3\neq 0$.

（3）$\lambda_1=\lambda_2=\lambda_3=2$，其对应的全部特征向量 $k_1\begin{pmatrix}1\\0\\0\end{pmatrix}+k_2\begin{pmatrix}0\\1\\0\end{pmatrix}$，$k_1,k_2$ 不全为零.

3. $a=-4;\lambda_2=\lambda_3=3$.

4. 证明略.　　5. 证明略.　　*6. 证明略.

【提高题】

1. C.　　2. D.　　3. B.　　4. $a=c=2$，$b=-3$，$\lambda_0=1$.

同步习题5.2

【基础题】

1.（1）C；（2）B；（3）D；（4）A.

2.（1）$x=0,y=-2$；（2）$\boldsymbol{P}=\begin{pmatrix}0&0&1\\-2&1&0\\1&1&-1\end{pmatrix}$.　　3. $x+y=0$.　　4. $\begin{pmatrix}1&4&-2\\0&-1&0\\1&2&-2\end{pmatrix}$.

5.（1）是，令 $\boldsymbol{P}=\begin{pmatrix}1&1\\-5&1\end{pmatrix}$，$\boldsymbol{P}^{-1}\boldsymbol{AP}=\begin{pmatrix}-2&0\\0&4\end{pmatrix}$；（2）$\boldsymbol{A}^{50}\begin{pmatrix}1\\-5\end{pmatrix}=2^{50}\begin{pmatrix}1\\-5\end{pmatrix}$.

6.（1）$a=-3$，$b=0$；（2）不能.

7. 证明略.

【提高题】

1.（1）5，6；（2）1,5,5；（3）$\begin{pmatrix}-3&&&\\&-8&&\\&&0&\\&&&0\end{pmatrix}$，2；（4）$\boldsymbol{P}^{-1}\boldsymbol{x}$.

2. 是；$\boldsymbol{A}=\begin{pmatrix}3&-2&2\\0&1&0\\-1&1&0\end{pmatrix}$，$\boldsymbol{B}=\begin{pmatrix}1&&\\&1&\\&&2\end{pmatrix}$，$\boldsymbol{P}=\begin{pmatrix}1&1&2\\2&1&0\\1&0&-1\end{pmatrix}$.

3. $a=0$；$\boldsymbol{P}=\begin{pmatrix}0&1&1\\0&2&-2\\1&0&0\end{pmatrix}$.

4.（1）$\boldsymbol{A}$ 的特征值为 $\lambda_1=2,\lambda_2=1,\lambda_3=0$；对应 $\lambda_1=2,\lambda_2=1,\lambda_3=0$ 的所有特征向量分别为

$$k_1\begin{pmatrix}1\\1\\0\end{pmatrix},k_2\begin{pmatrix}0\\0\\1\end{pmatrix},k_3\begin{pmatrix}1\\-1\\0\end{pmatrix}，其中 k_1\neq 0,k_2\neq 0,k_3\neq 0.$$

（2）是；$\boldsymbol{\Lambda}=\begin{pmatrix}2 & & \\ & 1 & \\ & & 0\end{pmatrix}$，$\boldsymbol{P}=\begin{pmatrix}1 & 0 & 1\\ 1 & 0 & -1\\ 0 & 1 & 0\end{pmatrix}$.

同步习题5.3

【基础题】

1．（1）$\boldsymbol{P}=\frac{1}{3}\begin{pmatrix}1 & -2 & 2\\ 2 & -1 & -2\\ 2 & 2 & 1\end{pmatrix}$，$\boldsymbol{P}^{-1}\boldsymbol{AP}=\begin{pmatrix}-2 & & \\ & 1 & \\ & & 4\end{pmatrix}$；（2）$\boldsymbol{P}=\frac{1}{3}\begin{pmatrix}2 & -2 & -1\\ 1 & 2 & -2\\ 2 & 1 & 2\end{pmatrix}$，

$\boldsymbol{P}^{-1}\boldsymbol{AP}=\begin{pmatrix}1 & & \\ & 1 & \\ & & 10\end{pmatrix}$.

2．$-2\begin{pmatrix}1 & 1\\ 1 & 1\end{pmatrix}$.　　3．（1）$k\begin{pmatrix}1\\ 0\\ 1\end{pmatrix}$，$k\neq 0$；（2）$\boldsymbol{A}=\frac{1}{6}\begin{pmatrix}13 & -2 & 5\\ -2 & 10 & 2\\ 5 & 2 & 13\end{pmatrix}$.

4．$\boldsymbol{A}$的所有特征值为$\lambda_1=-1,\lambda_2=\lambda_3=3$.

由定理 5.3，矩阵$\boldsymbol{A}$与对角矩阵$\boldsymbol{\Lambda}$相似当且仅当$\boldsymbol{r}(\boldsymbol{A}-3\boldsymbol{E})=3-2=1$，而

$$\boldsymbol{A}-3\boldsymbol{E}=\begin{pmatrix}-2 & 2 & 0\\ 2 & -2 & 0\\ -2 & a & 0\end{pmatrix}\rightarrow\begin{pmatrix}0 & 0 & 0\\ 1 & -1 & 0\\ 0 & a-2 & 0\end{pmatrix},$$

故当 a=2 时，矩阵$\boldsymbol{A}$与对角矩阵$\boldsymbol{\Lambda}$相似，且

$$\boldsymbol{\Lambda}=\begin{pmatrix}-1 & & \\ & 3 & \\ & & 3\end{pmatrix}\text{或}\boldsymbol{\Lambda}=\begin{pmatrix}3 & & \\ & 3 & \\ & & -1\end{pmatrix}.$$

5．（1）$\boldsymbol{A}$的所有特征值为$\lambda_1=-1,\lambda_2=0,\lambda_3=1$.

对应于$\lambda_1=-1$的全部特征向量为$k_1\begin{pmatrix}1\\ 0\\ -1\end{pmatrix},k_1\neq 0$.

对应于$\lambda_2=0$的全部特征向量为$k_2\begin{pmatrix}0\\ 1\\ 0\end{pmatrix},k_2\neq 0$.

对应于$\lambda_3=1$的全部特征向量为$k_3\begin{pmatrix}1\\0\\1\end{pmatrix},k_3\neq 0$.

（2）是，$\boldsymbol{\Lambda}=\begin{pmatrix}-1&&\\&0&\\&&1\end{pmatrix}$.

6．$\boldsymbol{A}=\begin{pmatrix}4&1&1\\1&4&1\\1&1&4\end{pmatrix}$.

【提高题】

1．B.　　2.（1）$\boldsymbol{A}$ 的特征值为$\lambda_1=3,\lambda_2=0,\lambda_3=2$.

对应于$\lambda_1=3$的全部特征向量为$k_1\begin{pmatrix}1\\1\\1\end{pmatrix},k_1\neq 0$.

对应于$\lambda_2=0$的全部特征向量为$k_2\begin{pmatrix}1\\-2\\1\end{pmatrix},k_2\neq 0$.

对应于$\lambda_3=2$的全部特征向量为$k_3\begin{pmatrix}1\\0\\-1\end{pmatrix},k_3\neq 0$.

（2）$\begin{pmatrix}2&1&0\\1&1&1\\0&1&2\end{pmatrix}$.

3．$a=-1$，$\boldsymbol{P}=\begin{pmatrix}\frac{1}{\sqrt{6}}&\frac{1}{\sqrt{3}}&\frac{1}{\sqrt{2}}\\\frac{2}{\sqrt{6}}&-\frac{1}{\sqrt{3}}&0\\\frac{1}{\sqrt{6}}&\frac{1}{\sqrt{3}}&-\frac{1}{\sqrt{2}}\end{pmatrix}$.　　4．$\begin{pmatrix}-2&0&0\\0&-2&0\\0&0&0\end{pmatrix}$.

同步习题6.1

【基础题】

1.（1）$A=\begin{pmatrix} 2 & -\frac{1}{2} & 1 & \frac{9}{2} \\ -\frac{1}{2} & -2 & 4 & 0 \\ 1 & 4 & 4 & \frac{1}{2} \\ \frac{9}{2} & 0 & \frac{1}{2} & 1 \end{pmatrix}$，秩为4.

（2）$A=\begin{pmatrix} 2 & 3 \\ 3 & -1 \end{pmatrix}$，秩为2.

（3）$A=\begin{pmatrix} 3 & -3 & -2 \\ -3 & 1 & -\frac{5}{2} \\ -2 & -\frac{5}{2} & 7 \end{pmatrix}$，秩为3.

2.（1）$f(x_1,x_2)=-2x_1x_2$；

（2）$f(x_1,x_2,x_3)=-x_1^2+x_2^2+4x_1x_2-6x_2x_3$；

（3）$f(x_1,x_2)=a_1x_1^2+a_2x_2^2+2bx_1x_2$.

3．证明略.

【提高题】

秩为2.

同步习题6.2

【基础题】

1.（1）$f=3y_1^2-y_2^2$；（2）$f=-3y_1^2+y_2^2+y_3^2+y_4^2$.

2.（1）$f=z_1^2-z_2^2-z_3^2$，$\begin{pmatrix} 1 & 1 & -1 \\ 1 & -1 & -1 \\ 0 & 0 & 1 \end{pmatrix}$；（2）$f=2y_1^2+y_2^2-5y_3^2$，$\begin{pmatrix} 1 & -1 & -1 \\ 0 & 1 & 2 \\ 0 & 0 & 1 \end{pmatrix}$.

3．$a=2$，$Q=\begin{pmatrix} 0 & 1 & 0 \\ \frac{1}{\sqrt{2}} & 0 & \frac{1}{\sqrt{2}} \\ -\frac{1}{\sqrt{2}} & 0 & \frac{1}{\sqrt{2}} \end{pmatrix}$.

4．$3u^2+4v^2-2w^2=1$.

【提高题】

（1）$a=0$；

（2）可取$\boldsymbol{Q}=\begin{pmatrix}\frac{1}{\sqrt{2}} & 0 & \frac{1}{\sqrt{2}}\\ \frac{1}{\sqrt{2}} & 0 & -\frac{1}{\sqrt{2}}\\ 0 & 1 & 0\end{pmatrix}$，则$f=2y_1^2+2y_2^2$；

（3）$k(1,-1,0)^{\mathrm{T}}$，k为任意常数.

同步习题6.3

【基础题】

1．2.　　2．$-\sqrt{\frac{5}{2}}<\lambda<\sqrt{\frac{5}{2}}$.　　3．正定.　　4．（1）是；（2）否.

【提高题】

1．当$-1<k<0$时，f正定．2．证明略.

总复习题答案

第1章总复习题

1．选择题.

（1）A．（2）C．（3）B．（4）D．（5）D.

2．填空题.

（6）$\lambda^2(\lambda-4)$．（7）$(\lambda-2)(\lambda^2-8\lambda+18+3a)$.

（8）$(\lambda^2-1)[\lambda^2-(y+2)\lambda+2y-1]$．（9）$\lambda^4+\lambda^3+2\lambda^2+3\lambda+4$.

（10）$1+(-1)^{n+1}a_1a_2\cdots a_n$.

3．解答题.

（11）$D_n=(n+1)a^n$.

（12）2.

（13）$2^{n+1}-2$.

（14）$1-a+a^2-a^3+a^4-a^5$.

（15）-28.

（16）-4.

第2章总复习题

1．选择题．

（1）D．（2）D．（3）C．（4）A．（5）B．

2．填空题．

（6）$\begin{pmatrix} 1 & 0 & 0 & 0 \\ -1 & 2 & 0 & 0 \\ 0 & -2 & 3 & 0 \\ 0 & 0 & -3 & 4 \end{pmatrix}$．（7）$\frac{1}{2}(\boldsymbol{A}+2\boldsymbol{E})$．（8）$\begin{pmatrix} 3 & 0 & 0 \\ 0 & 3 & 0 \\ 0 & 0 & -1 \end{pmatrix}$．

（9）-1．（10）-3．

3．解答题．

（11）① 0；②$\begin{pmatrix} 3 & 1 & -2 \\ 1 & 1 & -1 \\ 2 & 1 & -1 \end{pmatrix}$．（12）①证明略；②$\begin{pmatrix} 0 & 2 & 0 \\ -1 & -1 & 0 \\ 0 & 0 & -2 \end{pmatrix}$．

（13）$\begin{pmatrix} 1 & 2 & 5 \\ 0 & 1 & 2 \\ 0 & 0 & 1 \end{pmatrix}$．

（14）①证明略；②$\boldsymbol{E}_{ij}$（$\boldsymbol{E}_{ij}$是单位矩阵的第i行与第j行对换后得到的矩阵）．

（15）证明略．（16）证明略．

第3章总复习题

1．选择题．

（1）B．（2）C．（3）A．（4）A．（5）B．

2．填空题．

（6）$\frac{1}{2}$．（7）2．（8）线性无关．（9）6．（10）$\begin{pmatrix} 2 & 3 \\ -1 & -2 \end{pmatrix}$．

3．解答题．

（11）①$a=5$；②$\boldsymbol{\beta}_1=2\boldsymbol{\alpha}_1+4\boldsymbol{\alpha}_2-\boldsymbol{\alpha}_3, \boldsymbol{\beta}_2=\boldsymbol{\alpha}_1+2\boldsymbol{\alpha}_2, \boldsymbol{\beta}_3=5\boldsymbol{\alpha}_1+10\boldsymbol{\alpha}_2-2\boldsymbol{\alpha}_3$．

（12）①证明略；②当k=0时，此时$\boldsymbol{\xi}=c(\boldsymbol{\alpha}_1-\boldsymbol{\alpha}_3)$，$c$为任意常数．

（13）①$a=3,b=2,c=-2$；②$\begin{pmatrix} 1 & 1 & 0 \\ -\frac{1}{2} & 0 & 1 \\ \frac{1}{2} & 0 & 0 \end{pmatrix}$．

（14）设$k_1\boldsymbol{\alpha}+k_2\boldsymbol{A}\boldsymbol{\alpha}+\cdots+k_m\boldsymbol{A}^{m-1}\boldsymbol{\alpha}=\boldsymbol{0}$，由$\boldsymbol{A}^m\boldsymbol{\alpha}=\boldsymbol{0}$知，$\boldsymbol{A}^{m+1}\boldsymbol{\alpha}=\boldsymbol{0},\boldsymbol{A}^{m+2}=\boldsymbol{0},\cdots$．用$\boldsymbol{A}^{m-1}$左乘所设方程的两边，得$k_1\boldsymbol{A}^{m-1}\boldsymbol{\alpha}=\boldsymbol{0}$，又$\boldsymbol{A}^{m-1}\boldsymbol{\alpha}\neq\boldsymbol{0}$，故$k_1=0$．把$k_1=0$代入所设方程，有$k_2\boldsymbol{A}\boldsymbol{\alpha}+\cdots+k_m\boldsymbol{A}^{m-1}\boldsymbol{\alpha}=\boldsymbol{0}$，用$\boldsymbol{A}^{m-2}$左乘上式，可得$k_2\boldsymbol{A}^{m-1}\boldsymbol{\alpha}=\boldsymbol{0}$，从而$k_2=0$．类似地，可得$k_3=\cdots=k_m=0$．

所以$\boldsymbol{\alpha},\boldsymbol{A\alpha},\cdots,\boldsymbol{A}^{m-1}\boldsymbol{\alpha}$线性无关.

（15）$a\neq -1$；当 a=1 时，$\boldsymbol{\beta}_3=3\boldsymbol{\alpha}_1-2\boldsymbol{\alpha}_2$；当$a\neq 1$时，$\boldsymbol{\beta}_3=\boldsymbol{\alpha}_1-\boldsymbol{\alpha}_2+\boldsymbol{\alpha}_3$.

（16）$\boldsymbol{\beta}_3$可由$\boldsymbol{\alpha}_1,\boldsymbol{\alpha}_2,\boldsymbol{\alpha}_3$线性表示，则

$$r(\boldsymbol{\alpha}_1,\boldsymbol{\alpha}_2,\boldsymbol{\alpha}_3,\boldsymbol{\beta}_3)=r(\boldsymbol{\alpha}_1,\boldsymbol{\alpha}_2,\boldsymbol{\alpha}_3),$$

$$(\boldsymbol{\alpha}_1,\boldsymbol{\alpha}_2,\boldsymbol{\alpha}_3,\boldsymbol{\beta}_3)=\begin{pmatrix}1&3&9&b\\2&0&6&1\\-3&1&-7&0\end{pmatrix}$$

$$\to\begin{pmatrix}1&3&9&b\\0&1&2&\dfrac{2b-1}{6}\\0&0&0&5-b\end{pmatrix},$$

故$5-b=0$，解得$b=5$.

由$\boldsymbol{\alpha}_1$和$\boldsymbol{\alpha}_2$线性无关，$\boldsymbol{\alpha}_3=3\boldsymbol{\alpha}_1+2\boldsymbol{\alpha}_2$，所以向量组$\boldsymbol{\alpha}_1,\boldsymbol{\alpha}_2,\boldsymbol{\alpha}_3$的秩为 2，因而向量组$\boldsymbol{\beta}_1,\boldsymbol{\beta}_2,\boldsymbol{\beta}_3$的秩也是 2，从而$|\boldsymbol{\beta}_1,\boldsymbol{\beta}_2,\boldsymbol{\beta}_3|=0$，解得$a=15$.

第4章总复习题

1．选择题.

（1）D.（2）D.（3）C.（4）C.（5）A.

2．填空题.

（6）0.（7）$\boldsymbol{X}=k(1,-2,1)^{\mathrm{T}}$，$k$为任意常数.（8）$-1$.（9）1.（10）$(1,0,0)^{\mathrm{T}}$.

3．解答题.

（11）$k\neq 9$时，通解为$c_1\begin{pmatrix}1\\2\\3\end{pmatrix}+c_2\begin{pmatrix}3\\6\\k\end{pmatrix}$，其中$c_1,c_2$为任意常数；

$k=9$时，若$r(\boldsymbol{A})=2$，通解为$c_1\begin{pmatrix}1\\2\\3\end{pmatrix}$，其中$c_1$为任意常数；

若$r(\boldsymbol{A})=1$，通解为$c_1\begin{pmatrix}-b\\a\\0\end{pmatrix}+c_2\begin{pmatrix}-c\\0\\a\end{pmatrix}$，其中$c_1$ c_2为任意常数.

（12）当$|\boldsymbol{A}|=0$，即$a=0$或$a=-\dfrac{n(n+1)}{2}$时，方程组有非零解.

当$a=0$时，基础解系为$\boldsymbol{\eta}_1=(-1,1,0,\cdots,0)^{\mathrm{T}},\boldsymbol{\eta}_2=(-1,0,1,\cdots,0)^{\mathrm{T}},\cdots,\boldsymbol{\eta}_{n-1}=(-1,0,0,\cdots,1)^{\mathrm{T}}$. 方程组的通解为$\boldsymbol{x}=k_1\boldsymbol{\eta}_1+\cdots+k_{n-1}\boldsymbol{\eta}_{n-1}$，其中$k_1,\cdots,k_{n-1}$为任意常数.

当 $a=-\frac{n(n+1)}{2}$ 时，基础解系为 $\boldsymbol{\eta}=(1,2,3,\cdots,n)^{\mathrm{T}}$，方程组的通解为 $\boldsymbol{x}=k\boldsymbol{\eta}$，其中 k 为任意常数.

（13）$t\neq\pm1$.

（14）① $a=0$；② $\boldsymbol{x}=(1,-2,0)^{\mathrm{T}}+k(0,-1,1)^{\mathrm{T}}$，其中 $k\in\mathbf{R}$.

（15）① $a=2$；② $\boldsymbol{P}=\begin{pmatrix}3-6k_1 & 4-6k_2 & 4-6k_3\\ -1+2k_1 & -1+2k_2 & -1+2k_3\\ k_1 & k_2 & k_3\end{pmatrix}$，其中 $k_2\neq k_3$.

（16）① $\boldsymbol{\xi}_2=\begin{pmatrix}-\frac{1}{2}+\frac{k}{2}\\ \frac{1}{2}-\frac{k}{2}\\ k\end{pmatrix}$，其中 k 为任意常数；$\boldsymbol{\xi}_3=\begin{pmatrix}-\frac{1}{2}-a\\ a\\ b\end{pmatrix}$，其中 a,b 为任意常数.

②证明略.

第5章总复习题

1．选择题.

（1）B.（2）B.（3）C.（4）B.（5）A.

2．填空题.

（6）1.（7）2.（8）21.（9）-1.（10）-1.

3．解答题.

（11）①证明略；② $\boldsymbol{P}^{-1}\boldsymbol{A}\boldsymbol{P}=\begin{pmatrix}-1 & 0 & 0\\ 0 & 1 & 1\\ 0 & 0 & 1\end{pmatrix}$.

（12）提示：使用相似的传递性.

（13）① $\begin{pmatrix}2^{99}-2 & 1-2^{99} & 2-2^{98}\\ 2^{100}-2 & 1-2^{100} & 2-2^{99}\\ 0 & 0 & 0\end{pmatrix}$；② $\boldsymbol{\beta}_1=(2^{99}-2)\boldsymbol{\alpha}_1+(2^{100}-2)\boldsymbol{\alpha}_2$，$\boldsymbol{\beta}_2=(1-2^{99})\boldsymbol{\alpha}_1+(1-2^{100})\boldsymbol{\alpha}_2$，$\boldsymbol{\beta}_3=(2-2^{98})\boldsymbol{\alpha}_1+(2-2^{99})\boldsymbol{\alpha}_2$.

（14）①当 $b\neq0$ 时，$\boldsymbol{A}$ 的特征值为 $\lambda_1=1+(n-1)b$，$\lambda_2=\cdots=\lambda_n=1-b$.

对 $\lambda_1=1+(n-1)b$，$\boldsymbol{A}$ 的属于 λ_1 的全部特征向量为 $k\boldsymbol{\xi}_1=k(1,1,1,\cdots,1)^{\mathrm{T}}$，其中 k 为任意不为零的常数.

对 $\lambda_2=1-b$，$\boldsymbol{\xi}_2=(1,-1,0,\cdots,0)^{\mathrm{T}},\boldsymbol{\xi}_3=(1,0,-1,\cdots,0)^{\mathrm{T}},\cdots,\boldsymbol{\xi}_n=(1,0,0,\cdots,-1)^{\mathrm{T}}$，$\boldsymbol{A}$ 的属于 λ_2 的全部特征向量为 $k_2\boldsymbol{\xi}_2+k_3\boldsymbol{\xi}_3+\cdots+k_n\boldsymbol{\xi}_n$，其中 $k_2,k_3,\cdots,k_n$ 是不全为零的常数.

当 $b=0$ 时，特征值为 $\lambda_1=\cdots=\lambda_n=1$，任意非零列向量均为特征向量.

② 当 $b\neq0$ 时，$\boldsymbol{P}=(\xi_1,\xi_2,\cdots,\xi_n)$.

当 $b=0$ 时，对任意可逆矩阵 $\boldsymbol{P}$，均有 $\boldsymbol{P}^{-1}\boldsymbol{A}\boldsymbol{P}=\boldsymbol{E}$.

（15）①$a=4$，$b=5$；②$\boldsymbol{P}=\begin{pmatrix}2&-3&1\\1&0&1\\0&1&-1\end{pmatrix}$，则$\boldsymbol{P}^{-1}\boldsymbol{A}\boldsymbol{P}=\begin{pmatrix}1&&\\&1&\\&&5\end{pmatrix}$.

（16）$\boldsymbol{P}=\begin{pmatrix}1&1&-1\\1&0&1\\0&1&1\end{pmatrix}$，$\boldsymbol{P}^{-1}\boldsymbol{A}\boldsymbol{P}=\begin{pmatrix}a+1&&\\&a+1&\\&&a-2\end{pmatrix}$；$|\boldsymbol{A}-\boldsymbol{E}|=a^2(a-3)$.

第6章总复习题

1．选择题.

（1）C.（2）B.（3）B.（4）C.（5）A.

2．填空题.

（6）$-2\leqslant a\leqslant 2$.（7）$3y_1^2$.（8）2.（9）1.（10）$-\sqrt{2}<t<\sqrt{2}$.

3．解答题.

（11）①$c=3$，特征值为$\lambda_1=0,\lambda_2=4,\lambda_3=9$；②$f(x_1,x_2,x_3)=1$表示椭圆柱面.

（12）$a=3$，$b=1$，$\boldsymbol{P}=\begin{pmatrix}\frac{1}{\sqrt{2}}&\frac{1}{\sqrt{3}}&\frac{1}{\sqrt{6}}\\0&-\frac{1}{\sqrt{3}}&\frac{2}{\sqrt{6}}\\-\frac{1}{\sqrt{2}}&\frac{1}{\sqrt{3}}&\frac{1}{\sqrt{6}}\end{pmatrix}$.

（13）①$a=1$，$b=2$；②二次型的标准形为$f=2y_1^2+2y_2^2-3y_3^2$，所用的正交矩阵为

$\boldsymbol{Q}=\begin{pmatrix}\frac{2}{\sqrt{5}}&0&\frac{1}{\sqrt{5}}\\0&1&0\\\frac{1}{\sqrt{5}}&0&-\frac{2}{\sqrt{5}}\end{pmatrix}$.

（14）①$\boldsymbol{A}=\begin{pmatrix}\frac{1}{2}&0&-\frac{1}{2}\\0&1&0\\-\frac{1}{2}&0&\frac{1}{2}\end{pmatrix}$；②证明略.

（15）$\boldsymbol{\Lambda}=\begin{pmatrix}(k+2)^2&&\\&(k+2)^2&\\&&k^2\end{pmatrix}$；$k\neq-2,k\neq 0$.

（16）①$\lambda_1=\lambda_2=-2,\lambda_3=0$；②$k>2$.